Die

Apparatefärberei.

Von

Dr. Gustav Ullmann.

Mit 128 in den Text gedruckten Figuren.

Berlin.

Verlag von Julius Springer.

1905.

ISBN-13: 978-3-642-90483-7 e-ISBN-13: 978-3-642-92340-1
DOI: 10.1007/978-3-642-92340-1

Softcover reprint of the hardcover 1st edition 1905

Vorwort.

Das Färben der Textilfasern auf mechanischen Apparaten hat erst in den letzten Jahren einen mächtigen Aufschwung genommen. Die ersten Leistungen dieses neuen Färbereizweiges, der um das Jahr 1880 bekannt zu werden begann, waren freilich nicht geeignet, den Konsumenten Zutrauen zur Verwendung der in Apparaten gefärbten Waren einzuflößen, und besonders die schlechten Resultate beim Färben gewickelter Materialien entmutigten auch jene, welche sich gerne die Vorteile der neuen Arbeitsweise zunutze gemacht hätten.

Die Lage hat sich seitdem aber vollständig zu Gunsten der Apparatefärberei geändert. Dieser Umschwung wurde durch das gründliche Studium der Anforderungen, die zur Erreichung eines guten Resultates zu erfüllen sind, hervorgerufen: Die Maschinen wurden verbessert, die Farbenindustrie förderte die Entwicklung sehr durch die Lieferung der geeigneten Farbstoffe, man hat schließlich auch die Eigenart des Färbens auf Apparaten erkannt und wesentlich sich bescheiden gelernt, nichts Unmögliches zu verlangen. So traten die Vorzüge der auf Apparaten gefärbten Textilmaterialien immer mehr zu Tage, und heute gibt es wohl kaum noch einen größeren Fabrikbetrieb, der jene, wenn sie sich überhaupt in seiner Fabrikation verwenden lassen, nicht auch schon aufgenommen und sich dadurch nicht die Vorteile, die diese neue Art des Färbens den Konsumenten bietet, zugewendet hätte.

Die Entwicklung der Apparatefärberei ist aber durchaus noch nicht abgeschlossen, um so weniger, als sie mit der der Farbenindustrie gleichen Schritt halten muß und jeden Tag vor neue Aufgaben gestellt werden kann, denen sie sich gewachsen zu zeigen hat, wenn nicht die aus vielen Positionen verdrängte Handfärberei wieder aufkommen soll. Man erinnere sich nur der großen Umwälzungen, die das Erscheinen der Schwefelfarbstoffe besonders in der Apparatefärberei verursachte, und der emsigen Arbeit von Färbern und Maschinenbauern, die erforderlich war, um den schweren Anforderungen der neuen, so bedeutend gewordenen Farbstoffklasse zu genügen.

Zu den Waffen für solche Aufgaben gehört zunächst die genaue Kenntnis des bereits Bestehenden, und es wird vielleicht manchem ein kritischer Rückblick auf das bisher Geleistete, eine Übersicht über die unzähligen in der Literatur beschriebenen Apparate und der bedeutend geringeren Menge jener, die die Probe der Praxis bestanden haben, sowie eine Schilderung der veränderten Arbeitsweise, wie sie sich für die Apparatefärberei als erforderlich erwies, willkommen sein. Dieser Wunsch wird um so mehr vermutet, als eine derartige Zusammenstellung noch nicht existiert. Wohl bildet die Besprechung der Apparatefärberei und der vielen neu auftauchenden Maschinen eine ständige Rubrik in den Fachschriften, und ich müßte fast alle größeren Journale des In- und Auslandes nennen, wenn ich jene aufzählen wollte, welche die Fortschritte auf diesem Gebiete genau registrieren und ihren Lesern die Kenntnis des Ausbaues der neuen Industrie in ausführlichen und wertvollen Berichten vermitteln. Nur die meist von Herrn Regierungsrat Glafey herrührenden ausführlichen Besprechungen der Färbeapparate in „Lehnes Färber-Zeitung" will ich als wertvolle und viel benützte Quelle anführen. In dem großen ausgezeichneten Sammelwerke Henri Silbermanns über die „Fortschritte auf dem Gebiete der chemischen Technologie der Gespinstfasern 1885—1900", an der Hand amtlichen Materials zusammengestellt — erschienen 1902, Verlag von Gerhard Kühtmann in Dresden —, findet sich ferner eine genaue Aufzählung aller beim Erscheinen des Werkes in dem genannten Zeitraum erteilten D.R.P., die mechanische Färbeapparate betreffen. Dieses Werk hat mir die besten Dienste geleistet, und ich habe den hohen Wert solcher Rückblicke über den Werdegang und die Leistungen einer ungeheuren und hundertfach verzweigten Industrie an dem verhältnismäßig kleinen, von mir benützten Teil des Buches bewundern können. Da dieses Werk vorliegt, entfiel für mich die Notwendigkeit des näheren Eingehens auf Patentbeschreibungen und -Ansprüche. Dem Wesen des Silbermannschen Buches entsprechend sind die Patente dort wohl nach einem bestimmten System, jedoch kritiklos angeordnet, und die in Fachschriften erwähnten Apparate und Verfahren sind zwar oft nicht nur beschrieben, sondern auch beurteilt, jedoch naturgemäß außer Zusammenhang, der aber nicht entbehrt werden kann, weil nur dadurch allein das gegenseitige Abwägen der Vor- und Nachteile der Maschinen etc. ermöglicht wird.

Das vorliegende Buch versucht nun zunächst in seinem ersten den Maschinen gewidmeten Teil, diese Apparate, soweit sie mir durch Literatur und Praxis bekannt wurden, vom Standpunkte des Färbens aus in einer Einteilung anzuführen, die ihrer sich aus der Konstruktion ergebenden praktischen Eignung entspricht.

Daß ich manche Patente von Maschinen beschreibe, die gar niemals praktisch ausgeführt wurden oder nur sehr kurzes Leben hatten, geschah aus dem Grunde, um das Buch möglichst vollständig zu machen. Ich begnügte mich bei manchem Apparat oft auch mit seiner bloßen Aufzählung und Einordnung an die richtige Stelle im System, sodaß daraus auf seine Einrichtung geschlossen werden kann. Zuweilen hat mich auch ein charakteristisches Detail oder ein für spätere Apparate vorbildliches Element an der Maschine zu ihrer Nennung veranlaßt, wie es mir überhaupt bei allen Beschreibungen wesentlich um die Hervorhebung des Typischen, also der die Verwendbarkeit des Apparates beeinflussenden Eigenart, zu tun war, worauf auch in den die einzelnen Kapitel einleitenden, die Einteilungsgründe enthaltenden Worten und dem verbindenden Text zwischen den Beschreibungen besonders hingewiesen wird. Jene Maschinen, die meines Wissens heute noch gebraucht werden, sind aber speziell im Text hervorgehoben.

Andererseits mag ich manche Maschinen nicht genannt haben. Absichtlich habe ich dies nur bei Apparaten getan, die mir nicht der Erwähnung wert schienen und die z. B. aller Eigenart entbehrende Imitationen anderer beschriebener Maschinen sind. Auch gibt es ja genug Fabriken, die auf eigenen, durch Patente nicht bekannt gewordenen Maschinen arbeiten und dieselben entweder als Fabrikgeheimnis betrachten oder deren Bekanntmachung sonst nicht betreiben. Es ist ferner bei der großen Menge von Patenten und Publikationen, die Färbemaschinen und -Verfahren betreffen, nicht zu vermeiden gewesen, das eine oder andere davon zu übersehen. Auch ist manchmal wohl die Beschreibung einer Maschine etwas dürftig geworden, wenn mir weder die Erzeuger nähere Angaben machten noch meine Freunde Auskunft geben konnten.

Das erste Kapitel des zweiten Teils enthält eine Gegenüberstellung der Vor- und Nachteile der beiden Hauptgruppen der Maschinen, der Pack- und Aufstecksysteme, vom Standpunkt ihrer Verwendung aus. Hierauf wird die Ausführung der Apparatefärberei besprochen, immer unter Hinweis auf die zur Verfügung stehenden Maschinen. In der Einteilung hielt ich mich an den Gang der Operationen in der Fabrikation, und es wird daher mit der Aufzählung der verschiedenen zum Färben auf Apparaten geeigneten Materialien begonnen, die Füllung der Maschinen samt den nötigen Vorarbeiten geschildert und hierauf das Färben der einzelnen Textilmaterialien in verschiedenen Faserzuständen besprochen, jedoch nur soweit, als Änderungen der sonst üblichen Verfahren notwendig sind. Das folgende Kapitel ist der Beschreibung des Trocknens und der dazu dienenden Einrichtungen gewidmet. Am Schlusse werden Kalkulationsfragen behandelt, die für Produzenten und Konsumenten von auf Apparaten gefärbter Ware in gleicher Weise Interesse haben. Gleich hier will ich bemerken, daß gerade dieses Kapitel einer allgemein gültigen Besprechung die größten Schwierigkeiten bot. Spielen doch bei Fragen der

Kalkulation viel zu stark lokale Verhältnisse mit, die hier nicht berücksichtigt werden konnten. Doch sind die Zahlen, die ich gebe, alle direkt der Praxis entnommen und, wo statthaft, ist auch der Industriebezirk genannt, für den sie Geltung haben. Teils zur Ergänzung und, wenn ich es für nötig hielt, auch zur Überprüfung meiner eigenen praktischen Erfahrungen habe ich mich bemüht, gerade für dieses Kapitel Mitarbeiter zu finden, und es ist mir zu meiner Freude auch gelungen, erfahrendste Herren der Praxis zu gewinnen, die mir in dieser Frage zur Seite standen und auf deren Mitteilungen ich mich stützen konnte.

Zur Herausgabe dieses Buches ermutigte mich meine lange Praxis in Apparatefärbereien, während welcher ich Maschinen der verschiedendsten Systeme aus eigener Erfahrung kennen gelernt habe. Außerdem habe ich in den letzten zwei Jahren als Ratgeber einer großen Zahl von Apparatefärbereien Einblick in viele Betriebe erhalten und dabei teils die Zweckmäßigkeit einer orientierenden Zusammenstellung dieses Gebietes empfunden, teils auch oft den Wunsch nach einer solchen vernommen, welche besonders das auf Apparaten Erreichbare umgrenzen sollte. Die Wünsche der Färber und Konsumenten von auf Apparaten gefärbter Ware sollen dadurch auf das Mögliche eingeengt werden. Ferner soll auch gezeigt werden, was man dem Apparat, dem Farbstoff und auch dem Färber zumuten kann.

Gerne hoffe ich, daß dem Buche das Urteil nicht versagt bleibt, aus der Praxis für die Praxis geschrieben zu sein. Für die Aufklärung von eventuellen Irrtümern werde ich den Herren Fachkollegen sehr verbunden sein.

Bei dem mühevollen Werke wurde ich zu meiner Freude von vielen Seiten bestens unterstützt. Zunächst waren es die Maschinenfabriken, die mir durch Übersendung ihrer Zirkulare viel Material lieferten und die mir zum Teil auch freundlichst Klischees überließen. Ihre Zahl ist zu groß, um jedem einzelnen hier meinen Dank auszusprechen, und ich möchte mich dieser angenehmen Pflicht hiermit allen gegenüber entledigen.

Freunde machten mir über einzelne Fragen nähere Angaben; die Namen dieser Herren sind teils im Text erwähnt, teils muß ich, ihrem Wunsche folgend, von der Nennung ihres Namens leider absehen.

Schließlich gereicht es mir noch zu besonderer Freude, jenen Herren meinen innigsten Dank auszudrücken, die so freundlich waren, die Bearbeitung mir ferner stehender Kapitel zu übernehmen, welche dadurch in vollkommener Weise den Lesern geboten werden. Ich kann hier nennen Herrn Geheimrat Dr. Georg Quincke, Professor der Physik an der Universität in Heidelberg, der sich über die theoretische Begründung der Schaumfärberei aussprach, und Herrn Direktor C. Weingärtner, der nicht nur den Matteischen Färbeapparat beschrieb, sondern mir aus seiner reichen Erfahrung über die verschiedensten Fragen Aufschlüsse gab.

Die im Buche enthaltenen Originalskizzen sind von Herrn Richard Preu, Ingenieur und Lehrer an der Preußischen Höheren Fachschule für Textilindustrie in Aachen, gezeichnet. Dafür sowie für die Erteilung vieler Auskünfte über technische Fragen sage ich ihm auch an dieser Stelle meinen herzlichsten Dank.

Möge das Buch Freunde finden!

Aachen, Oktober 1904.

Dr. Gustav Ullmann.

Inhaltsverzeichnis.

Erster Teil.

Die Apparate.

Zweiter Teil.

Die Ausführung der Apparatefärberei.

Erster Teil.

Die Apparate.

Einleitung.

Die Färbeapparate dienen zum Behandeln von ungesponnenem, halb- oder fertiggesponnenem, also noch unverwebtem Textilmaterial mit Flüssigkeiten. Charakteristisch ist dabei der Umstand, daß das Material ruht und die Behandlungsflüssigkeit durch dasselbe bewegt wird, während bei der gewöhnlichen Art des Färbens das Material in der Flotte bewegt werden muß. Durch diese Eigenart der Apparatefärberei wird das Material außerordentlich geschont und auch die Behandlung von gewickelten Textilmaterialien ermöglicht, in die beim gewöhnlichen Tränken Flotte nicht eindringen kann, sodaß das Gebiet der Apparatefärberei gegenüber der Färberei von Hand sehr erweitert ist.

Man kann zwei Haupttypen der Färbeapparate unterscheiden. Entweder wird das Material in Kästen zwischen Siebe gepackt und zu einem möglichst gleichmäßigen Block vereinigt, den die Flotte zu durchdringen hat (Packsystem), oder es wird bei gewickelten Materialien mit zentralem Kanal, auf die die zweite Type beschränkt ist, durch jenen eine perforierte Spindel gesteckt, durch deren Hohlraum die Flotte zu- und abgeführt wird (Aufstecksystem).

Bei der ersten Type werden daher die Textilmaterialien in größeren Mengen zu einem gemeinsamen Körper vereinigt, bei der letzteren steht jeder Garnwickel — Cop, Kreuzspule, Vorgarn- oder Bandspule — einzeln.

Zur Bewegung der Flotte durch das Material dienen wesentlich Pumpen verschiedener Art oder die Schleuderkraft oder Druck-

und Sauggase, deren Vor- und Nachteile bei der Verwendung und deren Einfluß auf die Bedienung und Bauart der Maschinen sowie auf die Ausführung des Färbeprozesses in den einschlägigen Kapiteln besprochen wird.

Die durch diese Betriebsmittel bewirkte Bewegung der Flotte durch das Material ist entweder eine kontinuierliche, kreisende, oder sie ist eine intermittierende, hin- und hergehende. In beiden Fällen ist es meist möglich und immer empfehlenswert, daß die Flotte in mehr als einer Richtung durch das Material geht, was bei der letzteren Bewegungsart fast stets ausgeführt wird und bei der kreisenden Flottenbewegung sich meist leicht einrichten läßt.

Diese wechselnde Richtung des Flottenweges hat den Zweck, für die egale Verteilung der Flottenstrahlen im Material zu sorgen und ungleicher Durchfärbung möglichst vorzubeugen, die durch Bildung von Wegen geringeren Widerstandes bei nur einseitiger Flottenrichtung eher entsteht.

Die Apparate werden in folgender Reihenfolge besprochen:

A. Packsysteme,
B. Aufstecksysteme,
C. Schaumfärbeapparate,
D. Verschiedene Apparate für Spinnbänder.

Die Schaumfärbeapparate, teils zu den Aufsteck-, teils zu den Packsystemen zählbar, bilden durch die Eigenart ihrer Flottentränkung eine eigene Gruppe. Die unter D angeführten Apparate entsprechen eigentlich nicht mehr der in der Einleitung für Apparatefärberei gegebenen Charakteristik, müssen aber der Vollständigkeit wegen hier auch Aufnahme finden.

A. Packsysteme.

Packsysteme eignen sich für das Behandeln von Materialien aller Art, seien es gewickelte, seien es ungewickelte, die zu diesem Zweck in entsprechenden Behältern zwischen Siebwänden untergebracht werden.

Bedingung für das gute Funktionieren dieser Apparate ist die Bildung einer Materialmasse von in allen Teilen möglichst gleicher Dichte und ferner die gleichmäßige Bestrahlung dieses Materialblockes durch die Flotte in allen Punkten.

Diese Bedingungen müssen bei gewickelten Materialien in besonders strenger Weise eingehalten werden, um egale Färbungen herbeizuführen, umsomehr, als die wichtigsten der Garnwickel — Cops und Kreuzspulen — direkt nach dem Färben in der Weberei Verwendung finden und dabei ein Ausgleich von Unegalitäten, wie dies bei gefärbten losen oder halbversponnenen Materialien durch die Weiterführung des Spinnprozesses geschieht, ausgeschlossen ist.

Die in diese Gruppe gehörenden Apparate werden daher, um ihre Eignung für gewickelte oder ungewickelte Materialien festzustellen, zweckmäßig nach den oben genannten zwei Bedingungen, also je nach der Führung der Flottenstrahlen und der Art der Packung, eingeteilt in:

I. Apparate mit paralleler Flottenstrahlung:
   1. Apparate für loses Material,
   2. Apparate für gewickeltes Material (und natürlich dann auch geeignet für loses Material);

II. Apparate, bei denen die Flotte in di- oder konvergierenden Strahlen durch das ringförmig um die Flottenzuleitung angeordnete Material geführt wird:
   1. Apparate für loses Material,
   2. Apparate für gewickeltes Material, besonders für aufgebäumte Ketten.

I. Apparate mit paralleler Flottenstrahlung.

Zwischen den unter 1. und 2. angeführten Apparaten bildet die Art der Packung das unterscheidende Merkmal. Zur Schaffung eines egalen Blockes aus losem Material kann nämlich schon ein sorgsames Aufschichten von Hand aus genügen. Um aber aus gewickeltem Material einen Block gleichen Widerstandes zu formen, müssen die gewickelten Einzelkörper unter Mitwirkung eines Materials, das dazu bestimmt ist, die sich beim Aneinander- und Übereinanderschichten der Wickel ergebenden Lücken auszufüllen, derart fest aneinandergepreßt werden, daß zwischen der Härte der Wickel und der des Füllmaterials kein Unterschied mehr herrscht. Dem egalen Block muß dann in allen seinen Teilen egale Flottenberührung geboten werden, was nur durch parallele Flottenstrahlung und stets gleichbleibenden Querschnitt des Materialbehälters möglich ist.

1. Apparate für loses Material mit Packung ohne besondere Pressung.

Dieselben haben einfache Konstruktion und dienen dem Färben und Bleichen loser Gespinnstfasern, offener Wickel aus Spinnbändern, wie Kammzug, Kardenband etc., auch ganz weich gewickelter Cops und Kreuzspulen. Ihr eigentliches Feld ist das Färben loser Wolle, welche am besten nur so fest gepackt wird, daß sie in ihrer Lage festgehalten bleibt. Der große Fassungsraum der Materialbehälter ermöglicht große Partien, was für lose Wolle um so wichtiger ist, als das Färben ziemlich lange dauert und demgemäß die Partienzahl beschränkt bleibt.

Der losen Beschaffenheit der zu färbenden Materialien entsprechen auch die geringen Anforderungen an die Betriebsmittel.

Zur Durchdringung der Materialschichte wird in erster Linie die Schwere ausgenützt, indem die über das Material gehobene Flotte durch dieses hindurchsickert, was freilich bei allen Systemen durch die Saugwirkung der Flottenhebevorrichtung unterstützt wird.

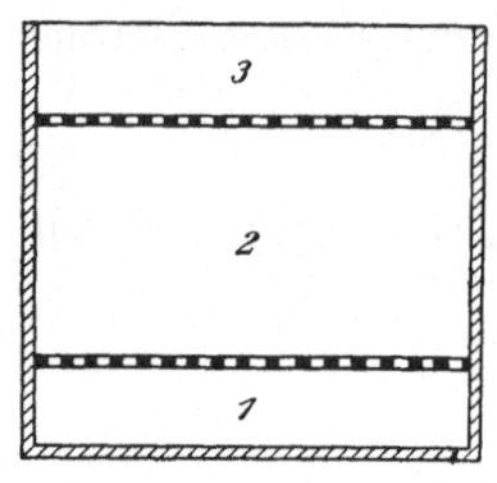

Fig. 1.

Der Typus dieser Apparate läßt sich aus der Fig. 1 erkennen. In einem Bottich ist in geringer Entfernung vom Boden ein Sieb angeordnet, auf welches das Material aufgeschichtet wird. Ein zweites Sieb deckt dann das Material ab und wird durch Verrammen mit Balken oder ähnliche Vorrichtungen derart festgelegt, daß das Material zu schwimmen gehindert ist und in seiner Lage verbleibt.

Es ergeben sich also drei Räume im Färbebottich:

Raum 1: der Flottensammelraum,
Raum 2: der Materialraum und
Raum 3: der Flottenkammerraum.

Es sind nun zwei Fälle möglich:

a) Die Flotte geht von 1 durch 3 und 2 nach 1 zurück oder von 1 durch 3 und 2 nach 1 und von 3 durch 1 und 2 nach 3 abwechselnd: man erhält also eine kontinuierliche, in einer oder in zwei Richtungen kreisende Flottenbewegung;

oder b) Die Flotte geht von 1 durch 2 nach 3 und von 3 durch 2 nach 1 zurück: man erhält also eine hin- und hergehende Flottenbewegung.

a) Apparate mit kreisender Flotte: Übergußapparate.

Zwischen den Räumen 1 und 3 ist bei diesen Apparaten eine Kommunikation nötig. Nach der Lage dieser Kommunikation ergeben sich drei Typen, je nachdem die Kommunikation

1. innerhalb des Materialbehälters,
2. außerhalb desselben oder
3. ringförmig um denselben angeordnet ist.

1. Die Kommunikation wird durch ein Rohr besorgt, das innerhalb des Materialbehälters liegt, der dadurch ringförmig wird (Steigrohrverbindung).

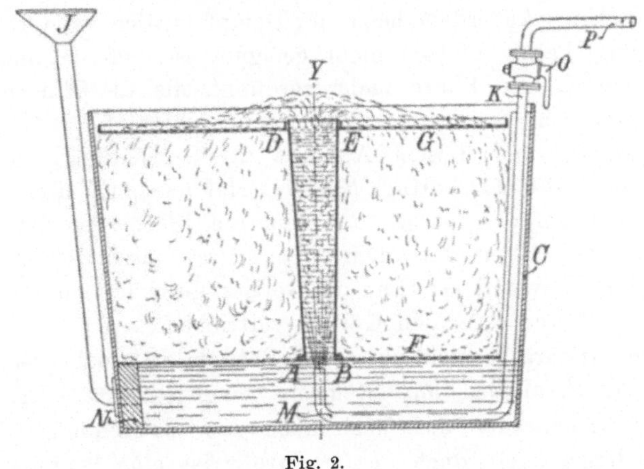

Fig. 2.

Die Vorteile der hierher gehörigen Apparate bestehen darin, daß sie wenig Raum einnehmen und durch die Art der Anordnung des Steigrohres vor Wärmeverlusten geschützt bleiben. Sie haben aber einen ringförmigen Materialraum, in den sich schwerer packen läßt, und sie schließen raschere Flottenbewegung deshalb aus, weil man in der Wahl der Betriebsmittel beschränkt ist.

Als Type diene der Apparat von Alfred Dreze in Pepinster, D.R.P. 65 976 (Fig. 2), der heute freilich jede Bedeutung verloren hat. Wie aus der Skizze hervorgeht, ist das Steigrohr ABDE mit einem Bodensieb F verbunden; ringförmig um das Steigrohr wird in dem Bottich C das Material eingelegt und mit einem Deckelsieb G abgedeckt. Ein Dampfinjektor POKM mündet von unten in das nach oben sich erweiternde Steigrohr — darauf wurde, nebenbei bemerkt, das Patent erteilt — und wenn das Dampfventil geöffnet wird, dann wirft der von unten nach oben strömende Dampf die Farbflotte am oberen Ende des Steigrohres gegen ein kleines Schirmdach, von dem sie sich glockenförmig über das Deckelsieb ergießt und von da aus wieder durch das Material in den Raum zwischen Bodensieb und Bottichboden sickert, um neuerlich im Kreislauf das Material zu durchströmen. Durch ein mit Trichter versehenes Rohr J kann die Farbflotte verstärkt werden.

Als Betriebskraft dient also ein Dampfinjektor. Es wird die Stoßkraft des Dampfes ausgenützt, um den Kreislauf der Flotte zu bewirken. Außerdem heizt der Dampf freilich, wodurch er zur Bewegung kalter Flotten nicht geeignet ist, wie er auch durch Kondensieren die Flotte mehr verdünnt, als die Einengung des Flottenvolumens infolge der Verdampfung beträgt.

Man hat bei diesem Apparat also einseitigen Flottenweg, denn die Flotte durchdringt das Material nur im Fallen.

Ein neuerer Apparat, bei dem die Flotte das Material im Steigen und Fallen durchdringen soll, ist durch D.R.P. 131 705 der Firma Oswald Gruhne in Görlitz geschützt und wird von Eduard Esser & Co. in Görlitz vertrieben.

Der Apparat besteht aus einem Bottich, in welchen ein starker kupferner Siebboden mit Steigrohr eingesetzt ist (Fig. 3). In dem Zwischenraum zwischen Sieb- und Bottichboden ist eine Heizschlange angeordnet. Im Steigrohr ist eine Bronzewelle mit Flügelschraube (Propeller) aus Bronze vertikal gelagert, die ihren Antrieb mittels Haarriemen von einem Riemenscheibenvorgelege aus erhält, welches, mit offenem und geschränktem Riemen versehen, eine Drehung des Propellers rechts oder links herum ermöglicht. Zum Füllen und Entleeren des Bottichs läßt sich der im Scharnier drehbare Riemenantrieb bequem in die Höhe heben, da er mit Gegengewicht ausbalanciert ist. Nachdem der Bottich mit dem Material gefüllt ist, wird ein an Seil und Deckenrollen über ihm hängender, mit Gegenwicht ausbalancierter kupferner Siebdeckel über das Steigrohr geschoben, und er wird dann mit einer Sperrklinke an in der Bottich-Innenwand eingelassenen Zahnstangen aus Phosphorbronze gegen Abhub und Druck bei der Flottenzirkulation abgestützt. Diese Sperrklinkenabstützung ermöglicht, daß der Siebdeckel der beim Netzen und Kochen zusammensinkenden Wolle nachfolgen kann, sodaß diese immer von ihm bedeckt ist, sobald das Gegengewicht angehoben wird. Man kann aber auch mit nicht auf dem Färbematerial aufliegendem Siebdeckel oder mit größerem oder geringerem Abstand desselben von der Wolle arbeiten.

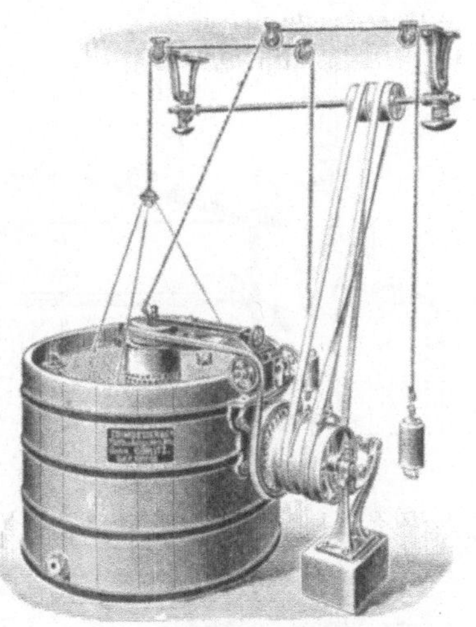

Fig. 3.

Beim Herausnehmen des Färbematerials schwebt der Deckel frei über dem Apparat, sodaß die Wolle entfernt werden kann. Dreht sich die Propellerwelle in der einen Richtung, dann wird die Flotte auf den Siebdeckel gehoben und sickert durch das Material in den Flottensammelraum zurück. Dreht sie sich in umgekehrter Richtung, dann steigt die Flotte aus dem Flottensammelraum durch das Material über den Siebdeckel. Es ist nun klar, daß beim ersteren Weg die Flotte rascher durch das Material dringt, weil man dabei von der Schwere unterstützt wird, während man im zweiten Falle der Schwere der Flotte entgegen arbeitet; doch bewährt sich der, wenn auch nicht gleichwertige doppelte Weg der Flotte trotzdem recht gut; außerdem kann man im Gegensatz zu dem Drezeschen bei dem in Rede stehenden Apparat auch mit kalten Flotten arbeiten.

Dieser Apparat hat sich für das Färben loser Materialien in der letzten Zeit gut eingeführt. Nach Angaben der Fabrik hat ein Apparat für 60 kg Wolle oder 100 kg Garne einen Bottichdurchmesser von 1150 mm, eine Bottichtiefe von 1000 mm und nimmt einen Raum von 1,8 m Länge und 1,3 m Breite ein. Ein Apparat für 120 kg Wolle oder 200 kg Garne mit einem

Bottichdurchmesser von 1500 mm und 1000 mm Tiefe benötigt 2,3 × 1,6 qm Platz.

Adolf Urban in Sagan baut einen Apparat, bei dem mittels Dampf- oder Luftdruckes (bei kalten Flotten) auf den Flottenspiegel im Flottensammelraum gedrückt wird, und zwar stoßweise. Die Flotte steigt während des Stoßes im Steigrohr empor, dadurch

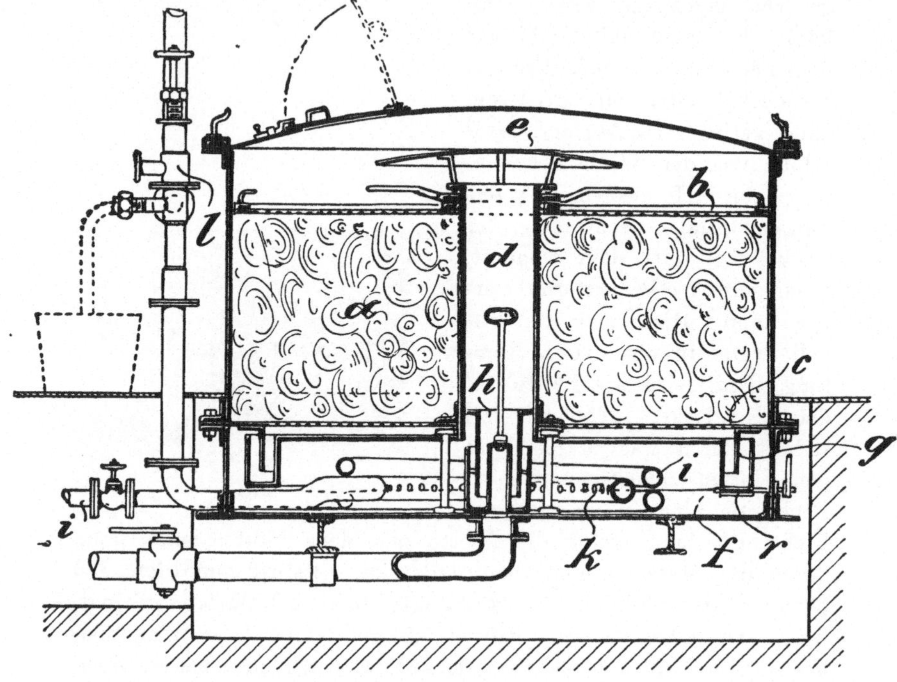

Fig. 4.

entsteht im Flottensammelraum ein Druckminimum, das den Durchtritt der Flotte nach dem Sammelraum erleichtert. Auf jeden Fall ist durch die Verlegung des Druckmediums auf die Oberfläche der Flotte im Sammelraum ein weit ruhigeres Arbeiten ermöglicht (D.R.P. 104 397), das dadurch noch sicherer wird, daß man nach D.R.P. 108 109 zwischen Flottensammel- und Materialraum einen Wasserverschluß einschaltet, um das Druckmittel nur indirekt auf die Ware einwirken zu lassen.

In der den Apparat veranschaulichenden Fig. 4 ist a der Fassungsraum für das Färbegut, welcher oben und unten durch Siebböden b, c begrenzt wird. Derselbe wird vom Steigrohr d durchdrungen, welches oben die Prellkappe e trägt. Unter dem Boden c befindet sich der Flottensammelraum f. Dieser wird gegen das Färbegut, wenn die Flotte den Weg durch das Steigrohr d nehmen soll, durch den Wasserverschluß g abgeschlossen. Soll die Flotte umgekehrt fließen, so ist dieser Wasserverschluß durch Klappen r aufgehoben und ein anderer h ist in dem Steigrohr d eingesetzt. Im Flottensammelraum liegt die Heizschlange i und das Druckluftrohr k. l ist ein Luftdruckapparat mit Farbezusatzstutzen. Der Färbebottich ist mit einem Deckel mit Schauloch verschlossen und mit einem geeigneten Ablaßhahn versehen. Die Zirkulation der Flotte erfolgt also entweder durch Dampfdruck oder durch Luftdruck, sodaß man mit Flotten beliebiger Temperatur arbeiten kann. Der Apparat hat sich sehr gut eingeführt und wird für loses Material und Garne in drei Größen, für 200, 100 und 50 kg Fassungsraum in Kupfer, auch in Holz mit Kupfer- oder Eisenarmatur gebaut.

Hierher gehören natürlich auch die Kiers, also die geschlossenen Kochkessel mit Steigrohr und Injektorbewegung, deren nähere Beschreibung sich erübrigt. Dieselben werden zum Auskochen, wesentlich zum Bäuchen für Bleichzwecke, benutzt.

Der egalen Verteilung der Kochflotte dient die Einrichtung von Max Haas in Aue i. S. (D.R.P. 144768)[1]).

Das Steigrohr ist oben geschlossen und es reichen in verschiedenen Höhen vom Steigrohr ausgehende perforierte Verteilungsrohre horizontal in das Kesselinnere, sodaß die Flottenzuführung auch an verschiedenen Höhen des gepackten Kessels erfolgt, wodurch dafür gesorgt werden soll, daß nicht die obersten, also zuerst durchdrungenen Schichten allein der Einwirkung konzentriertester Flotte unterliegen, sondern der Flotteneintritt auch im Innern des Materialkörpers erfolge.

Der Erleichterung des Flottenkreislaufes dient die Einrichtung des D.R.P. 114668 von Albert Schmidt in Mühlhausen in Thüringen[2]), das eine Verbesserung des D.R.P. 102986 darstellt.

---

[1]) Österreichs Wollen- und Leinen-Industrie 1903, 75.

[2]) Lehnes Färber-Zeitung 1901, 90.

Durch letzteres wird ein kontinuierlich wirkender Färbebottich mit zwei oder mehr Zellen und durch eine Pumpe in Umlauf gesetzter Flotte geschützt, bei welchem dadurch eine selbsttätige Lockerung des in die Färbezelle eingelegten Arbeitsgutes herbeigeführt wird, daß bei zu starkem Sinken des Flottenspiegels in dem, unter den Siebböden der mit Färbegut zu beschickenden Zellen befindlichen, Flottenraum der atmosphärischen Luft gestattet wird, aus der leeren Zelle durch das für alle Zellen gemeinsame Flottensteigrohr hindurch in den mit verdünnter Luft angefüllten Flottenbehälter der arbeitenden Zelle zu gelangen und hier stoßweise auf das auf dem Siebboden ruhende Färbegut zu wirken, dasselbe also zu lockern. Diese Wirkung wird nach dem Patent 114 668 dadurch vollkommener und kräftiger gestaltet, bezw. auch

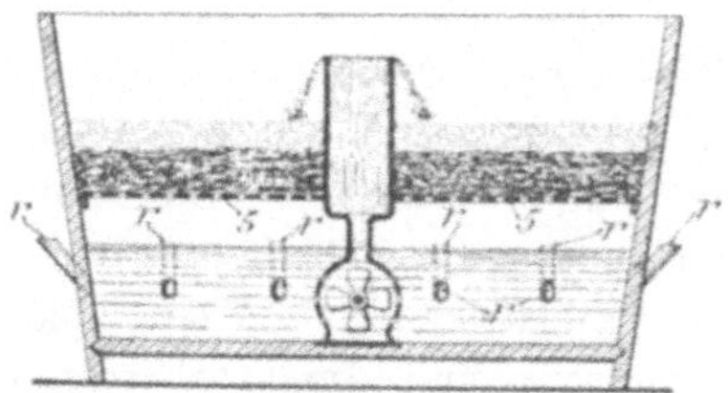

Fig. 5.

auf einzellige Färbebottiche, bei denen keine leere Zelle zwecks Lufteintritts vorhanden ist, anwendbar, daß die atmosphärische Luft unmittelbar in das Vakuum eingeleitet wird, und zwar unter Vermittlung von mehreren in einer Horizontalebene liegenden, in die Bottichwand schräg nach oben eingesetzten Rohrstutzen. Diese Rohrstutzen r (Fig. 5) sitzen in einer solchen Höhe, daß die Luft ebenfalls nur bei zu starkem Sinken des Flottenspiegels selbsttätig in das Vakuum des Flottenraumes unterhalb der Siebböden 5 einzutreten vermag, während bei hohem Stand der Flotte diese den Luftzutritt selbsttätig wieder abschließt. Der Apparat ist unter dem Namen „Autofax“ bekannt.

2. Die Kommunikation wird durch ein außerhalb des Materialbehälters liegendes Rohr besorgt.

Dadurch wird der ganze zylindrische oder prismatische Materialbehälter für das Einlegen frei, was ein bequemeres Anordnen gestattet. Zur Flottenbewegung können bei den Apparaten dieser Gruppe Pumpen verwendet werden, die die Flotte rascher zirkulieren lassen und leicht den Wechsel der Flottenrichtung gestatten. Da ferner der Materialbehälter mit der Flottenbewegungsvorrichtung nicht mehr direkt vereint ist, können Reservematerialbehälter Verwendung finden, die entleert und gefüllt werden, während ein anderer Materialbehälter eben der Flottenzirkulation ausgesetzt ist. Man kann meist auch kalte Flotten bewegen, und die gleichmäßige Flottenverteilung und Flottenverstärkung ist leichter als bei der ersten Gruppe der Apparate durchführbar.

Man unterscheidet hier offene und geschlossene Apparate, sodaß bei gewöhnlichem, bei Hoch- und bei Niederdruck gearbeitet werden kann. Das Material ist entweder in einem oder in

Fig. 6.

mehreren Behältern untergebracht, die entweder nacheinander oder gleichzeitig nebeneinander von der Flotte durchströmt werden.

Der Vollständigkeit halber sei hier der ebenfalls mittels Dampfinjektors arbeitende Färbeapparat von Carl Roeßler Söhne in Weisweiler bei Aachen (D.R.G.M. No. 213523, 192574, 177710) erwähnt, dessen Anlage aus der Fig. 6 ohne weiteres ersichtlich ist, der jenen Färbereien, denen eine Transmission fehlt, den Vorteil der Apparatefärberei verschaffen kann und der die gleiche Eignung wie der Apparat von Dreze (Seite 5) hat.

Der Typus der hierher gehörenden Apparate, bei denen die Flotte durch mechanische Kraft bewegt wird, kennzeichnet sich dadurch, daß bei gleicher Anordnung, wie in Fig. 6 gegeben, die Flotte unter dem Bodensieb des Materialbehälters abgesaugt und durch Pumpen etc. mit Hilfe der Rohrleitung über das Deckelsieb gehoben wird, und daß die gewöhnlich in dünner Schicht stehen bleibende Flotte den Druck auf das durch das Deckelsieb niedergehaltene Material verstärkt. Durch das Material dringt die Flotte wieder in den Flottensammelraum, von wo aus die Pumpe gespeist wird. Die Flotte kann auch durch ein Bodenventil in ein untergestelltes Gefäß einfließen, aus dem sie die Pumpe ansaugt. Man hat dadurch eine Möglichkeit zur Regulierung der Flottenlänge gegeben. Für geschlossene Apparate gilt die gleiche Type.

Es sei nur hinzugefügt, daß besonders bei alkalischen Kochungen von Pflanzenfasern das Material permanent unter Flüssigkeit gehalten und vor der Berührung mit Luft geschützt werden muß. Bei offenen Apparaten, die gerade für diese Arbeit weniger in Frage kommen, läßt sich die Einhaltung dieser Vorsichtsmaßregel gegen das Morschwerden der Ware leicht beobachten, bei geschlossenen geschieht dies entweder durch ein Wasserstandsglas oder es wird, um sicher zu gehen, nach dem D.R.P. 116 762 von Robert Weiß in Kingersheim i. E. über dem das Textilmaterial aufnehmenden Kessel ein ebenfalls geschlossenes Gefäß im Kreislauf der Flotte angeordnet, welches eine solche Menge von Reserveflüssigkeit enthält, daß das Textilmaterial stets von der Flotte bedeckt gehalten wird.

Das Material wird bei offenen und geschlossenen Kesseln nicht unmittelbar auf das Bodensieb geschichtet, sondern dieses wird erst mit einem Tuch bedeckt, wie auch zwischen Material und Deckelsieb ein Tuch gelegt wird; das Tuch am Deckelsieb hat als Filter zu wirken, das am Bodensieb angeordnete zu verhindern, daß das Material in die Durchlochungen eindringt und dieselben dem leichten Flüssigkeitsdurchgang verlegt.

Ein Apparat von Dr. H. Illgen in Crimmitschau (D.R.P. 95 357) arbeitet bei Verwendung eines Druckgas-Flottenhebers zur Flottenzirkulation derart, daß die bewegte Flotte plötzlich angestaut wird und infolgedessen ein Rückschlag entsteht, durch welchen das auf dem Bodensieb lagernde Material abgehoben und dadurch gelockert wird. Die Idee erinnert an die des auf Seite 10 beschriebenen Schmidtschen Apparates.

Dadurch, daß die Pumpenrohre außerhalb des Kessels liegen, wird besonders bei Kochungen unter Druck zum Ausgleich der Flottenabkühlung oft eine Flottenüberhitzung angebracht. Oft genügt auch gute Isolierung der Rohre.

Nach dem oben skizzierten Grundtypus ist der Apparat von Wegel und Abbt, Mühlhausen i. Thür., gebaut. Ein Apparat, der nur wenige Änderungen zeigt, stammt von der Firma H. Schirp,

Fig. 7.

Barmen U. und es sollen deshalb diese Apparate zusammen besprochen werden. Der Färbeapparat (Fig. 7, resp. 7 a) besteht aus

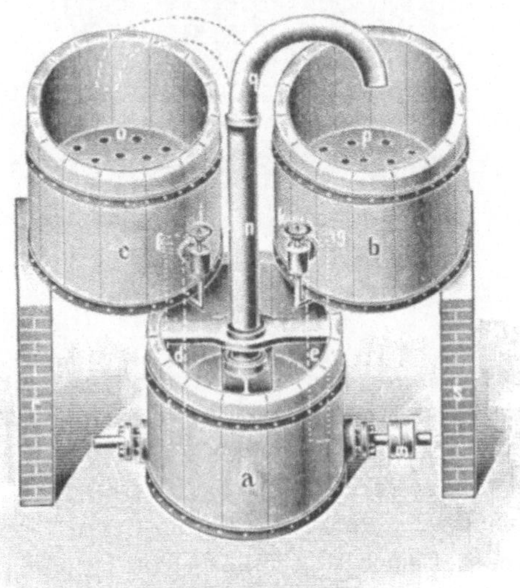

Fig. 7 a.

einem Flottenbehälter a und zwei von diesem ganz unabhängigen Warenbehältern c und b, die über oder auch hintereinander angeordnet sein können. Auf dem Boden des Flottenbehälters ist die Katarakt-Umlaufpumpe l montiert. Das Steigrohr n der Pumpe geht über in einen drehbar angeordneten Auswurfsrohrteil q, sodaß die Flotte abwechselnd in den einen oder anderen Warenbehälter geleitet werden kann. Nach Fertigstellung einer Färbung wird das Auslaufsrohr der Pumpe nach dem anderen Bottich gewendet, der inzwischen mit frischem Material gefüllt wurde, und die neue Färbung kann nach den wenigen Minuten, welche für die Umschaltung benötigt werden, sofort beginnen. Die Schirpschen Änderungen beziehen sich nach Aussage dieser Fabrik auf Anordnung von Ventilen in die Ablaßrohre der Materialbehälter und auf die Anbringung je einer zweiten Bodenöffnung, durch die das Spülwasser abgelassen oder eventuell alte Flotte in ein Reservoir

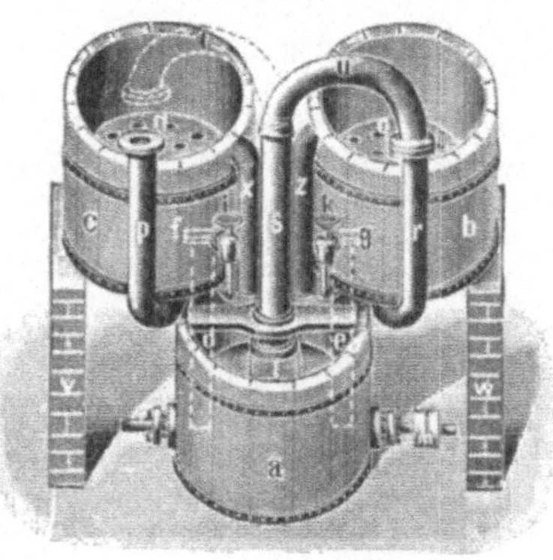

Fig. 8.

geführt werden kann, ohne Vermittlung des Flottenbehälters a. Beide Apparate sind außerordentlich verbreitet und besonders für lose Wolle, auch für Garne, infolge ihres großen Fassungsraumes und der Schonung des Wollmaterials sowie des geringen Anschaffungspreises sehr stark im Gebrauch. Die Firma H. Schirp hat diesen Apparat noch weiter ausgebaut. Um ein abwechselndes Fließen der Flotte von oben nach unten und von unten nach oben durch das Material zu ermöglichen, ist nach den Engl. Pat. 22948/1899 und 23668/1900 und dem D.R.G.M. 121367 (Fig. 8) das Auswurfsrohr u der Pumpe l mit einer Vorrichtung versehen, die leicht mit dem Rohr r, welches in die Mitte des Bodens des Warenbehälters b führt, verbunden werden kann. Auf diese Weise wird die Flotte von unten durch die Ware geleitet und fließt alsdann durch Rohr z nach dem Flottenbehälter a zurück, von wo aus sie wieder denselben Kreislauf ausführt. Die Verbindung und das Lösen der Rohre u und r vollzieht sich in wenigen Augenblicken. In derselben Weise verfährt man mit dem inzwischen mit neuer Ware beschickten Behälter c. Wenn die Flotte von unten nach oben durch das Material dringt, so geht sie der Schwere entgegen und die Zirkulation in beiden Richtungen ist daher nicht gleichwertig.

Nicht sehr verschieden von den oben beschriebenen sind die Apparate von Robert Hampe in Helmstedt (Braunschweig) und von Jonas Halbach in Barmen (D.R.P. 105 783).

Nach der Einrichtung der D.R.P. 42933 und 44985 von Carl Haubold in Chemnitz ist bei geschlossenen Apparaten der Materialbehälter transportabel und auswechselbar.

Von geschlossenen Apparaten interessieren hier Vakuum-Apparate, die für Bleicherei von Stranggarnen, losen Materialien und Kreuzspulen z. B. von der Maschinenfabrik U. Pornitz, Chemnitz i. S. in Handel gebracht werden. Nachdem das Material im Kochkessel gebäucht wurde, wird es in einen Kessel, der einen starken eisernen Zylinder darstellt, eingepackt. Dieser ist im Innern verbleit und der Bleiüberzug wird durch eine Holzbekleidung vor mechanischen Eindrücken und Beschädigungen bewahrt. Nach stattgefundener Füllung tritt eine seitlich angebrachte Luftpumpe in Funktion, macht den Zylinder luftleer und saugt aus unter dem Kessel befindlichen Zisternen die Chlor-, Säure- oder Spülbäder in den Kessel. Nach dem Einsaugen wird durch entsprechende Ventilstellung die Bleichflotte wieder in die betreffende Zisterne zurückgebracht und die Prozedur so lange wiederholt, als es die Operation verlangt.

Ebenfalls durch Vakuum bewegt wird die Flotte in einem Bleichapparat von B. Thies, Coesfeld i. W. Das Material ist in einem ca. 500 kg Cops, bezw. 1000 kg Kreuzspulen etc. fassenden Materialbehälter untergebracht und dieser steht durch einen eisernen, verbleiten Flottenfänger in Verbindung mit der Kraftstation des Thiesschen Apparates laut D.R.P. 118848 und arbeitet auch analog wie dieser. (S. 105 ff.)

Die ziemlich große Dicke der Materialschicht läßt es sehr notwendig erscheinen, die Flotte gleichmäßig im Material zu verteilen und der Kanalbildung vorzubeugen. Dies ist zunächst dadurch möglich, daß man den Flottenweg umkehrbar macht. Man kann die Flotte entweder unter dem Bodensieb absaugen und über das Deckelsieb fördern oder unter das Bodensieb hineindrücken. Zu diesem Zwecke wird nur die Arbeitsrichtung der Pumpe geändert, bei Kolbenpumpen durch entsprechende Stellung von Hähnen in den Rohrleitungen, bei Zentrifugalpumpen derart, daß durch Umschaltung von Vielweghähnen in den zwei Pumpenrohren diese abwechselnd als Saug- oder Druckrohre dienen.

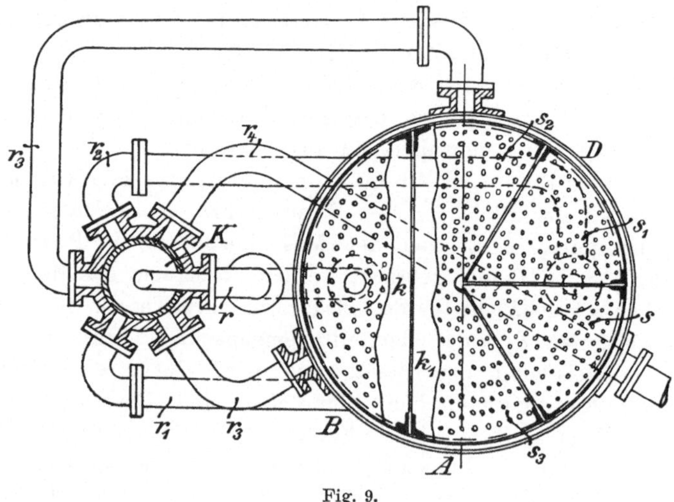

Fig. 9.

Nach dem D.R.P. 100899 von Franz Erban in Höchst a. M. und Ludwig Pick in Nachod wird bei geschlossenen Bleichkesseln in verschiedenen aufeinander folgenden Zeitabschnitten die Richtung der Flotte beim Durchdringen durch das Material gewechselt, indem zunächst die Eintrittsstelle der Flotte geändert wird, sodaß hierdurch auch die Richtungslinie der Flotte von der Eintritts- zur Austrittsstelle beständig variiert.

Die Einrichtung ist durch die Fig. 9 u. 9 a dargestellt. Zur Ausführung dieses Verfahrens wird eine Vorrichtung verwendet, bei welcher die Flotte durch einen in Abteilungen geteilten Siebdeckel immer wieder an anderen Stellen dem Material zugeführt wird, während der Raum unter dem Siebboden durch Wände (konzentrisch oder achsial) in Kammern geteilt wird, welche jede durch eine besondere Rohrleitung mit einem Steuerungsschieber, bezw. Hahn oder Ventil in Verbindung stehen, der sie stetig oder sprungweise mit einer Pumpe, einem Injektor oder Vakuumkessel in Verbindung bringt, welche den Kreislauf der Flotte bewirken,

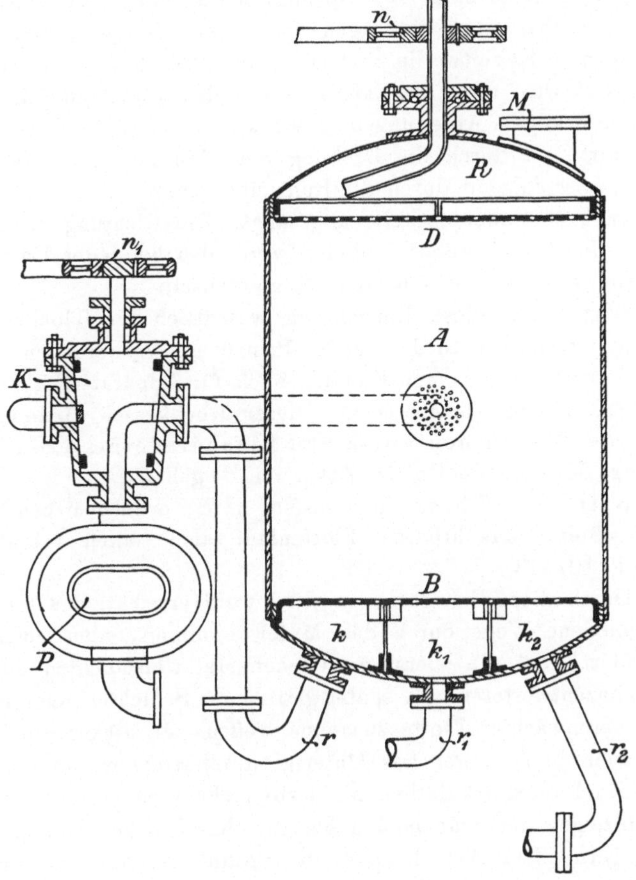

Fig. 9a.

sodaß jeder Punkt im Material wiederholt und von verschieden gerichteten Flottenströmen durchdrungen wird und die etwa bei dem Lauf der Flotte in der einen Richtung gebildeten Kanäle bei den darauf folgenden Richtungsänderungen verlegt und unschädlich gemacht werden. Das zu behandelnde Material wird in den

Kessel zwischen dem Siebboden B und dem Siebdeckel D aufgeschichtet, das Mannloch M geschlossen, die Flotte durch das Rohr R zugeführt und gleichzeitig die Pumpe P in Tätigkeit gesetzt. Vermittelst der Transmissionsscheiben n n_1 wird das Rohr R und das Hahnküken K in stete oder sprungweise Drehung gebracht, wobei man vorteilhaft auch die gegenseitige Umdrehungsgeschwindigkeit von R und K zeitweilig ändern kann. Durch die Drehung des Rohres R wird die Flotte abwechselnd den aufeinander folgenden segmentförmigen Abteilungen s, s_1, s_2, s_3 . . . . . des Siebdeckels zugeführt und durch die Drehung des Hahnkükens K die Flotte aufeinander folgend durch die Rohrleitungen r . . . . r_5, also jedesmal an einer anderen Stelle abgesaugt. Die Richtung, welche die Flotte durch das Material nimmt, wird also bei jeder Umdrehung des Rohres R und des Kükens K gewechselt.

Wenn auch diese Einrichtung wesentlich für Bäuchkiers bestimmt ist, so könnte das schöne Prinzip des variierenden Flottenweges zur Verhütung von Kanälen auch für Apparate-Färberei und -Bleicherei von Vorteil sein. Dieser Kochkessel wird von der Zittauer Maschinenfabrik und Eisengießerei, A.-G., früher Albert Kiesler & Co. in Zittau i. S. gebaut.

Bernhard Thies in Coesfeld i. W. ordnet neben einem senkrechten, umkehrbaren Flottenlauf auch einen radialen an (D.R.P. 107113).

Durch diese Einrichtungen wird wohl erreicht, daß die Flotte verschiedene Wege durch das Material nimmt, aber noch nicht gehindert, daß die zuerst getroffenen Materialschichten auch mit der konzentrierteren, die später getroffenen Schichten aber mit bereits geschwächter Flotte zusammentreffen. Je dicker die Schicht und auch je schwerer das Material durchdringbar, je langsamer also die Flottenzirkulation ist, desto mehr wird sich dieser Übelstand zeigen und man muß daher die Schichtenhöhe entsprechend verringern. Um aber dennoch die Produktion nicht zu drücken, müßte man, um sich den gleichen Fassungsraum zu erhalten, entweder Materialbehälter von sehr großem Querschnitt anwenden, was ganz unrationell wäre, oder man bringt das Material in verschiedenen Behältern mit geringerer Schichtenhöhe unter, die hintereinander von der Flotte durchströmt werden, wobei aber die Flotte nach Verlassen des durchlaufenen und vor Betreten des folgenden Materialbehälters zu verstärken ist.

Zu diesem Zweck läßt man konzentrierte Farbbrühe in dünnem Strahl in die Rohrleitungen an den Materialbehälterverbindungsstellen einlaufen, wodurch sich dieselbe gründlich mit der erschöpften Flotte vermischt.

Der Apparat von August Köhne in Barmen (D.R.P. 109861) ist nach diesem Prinzip gebaut[1]). Der Waarenbehälter I (Fig. 10) ist durch Siebböden 6, 7 in mehrere in der Bewegungsrichtung der Flotte übereinander liegende Räume geteilt, von denen die einen 8 zur Aufnahme des Materials dienen, während die zwischen, bezw. unten und oben bleibenden Räume 9 von dem Flottenbehälter 2 aus beständig mit frischer Flotte gespeist werden, so

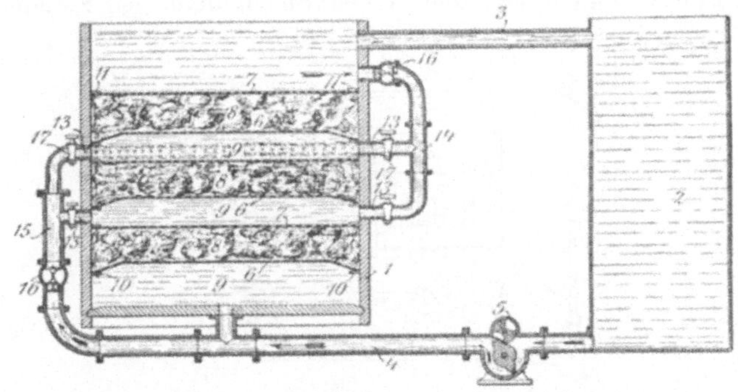

Fig. 10.

daß die geschwächte Flotte vor Eintritt in den nächsten Materialraum wieder verstärkt wird.

B. Thies hat eine ähnliche Anlage durch D.R.P. 95701 geschützt. Die einzelnen Behälter werden hintereinander durchströmt; außerdem sind die einzelnen Abteilungen durch geeignete Absperrvorrichtungen von dem Kreislauf der Flotte ausschließbar.

Eine Einrichtung von Bernh. Siegel & Schütze in Pößneck i. Th. (Franz. Patent 326245, identisch mit dem D.R.P. 142695 von Siegfried Fels in Berlin), bei der das Material in zwei nebeneinander stehenden, durch ein Überlaufrohr verbundenen Bottichen untergebracht ist, soll ausführlicher beschrieben werden, weil sie im praktischen Betrieb erprobt ist[2]).

[1]) Lehnes Färberzeitung 1900, 377.

[2]) Österreichs Wollen- und Leinenindustrie 1904, 68.

Das Textilmaterial ist in zwei Bottichen a und b (Fig. 11), die durch den Überlauf c miteinander kommunizieren, eingelegt und ruht in bekannter Weise zwischen je einem Bodensieb d, auf dem gelochte Kupferzylinder f aufgenietet sind, und je einem Siebdeckel e, der mittelst Eisenstangen auf das Material niedergepreßt wird. Jeder der beiden Bottiche besitzt ein Bodenablaßrohr, in das je ein Dreiweghahn g_1 und g_2 eingeschaltet ist, der die Verbindung des Bottichs entweder mit den zur Saugleitung i oder zur Druckleitung k der Pumpe h führenden Rohren, oder auch der Bottiche untereinander herstellt.

Der Apparat arbeitet auf folgende Weise: Es wird zunächst so viel Flotte eingelassen, daß sie handhoch über den Siebdeckeln

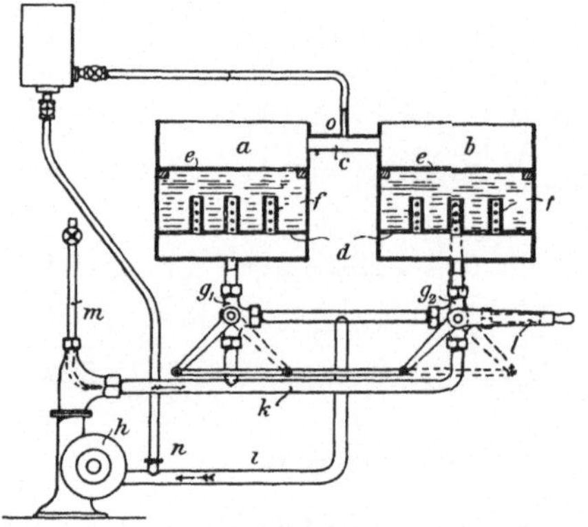

Fig. 11.

der Bottiche steht. Hahn g_1 setzt den Bottich a mit der Saugleitung i, Hahn g_2 den Bottich b mit der Druckleitung k der Pumpe h in Verbindung. Es strömt daher die Flotte von oben nach unten durch a und dann von unten nach oben durch b. Die Flotte steigt dabei in b bis zum Überlauf und tritt durch diesen in Bottich a zurück, wodurch der Kreislauf geschlossen ist.

Nachdem der Apparat kurze Zeit in dieser Weise gearbeitet hat, werden die Hebel g_1 und g_2 mittelst Hebels l umgestellt, sodaß nun g_2 mit der Saugleitung i und g_1 mit der Druckleitung k verbunden ist. Es läuft daher die Flotte in b von oben nach unten und in a von unten nach oben.

Der eigentliche Erfindungsgedanke wird durch die Einrichtung zur Verstärkung der Flotte und zur gleichmäßigen Verteilung des zugegebenen Farbstoffes gebildet. Aus einem Reservoir wird die Farblösung der kreisenden Flotte durch entsprechende, aus der Fig. 11 ersichtliche Rohrleitungen teils bei n in die Saugleitung der Pumpe, teils bei o in den Überlauf c zwischen den beiden Bottichen zugeführt. Dies ermöglicht, daß vor jedem Eintritt in jeden Bottich, sei es bei der Flottenströmung von unten nach oben oder umgekehrt, also auf vier Seiten des Farbgutes, frische Farbstofflösung allmählich zugeführt werden kann. Zum Erwärmen der Flotte wird Dampf direkt durch das Rohr m der Druckleitung zugeführt. Die Partiengröße beträgt nach Angabe der Erfinder 125 kg. Geschützt ist nur die beschriebene Art der Flottenverstärkung, die die Egalität der Färbung sehr fördern muß. Ganz gut werden sich auch die perforierten Kupferzylinder f bewähren, weil sie nicht nur die Flotten-Ein- und -Ausströmungsfläche vergrößern, sondern durch die stattfindende Flottenstrahlenkreuzung der Kanalbildung möglichst vorbeugen.

Der Apparat erinnert mit seiner Verwendung von zwei hintereinander geschalteten Bottichen und dadurch erzielbarer geringer Schichtendicke des Materials unter anderem besonders an den Apparat von Edmond Masurel in Tourcoing, der durch das seither gelöschte D.R.P. 73917 geschützt war und bei dem die Verstärkungsflotte statt in ein Überlaufrohr in ein zwischen den beiden Bottichen liegendes kleines Gefäß, also nur an einer Stelle, eingeführt werden konnte und der auch auf ganz analoge Weise wie hier eine Variation des Flottenweges gestattete.

Die Flottenverstärkung für in geschlossenen Kesseln umlaufende Flotten führt nach einem ähnlichen Prinzip Robert Weiß in Kingersheim i. E. laut D.R.P. 116762 durch.

Apparate für Spinnbänderwickel.

Die Anordnung mehrerer Materialbehälter in einem Apparat, die nebeneinander und gleichzeitig von der Flotte zu durchströmen sind, wird dann zweckmäßig und auch praktisches Erfordernis, wenn das Material selbst in einer Einzelbehälter füllenden Form vorliegt und ein Zusammenpacken mehrerer Materialkörper sich nicht empfiehlt, um den Zusammenhang derselben zu schonen. Dies gilt von den Wickeln oder Bobinen aus Spinnbändern, das sind wickelförmige, weiche Körper ohne zentralen Kanal, durch welche die Flüssigkeit zwar auch durchsickern kann, die aber beim

Färben durch eine wenn auch schwache Pressung oft verdichtet werden müssen, um ihrer Verwirrung vorzubeugen. Die Bandbobinenfärbeapparate bilden daher einen Übergang zu den Apparaten mit paralleler Flottenstrahlung und Pressung, sodaß auch Apparate der letzteren Art nach entsprechender Änderung ihrer Materialbehälter hier in Verwendung stehen.

Das Färben der auf eine perforierte Hülse aufgewickelten Spinnbänder wird bei den Aufstecksystemen besprochen.

Die Bänder liegen für das Färben in verschiedener Form vor. Entweder werden sie aus dem Drehtopf (der Spinnkanne) herausgehoben und kreuzweise mit Stricken umschnürt, was eine durchaus nicht schonende Behandlung darstellt.

Oder sie werden parallel gewickelt, wodurch eine ebenfalls nicht vorteilhafte Form entsteht, besonders weil die einzelnen Lagen abrutschen und übereinander fallen.

Oder sie werden in Kreuzwickelform gebracht, wie es bei Kammzug stets geschieht, für baumwollene Kardenbänder aber dem Eduard Geßler in Metzingen durch D.R.P. 70435 geschützt ist.

Nach dem D.R.P. 143992 der Firma Hartmann & Co. in Wannweil bei Reutlingen werden zur Vermeidung jeder Verwirrung, unter Umgehung der Spinnkanne, die Kreuzwickel sofort von der Karde weg unter geringer Spannung hergestellt. Damit der Wickel noch fester und sicherer vor Beschädigungen bleibt, werden, ähnlich wie in der Wollkämmerei, mehrere Bänder miteinander gekuppelt. Während in allen übrigen Fällen die Wickel wieder in die Spinnkanne hineinzuordnen sind, können bei dieser Art der Wickelbildung die Bänder unter Umgehung der Spinnkanne der nächsten Maschine zur Speisung vorgelegt werden, indem sie sich abwickeln. Die Fig. 12 gibt ein Bild dieser Arbeitsweise.

Die Kreuzwickelform ist auf jeden Fall die beste und schonendste. Das gilt besonders für die so leicht zur Verfilzung neigende Wolle. Kammwolle wird nicht in der Flocke gefärbt wie Streichgarn, nicht nur, weil man dann überflüssigerweise die Kämmlinge mitfärben und entwerten würde, sondern wesentlich deshalb, weil die Wolle auf diese Weise ganz locker und ohne Spur von Verfilzung den Kämmen zur Bearbeitung dargeboten wird. Um gefärbte Kammzugwickel der weiteren Bearbeitung in guter Form zu liefern, werden die Kammzugbobinen in der Lisseuse gereinigt und getrocknet und dann im Gill-Box nachgekämmt.

Heinrich Honegger in Duisburg benützt nach D.R.P. 114666 die Spinnkanne selbst als Materialbehälter, die zu diesem Zweck mit perforiertem Boden und Deckel ausgerüstet ist, sodaß auch er das Umformen der Bänder spart, indem das normal in die Spinn-

Fig. 12.

kanne gefüllte Band während des Färbens und Trocknens darin auch verbleibt und dann der Strecke direkt wieder in derselben Kanne vorgelegt werden kann.

Diese Einrichtung verstößt jedoch gegen einen Grundsatz, den man beim Färben von Bändern immer streng einhalten muß. Die Flotte darf nämlich nie so geführt werden, daß sie die einzelnen Bandscheiben ineinander schiebt, also nie parallel, sondern immer senkrecht zur Wickelachse, sodaß sie zwischen jenen durchläuft. Nur dann wird eine Verwirrung des Bandes, die das Weiterverspinnen stört, verhindert.

Die Behälter für die Wickel, die also am besten kreuzgehaspelt vorliegen sollen, haben zylindrische Form, einen perforierten Boden und einen perforierten Deckel, der etwas auf den Wickel niedergepreßt wird, um denselben unverwirrt in seiner Lage zu erhalten. Dies geschieht entweder durch das Eigengewicht des Verschlußdeckels, der deshalb oft aus Blei hergestellt wird, oder durch Bügelschrauben und ähnliche Vorrichtungen.

Apparate dieser Art sind in großer Zahl am Markt. Am besten eignen sich die Apparate mit rascher Flottenbewegung und leicht umkehrbarem Flottenweg. Doch können auch alle bisher besprochenen Apparate, sofern sie nur eine Teilung ihres Material-

Fig. 13.

behälters in einzelne Räume zur Aufnahme der Bobinenbehälter gestatten, der Bobinenfärberei dienen. So ist z. B. der Apparat von Dreze (s. S. 5) entsprechend montierbar.

Ein einfacher Übergußapparat, bei dem die Flotte senkrecht auf die in entsprechend perforierte Behälter eingeladenen Spinnbandwinkel läuft, ist durch D.R.P. 46293 der Société Harmel frères in Valdes-Bois bei Bazancourt, Frankreich, geschützt.

Ein ziemlich verbreiteter Übergußapparat für Kammzugbobinen ist erfunden von Auguste Vanzeveren in Tourcoing (Engl. P. 4568/1900). Die Maschine (Fig. 13) besteht aus einem Flottenbassin, über welchem, in zwei Reihen nebeneinander angeordnet, die Töpfe mit den Kammzugbobinen sitzen, die um horizontale, der Längswand des Flottenbassins parallele Achsen drehbar sind. Über den zwei Topfreihen ist ein rinnenartiger Verteiler angebracht, aus dessen Boden Rohre zu den einzelnen Töpfen führen. Die Flotte ergießt sich durch die Rohre auf die Deckelsiebe der Töpfe, sickert durch die Bobinen in das Flottenbassin zurück und wird von da wieder in die Verteilungsrinne gehoben, sodaß der Kreislauf geschlossen ist. Wendet man die Töpfe um 180 Grad um ihre Horizontalachsen, so läuft die Flotte von der anderen Seite aus durch das Material. Da jedes Rohr durch eine Stellspindel abschließbar ist, kann man eine beliebige Topfzahl aus dem Kreislauf ausschalten, wenn z. B. die Partie nicht genügend groß ist oder wenn man einen Topf ausscheiden will, um zu mustern.

Eine ältere Maschine, die ebenfalls das beliebige Ein- und Ausschalten einer kleineren oder größeren Topfzahl ermöglicht, stammt von Schulze & Co. in Schmölln in Sachsen-Altenburg (D.R.P. 36 981)[1]. Die Töpfe hängen mittels Gelenkhähne mit der Verteilungsrinne zusammen, und die Hähne schließen sich beim Emporklappen der Behälter automatisch. Eine Änderung des Flottenweges läßt sich nur von Hand aus erreichen, und zwar dadurch, daß man die Bobinen nach Entfernung des Deckels ausnimmt, umwendet und wieder einsetzt.

Sehr verbreitet und beliebt ist der Revolverapparat[2]) von Obermaier & Co. in Lambrecht in der Pfalz, der nach demselben Prinzip arbeitet, wie der auf Seite 67 ff. ausführlich beschriebene bekannte Obermaiersche Färbeapparat.

Er wird durch die Fig. 14 veranschaulicht. Er besteht aus einem senkrechten Hauptzylinder, um den herum zwanzig kleine, je eine Bobine fassende Zylinder, sog. Revolver, so angeordnet sind, daß vier horizontale Revolverreihen entstehen. Da, wo die kleineren Zylinder an den Hauptzylinder anschließen, ist letzterer perforiert, ebenso wie die an den Revolvern festgehaltenen Verschlußdeckel. Der beladene Revolverapparat wird mittels Kranes in den Färbebottich gesetzt, und zwar so, daß der Fuß des Apparates

[1]) Leipziger Monatsschrift für Textil-Industrie 1888, 229 u. 1891, 12 und Lehnes Färber-Zeitung 1889/90, 221.

[2]) Lehnes Färber-Zeitung 1889/90, 65.

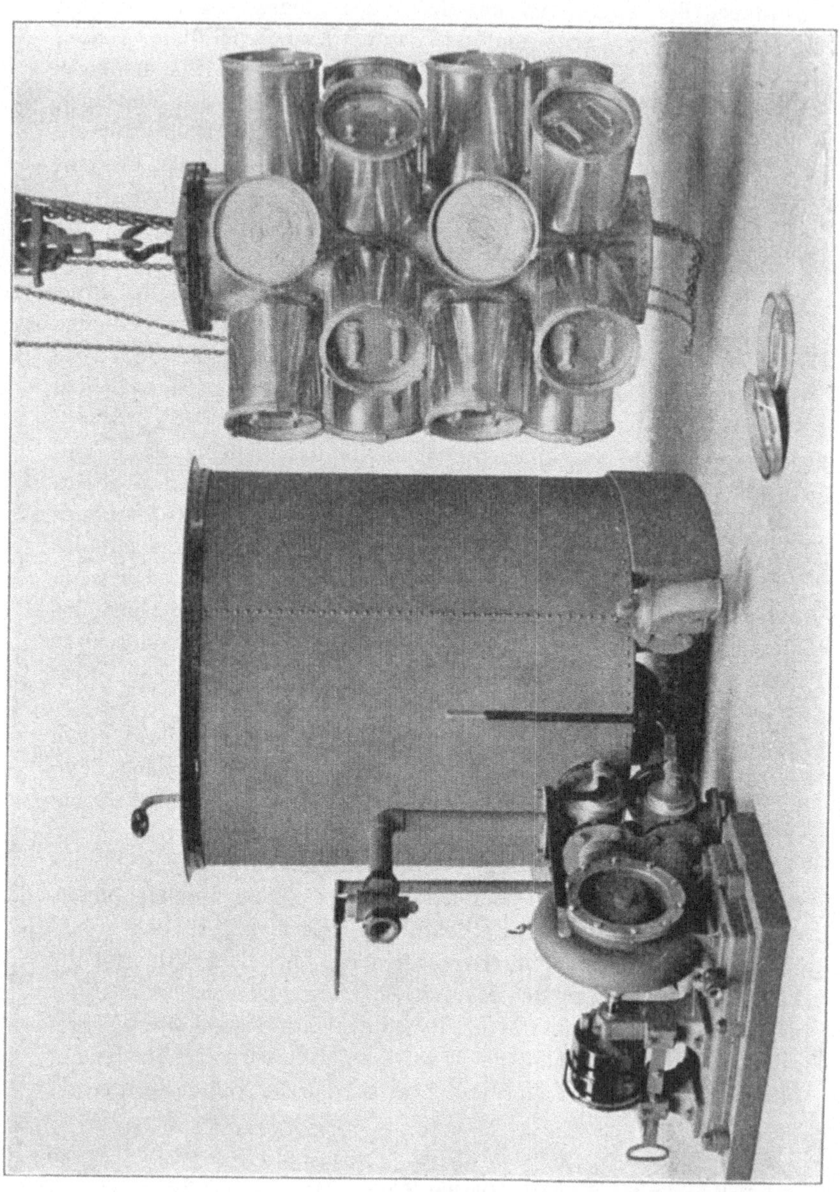

Fig. 14.

genau auf die Öffnung des Druckrohres der Zentrifugalpumpe zu stehen kommt. Die Flotte wird, wenn die Pumpe arbeitet, in den Hauptzylinder des Apparates getrieben, durchdringt dann die in den Behältern untergebrachten Bobinen und gelangt von hier aus in den Färbebottich, in den auch das Pumpensaugrohr mündet, durch welches zur Fortsetzung des Flottenkreislaufes die Pumpe gespeist wird. Man gibt der Flotte zunächst nur die Hälfte der erforderlichen Farbstoffmenge zu, hebt nach einer gewissen Zeit den Apparat aus der Kufe und setzt die mit einem starken Strick kreuzweise umbundenen Bobinen um, derart, daß man die Bobinen aus der untersten Revolverreihe in die oberste und umgekehrt und die aus der zweiten in die dritte Reihe und umgekehrt einbringt und daß die bisher dem Innern des Apparates zugewendete Seite der Bobinen jetzt nach außen dem Deckel zugewendet ist. Dann wird die zweite Hälfte des Farbstoffes zugegeben und weiter gefärbt. Es muß also der doppelte Flottenweg von Hand aus und unter Stillsetzung der Maschine ausgeführt werden. Nach Beendigung der Färbung und nach dem Spülen wird der Apparat ausgehoben, entleert und wieder gefüllt und ist dann für eine nächste Partie sogleich wieder bereit.

Obermaier & Co. bauen den Apparat in verschiedenen Größen für 5, 10, 15 und 20 Bobinen oder 25, 50, 75 und 100 kg. Als Platzbedarf werden $4^1/_2$—5 qm angegeben; das Flottenverhältnis beträgt 1:20. Die Ausführung der Apparate geschieht ganz in Kupfer und Bronze, sowie mit Holzbottich und Eisenpumpe, auf Wunsch auch in Eisen und in Eisen verbleit.

Der auf Seite 39 besprochene Apparat von G. De Keukelaere in Brüssel wird ebenfalls mit einem zur Aufnahme von Kammzugbobinen geeigneten Materialbehälter geliefert. Zu diesem Zweck sind die seitlichen Materialbehälter durch eine entsprechende Anzahl Zylinder oder Töpfe ersetzt, welche auf den inneren Wänden befestigt sind (Fig. 15). Die zwischen den Töpfen gelassenen Abstände bestehen aus nichtgelochtem Blech, damit die Farbflotte nur durch die Töpfe geht. Man bringt die Kammzugbobinen in diese Töpfe, welche dann vermittelst gelochter Kupferdeckel geschlossen werden. Der Apparat faßt bis 18 Töpfe, entsprechend 100—120 kg Wolle. Der so gefüllte Warenbehälter wird dann in den festen Bottich eingeführt, und der Färbeprozeß geht in derselben Weise, wie später ausführlicher beschrieben, vor sich.

Ein Übergußapparat für Bobinen ist auch die Gravitationsfärbemaschine von Lee, Bradshaw und Lee, Wakefield, Yorkshire, Engl. Patent 2093/1888[1]).

Nach dem Übergußprinzip arbeitet auch der Apparat von Hartmann & Co. in Wannweil bei Reutlingen, D.R.P. 64 590[1]) von Eduard Geßler in Metzingen. Die Kardenbänder befinden

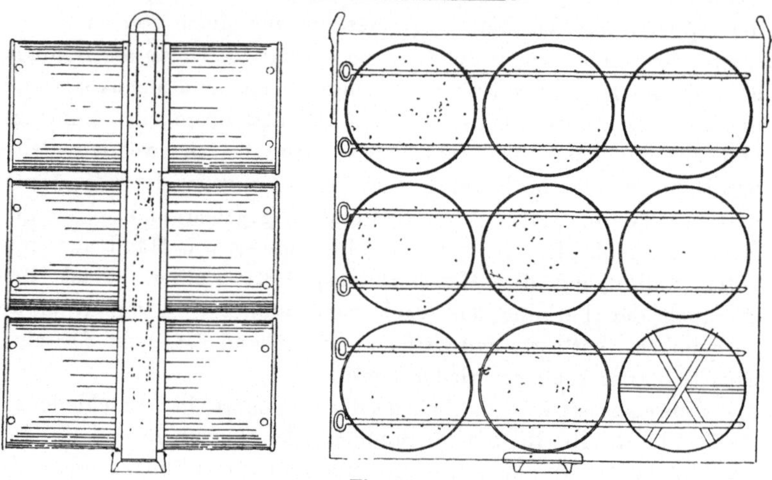

Fig. 15.

sich in den Zylindern a (Fig. 16 u. 17), welche unten je mit einem Siebboden a^1 und oben mit dem Deckel a^3 verschlossen sind. Die Zylindergefäße a sind luftdicht in die Öffnungen b^3 des festen Deckels b^1 der Farbkufe b eingesetzt. Für den luftdichten Verschluß sorgt das Eigengewicht jedes Zylinders und der ihn umgebende konische Abdichtungsring a^2, welcher in den konisch ausgearbeiteten Deckelausschnitt der Kufe genau paßt. Sind die Zylinder samt Ware in den festen Kufendeckel eingesetzt und die Siebbleche a^5 in den oberen Teil des Zylinders eingeschraubt, um die Gespinstfaser gegen den Siebboden a^1 zu drücken, so werden die Rohrstutzen a^6 der Zylinderdeckel mittelst biegsamer Rohrstücke mit dem Hauptzuleitungsrohre d in Verbindung und die Pumpe e in Bewegung gesetzt. Von dieser Pumpe geht

[1]) Lehnes Färber-Zeitung 1889/90, 103.

gleichzeitig ein Abzweigungsrohr in den Boden der Kufe, und nun kann die Flotte beliebig von oben nach unten oder umgekehrt durch die in den Zylindern befindliche Gespinstfaser strömen. Gegen etwaiges Stoßen der Flüssigkeit sind die Zylinder oben mit entsprechenden Gewichten belastet. Sollte aber der Druck der Flüssigkeit zu stark werden und die Zylinder aus ihren Sitzen im Kufendeckel heben, so tritt zwischen den Abdichtungsflächen a^2 b^3 Flotte aus, womit der Druck nachläßt und den schwimmenden Zylindergefäßen wieder gestattet, in ihren ursprünglichen Sitz im Kufendeckel zurückzufallen.

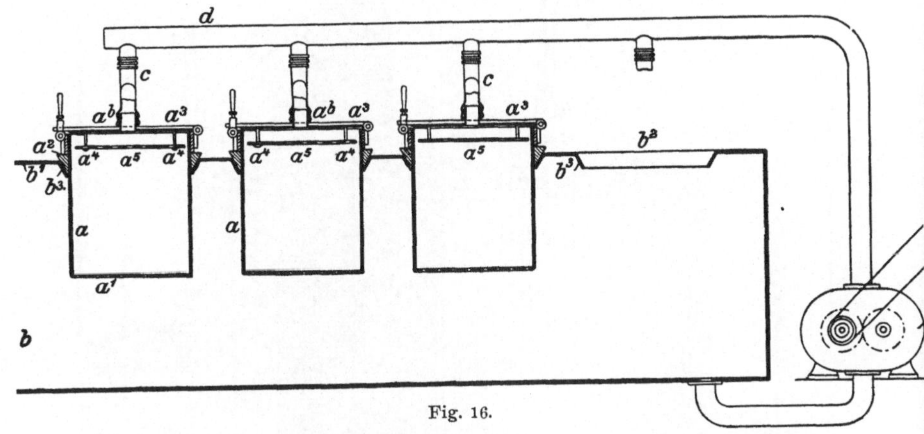

Fig. 16.

Um die fertig behandelte Gespinstfaser zu trocknen, wird sie zunächst in denselben Zylindergefäßen a zentrifugiert; um sie hernach ganz trocken zu erhalten, werden die Zylinder samt Ware in einen geschlossenen Kasten gebracht, in dessen Innerem sich eine horizontale Platte mit ähnlichen Öffnungen befindet, wie solche im Deckel der Farbkufe zur Aufnahme der Zylinder dienen. Durch ein Rohr an der Decke des geschlossenen Trockenkastens wird Luft in den Kasten und durch die Zylinder getrieben. Nachdem sie die letzteren von außen umspült und gleichzeitig die Gespinstfaser im Innern der Zylinder durchzogen hat, verläßt die Luft den Trockenraum durch ein am Boden befindliches Rohr.

Es wird bei der Besprechung der Guembelschen Erfindung (D.R.P. 143613) (S. 50) noch darauf hingewiesen werden, daß man ein zu rasches Durchlaufen der Flotte durch das Material bei Packsystemen dadurch verhindert, daß man durch Wahl von verschiedener Zahl und Größe der Perforationen in den beiden Sieben, zwischen welche das Material gepackt wird, eine Stauung der Flottenstrahlen und dadurch einen gewissen Überdruck hervorruft. Wenn man nun die Flotte in wechselnder Richtung durch das Material führt, dann kann sich dieser Vorteil nur bei jenem Wege zeigen, bei dem die Flotte durch das Sieb mit größerem

Fig. 17.

Perforationsquerschnitt eintritt und durch das Sieb mit kleinerem Perforationsquerschnitt austritt. Deshalb wird noch eine dritte Siebwand mit veränderbarem Querschnitt nötig, die hier bei der Geßlerschen Maschine durch eine über das Deckelsieb gestülpte, eine Bodenöffnung aufweisende Glocke ersetzt wird, die durch den Flüssigkeitsdruck automatisch von ihrer Unterlage abgehoben wird und dadurch den Durchmesser der Flüssigkeitspassage in obigem Sinne reguliert (D.R.P. 79 441 von Eduard Geßler in Metzingen und 83 039 von Hartmann & Co. in Wannweil).

Hier sei auch noch der Apparat von Charles Vandemeiersche in Paris (D.R.P. 46 852 und 47 438) genannt, bei dem die Flotte durch die in Töpfen untergebrachten Bobinen durchsickert und außerdem noch mittelst Pumpenkraft durchgetrieben wird. Der Apparat rotiert um das gleichzeitig als Drehachse dienende Pumpendruckrohr, an dessen Umfang, ähnlich wie beim Obermaierschen Revolverapparat, die Bobinentöpfe angeordnet sind. Der Apparat ist nicht sehr verbreitet, und es sei daher von der ausführlichen Beschreibung abgesehen[1]).

Das Gleiche gilt von dem ähnlichen Apparat von C. C. Bräutigam in Crimmitschau (D.R.P. 79 531)[2]).

3. Die Kommunikation wird durch einen Ringraum um den in den Färbebottich eingelassenen Materialbehälter hergestellt.

Die Flotte wird durch ein Schaufelrad bewegt, das dieselbe an den Wandungen des Färbebottichs hochtreibt und über das Deckelsieb hebt. Das Schaufelrad saugt sie dann durch das Material hindurch wieder an.

Als Type diene der Apparat von August Gottlieb Schmidt in Langensalza in Thüringen (D.R.P. 47 427), der von U. Pornitz & Co. in Chemnitz i. S. gebaut wird. Der Apparat (Fig. 18) besteht aus einem zylindrischen oder viereckigen Behälter C, in welchem ein Zylinder A hängt oder steht; A kann mehrere kleine Zylinder aufnehmen, in welchen sich das Material befindet. Der Boden B und der abnehmbare Deckel D sind perforiert. In dem Raum zwischen dem Boden von C und dem Boden von A befindet sich ein rasch rotierendes Flügel- oder Schaufelrad F, welches die Flotte einerseits durch die Materialbehälter ansaugt, andererseits in dem zwischen C und A befindlichen freien Raum in die Höhe drückt, sodaß sie über den Deckel D befördert wird und in die Materialbehälter fließt. Man erhält so einen kontinuierlichen Kreislauf der Flotte ohne Anwendung von Rohrleitungen, Pumpwerken etc.

Da die Flotte über dem Deckel an der Peripherie zu stark wallt, hat sich das Einhängen von Brettern, die gegen das Zentrum gerichtet sind, zur Bremsung und zum Stören der Wallung em-

---

1) Leipziger Monatsschrift für Textil-Industrie 1889, 288.

2) Lehnes Färber-Zeitung 1895, 301.

pfohlen. Die Flotte bildet dann keinen Trichter mehr und verteilt sich besser gegen die Mitte zu. Die Maschine erfordert nach Angaben der Fabrik 1—2 PS.

Es ist nun ohne weiteres einzusehen, daß die Flotte an dem Umfange des Flottensammelraumes lebhafter angesaugt wird, als in der Mitte des Flügelrades, sodaß an den Wandungen des Materialbehälters die Zirkulation auch lebhafter sein muß. Diesem Übelstand will Theodor Jacob Gadt in Kopenhagen

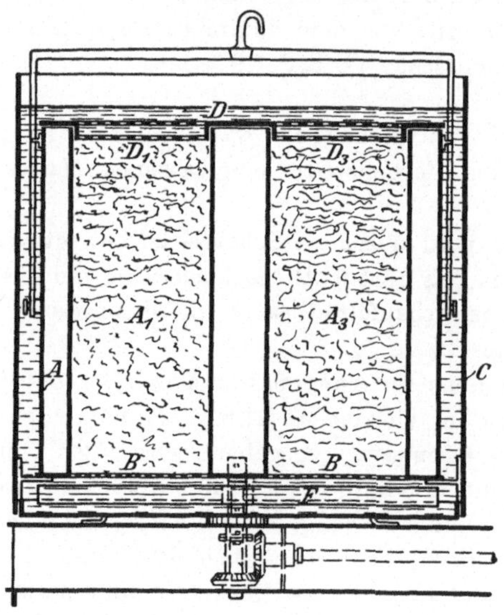

Fig. 18

(D.R.P. 106 594) dadurch abhelfen, daß im Zentrum des in den Färbebottich B (Fig. 19) eingehängten Materialbehälters A ein unten geschlossenes, am Umfang perforiertes Rohr E angeordnet ist, das er außerdem mit einem leicht durchlässigen Filtermaterial (Holzwolle etc.) auslegt. Wenn nun das Flügelrad D arbeitet und die Flotte über das Deckelsieb wirft, dann wird ein Teil derselben sich auch ins perforierte Rohr E ergießen, die die Perforationen umgebenden inneren Materialschichten gleichfalls speisen und so gegenüber den einem lebhafteren Kreislauf unterliegenden äußeren Schichten einen Ausgleich schaffen. F ist das Heizrohr; das Rohr G dient der Flottenverstärkung.

Gustav Politz in Barmen schaltet im Färbebottich a (Fig. 20) zwischen Siebboden i des Materialbehälters b und Flügelpumpe c eine feste Zwischenwand f ein, die nur durch eine zentrale Bohrung die angesaugte Flotte zum Flügelrad treten läßt. Dadurch werden alle Materialteile gleicher Lebhaftigkeit des Flottenkreislaufes teilhaftig, und das Flügelrad wird, wie dies auch am richtigsten ist, nur zentral gespeist (D.R.P. 90 698).

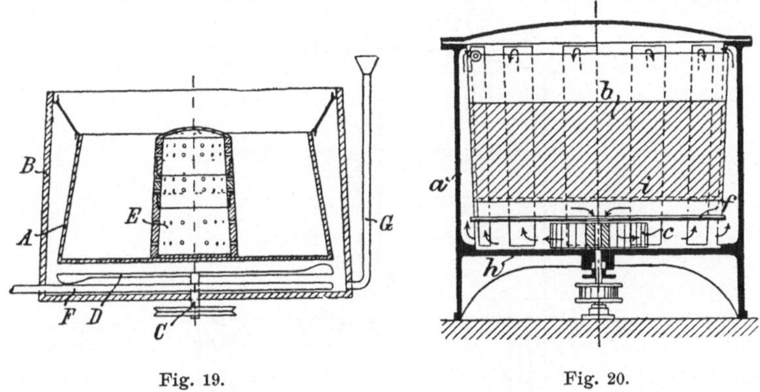

Fig. 19. Fig. 20.

Die Apparate mit Flottenförderung durch Flügelrad sind nur für lose Materialien geeignet, haben aber den Vorteil, daß alle Rohrleitungen, Hähne etc. wegfallen und sie für Flotten aller Temperatur geeignet sind.

b) Apparate mit hin- und hergehender Flotte.

Die hin- und hergehende Bewegung der Flotte vom Sammelraum durch das Material nach dem Flottenkammerraum und umgekehrt, die bei Aufsteckapparaten meist durchgeführt ist, aber immer einer größeren und nicht billigen Apparatur bedarf, wird zum Färben von Materialien in loser Packung bei einem Apparat von Adolf Urban in Sagan (D.R.P. 114 930 und besonders 137 079, unter Mitbenützung der S. 8 erwähnten anderen Urbanschen Patente) angewendet.

Bei dieser Färbevorrichtung wird die Flotte durch Steigen und Fallen in wechselnder Richtung durch das Material geführt, und zu diesem Zweck tritt unausgesetzt Preßluft, gespannter

Dampf oder ein anderes Druckmittel in den mit einem Wasserverschluß ausgestatteten, unter dem Färberaum vorgesehenen Flottensammelraum ein. Das Neue besteht darin, daß die Umsteuerung der Flottenbewegung durch Vermittelung eines von einem Schwimmer beeinflußten Schiebers oder dergl. selbsttätig erfolgt.

Fig. 21 stellt die Färbevorrichtung in einem Längsschnitt dar. Die Figur zeigt in einer aus dem früher (S. 8) beschriebenen Apparat bekannten Anlage den Flottensammelraum a b mit Wasser-

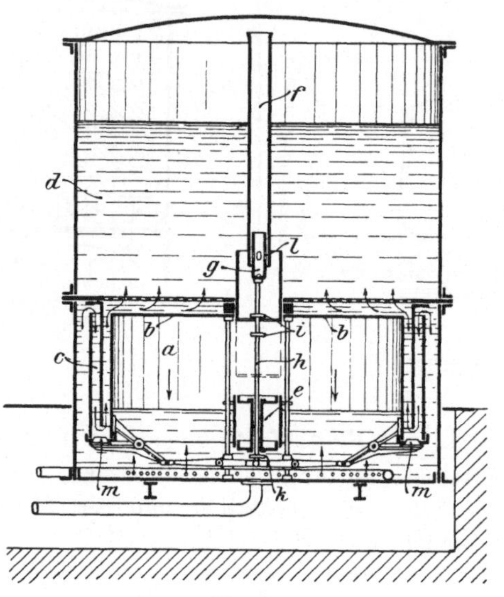

Fig. 21.

verschluß c und den Färberaum d. In den letzteren ist ein Steigrohr f eingebaut, welches unter dem Bottichdeckel mündet und in dessen unterem Teil sich ein Ringschieber g befindet, der einen Abschluß des Rohres f gegen den Flottensammelraum bewirken oder eine Verbindung zwischen letzterem und dem oberen leeren Teile des Färbebottichs d herstellen kann. Sobald der Schieber g geöffnet wird, herrscht im oberen Teile des Färbebottichs derselbe Druck wie im Flottensammelraum, und es kann die Flotte im Färberaum d infolge ihrer eigenen Schwere fallen. Wenn jedoch ein Schluß des Schiebers g erfolgt, dann wird durch den Druck im Flottensammelraum die Flotte im Raume d gehoben.

Man kann nun den Schieber g durch einen Schwimmer e bewegen lassen, welcher mit der Flotte im Flottensammelraum steigt und fällt. Beim Steigen, d. h. wenn die Flotte im Bottich d fällt, stößt der Schwimmer e gegen den Bund i der Schieberstange h und hebt den Schieber g an, sodaß die Schieberöffnungen l durch das Rohr f geschlossen werden. Hat der Schwimmer e seine höchste Stelle erreicht, welche dem tiefsten Stande der Flotte im Arbeitsraum d entspricht, so treibt der infolge Schließens des Schiebers g im Flottensammelraum a entstehende Druck die Flotte im Bottich d wieder hoch, wobei die Flotte im Raume a und mit ihr der Schwimmer e fällt. In seiner tiefsten Lage öffnet der Schwimmer e den Schieber g, indem er denselben durch Aufsetzen auf einen unteren Bund k niederzieht.

Damit das Fallen der Flotte schnell vor sich geht und sich das Spiel rasch wiederholt, sind am Boden des Wasserverschlusses c Ventile m angeordnet, welche sonst geschlossen sind und durch den Schwimmer e nur geöffnet werden, sobald der letztere seinen tiefsten Stand erreicht. Das Schwimmergewicht drückt hierbei auf die Hebel der Ventile m und veranlaßt ein Abschwingen der letzteren vom Boden des Wasserverschlusses. Dann kann der Wasserverschluß sich entleeren und das Fallen der Flotte schneller vor sich gehen, als beim Vorhandensein der Wasserverschlüsse[1]).

Die Flotte durchdringt das Material also im Steigen und, wenn die Hebekraft aufhört, im Fallen, und die Umschaltung von der Hebe- zur Gegenperiode erfolgt automatisch.

Die Fehlerquelle bei derartigen Apparaten liegt darin, daß das Material nicht leicht in allen Schichten gleich günstige Verhältnisse vorfindet. Es ist nötig, daß die Flotte im Sammelraum immer gut durchgemischt, und daß auch stets eine genügend hohe Flüssigkeitssäule durchgehoben wird, weil sich sonst durch gewisse Materialschichten stets die gleiche und sich daher erschöpfende Flottenpartie bewegt, während andere Stellen von stets aufgefrischter Flotte durchdrungen werden. Diese Gefahr wächst mit der Dicke der Materialschicht und der Kürze der Flotte. (Behebung dieses Übelstandes s. Schirp und Kühne, S. 51).

---

[1]) Österreichs Wollen- und Leinenindustrie 1903, 698.

2. Apparate für gewickeltes Material mit Packung unter Pressung.

Die Gründe, die beim Behandeln gewickelter Materialien Veranlassung zum Pressen geben, wurden bereits früher (S. 13) angeführt. Das Packen unter Pressung empfiehlt sich aber auch für lose Materialien und für Garne, namentlich für schwer egalisierende Farbstoffe oder ganz helle Nuancen; die hierher gehörenden Apparate zeichnen sich durch rasche Flottenbewegung aus, die zur gleichmäßigen Verteilung kleiner Farbstoffmengen eben auch für loses Material unerläßlich ist.

Freilich empfiehlt sich speziell für lose Wolle starke Pressung nicht, da sie quillt und die Pressung nach der Durchnetzung verstärkt. Man wird die Apparate dieser Gruppe dort wählen, wo gewickelte und ungewickelte Materialien zum Färben gelangen sollen. Es läßt sich ja schließlich der Grad der Pressung je nach dem vorliegenden Material regulieren.

Das Material wird in prismatische oder zylindrische Räume zwischen ein Boden- und ein Deckelsieb eingelegt, welch letzteres aufgepreßt wird. Um gewickelte Körper vor Schädigung durch die Pressung zu bewahren, müssen dieselben durch Einschieben eines Stäbchens, der Spindel, in den zentralen Kanal geschützt werden. Über Spindeln, die Ausfüllmaterialien und das Packen überhaupt, von dessen richtiger Ausführung der Ausfall der Partie abhängt, wird in besonderen Kapiteln ausführlich gesprochen.

Auch hier hat man drei Räume an der Maschine zu unterscheiden: den Flottensammelraum, den Materialraum und den Flottenkammerraum. Die drei oder zumindest die zwei letzteren Räume können miteinander entweder fest verbunden oder die Materialbehälter lösbar und auswechselbar sein.

Bei den Apparaten der ersten Art fallen natürlich alle Dichtungen weg, die Materialkammern sind geräumig und auch für große Partien berechnet. Durch Reservebehälter kann der ununterbrochene Betrieb gesichert werden. Apparate dieser Art sind aber nicht vorteilhaft für das Entwässern durch Zentrifugieren, bei dem besonders Cops leicht leiden.

Die Apparate mit auswechselbaren Materialbehältern — es sind fast stets mehrere kleine Kästen vorgesehen — werden zwar durch die zwischen den Kästen und der Maschine erforderliche dichte Verbindung komplizierter und vermehren dadurch die Ursachen von Fehlern. Doch ist dafür der Transport der Kästen bequemer und ohne Flaschenzüge oder sonstige Hebezeuge ausführbar. Außerdem ist es leicht möglich, durch Einsetzen solcher Kästen in eine entsprechend zur Kastenaufnahme eingerichtete Schleuder das Material in der Packung zu entwässern, ja bei den besten Systemen dieser Art sogar direkt in der Maschine ohne Transport der Kästen zu zentrifugieren, was neben größter Schonung des Materials eine sehr wesentliche Betriebsverbilligung und Zeitersparnis bedeutet.

Zur gleichmäßigen Verteilung und Verstärkung der Flotte in derart festgepreßten, als dichtestes Filter wirkenden Materialmassen ist die Führung der Flotte in wechselnden Richtungen sehr empfehlenswert. Daß die Schichtendicke des Materials keine zu große sein darf, erklärt sich, ganz abgesehen von der in diesem Falle eintretenden Schwierigkeit der Flottenverteilung, schon mit Rücksicht auf die Betriebsmittel, deren Dimensionen mit der ihnen zugemuteten Arbeit wachsen müssen.

Zur Flottenbewegung werden Dampfdruck, Preßluft oder Vakuum, soweit mir bekannt, überhaupt nicht verwendet; sie böten auch nicht den geringsten Vorteil, da es hier auf eine rasche Flottenbewegung ankommt. Meist verwendet sind außer der Zentrifugalkraft Kolbenpumpen, Kapsel- oder Rotations-, speziell aber Zentrifugalpumpen mit entsprechend hoher Tourenzahl, die zur Vermeidung von achsialem Druck meist derartig gebaut sind, daß die zu fördernde Flüssigkeit auf beiden Seiten zur Pumpenachse fließt.

Die Zentrifugalpumpen eignen sich am besten zur Erlangung einer großen Flottengeschwindigkeit und sind wegen ihrer kontinuierlichen Arbeitsweise rationeller als Kolbenpumpen. Durch ihre Tourenzahl und den Querschnitt der Austrittsöffnung, welcher der Größe der Pumpe angemessen ist, wird das von ihnen in der Zeiteinheit geförderte Flottenquantum bestimmt. Wenn nun bei dicker oder dünner, resp. bei harter oder weicher Materialschicht das gleiche Flottenquantum in der Zeiteinheit durch das Material gefördert werden soll, dann müssen selbstredend die beiden oben erwähnten, die Leistung der Pumpe bestimmenden Faktoren entsprechende Änderungen erfahren, oder das in der Zeiteinheit durch das Material geförderte Flottenquantum verringert sich bei gleicher Pumpenarbeit mit der Schichtenhärte, da bei härterer Schicht ein Teil des der Flotte erteilten Druckes statt zur Förderung zur Überwindung des in den Flottenweg getretenen Widerstandes benützt werden muß.

Daraus geht hervor, daß z. B. die Flotte bei harten Cops langsamer das Material passiert als bei weichen Cops oder bei weichen Kreuzspulen, bei Flocken, Garnen etc. Daß die Verschiedenheit der Flottengeschwindigkeit Einfluß auf die Verteilung etwaiger Zusätze haben muß, leuchtet ein, ebenso, daß deshalb bei härterer Packung der Verstärkung der Flotte und der Zugabe des den Farbstoff fällenden Salzes größere Vorsicht gewidmet werden muß.

Die in der Zeiteinheit durch das Material geförderte Flottenmenge wird also durch den Widerstand des Materials bestimmt, und dieser kann abgelesen werden an dem in die Pumpendruckleitung meist eingeschalteten Manometer, das demnach auch ein Maß für die Flottengeschwindigkeit darstellt und ein Urteil über den Verlauf des Färbeprozesses ermöglicht. Der Widerstand ist bei ein und derselben Materialpressung natürlich je nach der Temperatur der Flotte und ihrer Netzfähigkeit verschieden.

Zentrifugalpumpen können nur dadurch für doppelten Flottenweg eingerichtet werden, daß die beiden Pumpenrohre durch einen Vierweghahn verbunden sind, durch dessen Stellung den Rohren abwechselnd die Rolle als Saug- oder Druckrohr zugeteilt wird.

Zum Aufpumpen der Flotte in die Reservoirs eignen sich für Farbstoffe, die in reduzierter Lösung aufgefärbt werden, Zentrifugalpumpen nicht, weil sie, wenn nicht mehr genug Flotte zufließt, Luft ziehen. In diesem Falle wird in der Pumpe die Luft mit der Farbflotte sehr innig gemischt und oxydiert letztere, wodurch eine zeitraubende und kostspielige Rückreduktion derselben erforderlich wird.

Die Kapsel- oder Rotationspumpen, die hie und da auch noch Verwendung finden, brauchen infolge ihrer Konstruktion zu gleich schneller Förderung mehr Kraft. Sie sind mit zwei sich entgegengesetzt drehenden Antriebsriemen ausgestattet, durch welche, je nachdem der eine oder andere Riemen auf der Festscheibe läuft, die Flotte in der einen oder anderen Richtung fließt.

Kolbenpumpen gestatten keine große Fördergeschwindigkeit und sind daher nicht sehr zu empfehlen, doch ermöglichen sie leicht die Einrichtung des doppelten Flottenweges.

Über die Nachteile der Flottenbewegung mittels der Zentrifugalkraft wird auf Seite 74 bei der Besprechung der sogen. Schleudersysteme das Nötige gesagt.

Druckluft und Vakuum sind immer sehr kostspielig. Dampfdruck ist billig, aber nicht immer zweckmäßig und speziell für die Förderung kalter oder eine bestimmte Temperatur erfordernder Bäder ungeeignet. Alle drei Betriebsmittel bewegen die Flotte nicht rasch und bedürfen permanenter Bedienung zur Umsteuerung von der Druck- auf die Saugperiode — manche Maschinen arbeiten freilich mit automatischer Umsteuerung —, sind aber auch dazu geeignet, den Flottenüberschuß zu entfernen, sodaß also das Zentrifugieren unnötig wird. Diese Betriebsmittel finden hauptsächlich bei Aufstecksystemen Anwendung.

Als Type der Maschinen, bei denen der Materialbehälter nicht trennbar, sondern starr verbunden, angeordnet ist, diene der sehr verbreitete Apparat von Gustav De Keukelaere in Brüssel, einer der einfachsten Apparate, die es gibt, und der dabei für große Produktionen eingerichtet ist.

An dem Apparat wurden von H. Schirp, Barmen U., einige das Prinzip der Maschine zwar nicht verändernde, aber der bequemeren Handhabung dienende Einrichtungen angebracht. Deshalb sollen die Apparate zusammen besprochen werden. Die beiden Apparate sind in ihrer verschiedenen Ausführungsform durch die Figuren 22—27 dargestellt.

Die drei Hauptbestandteile der Keukelaereschen Maschine sind (Fig. 24) eine feststehende Holzkufe B, ein beweglicher Warenbehälter A mit viereckigem oder rundem (Fig. 23) Querschnitt und eine Zentrifugalpumpe C. Der Behälter B hat vier Öffnungen: eine im Mittelpunkt des Bodens, durch die die Flotte eingeführt wird und die von einem Konus eingefaßt ist; in einer Ecke des Bodens eine größere Öffnung mit einem Ventil für die Entleerung; auf einer der kleinen Seiten eine Öffnung, in welche das Saugrohr der möglichst nahe an den Bottich herangerückten Pumpe mündet; schließlich auf derselben Seite eine vierte Öffnung, in die das Wasserzuleitungsrohr mündet.

Der bewegliche Materialbehälter wird (Fig. 25) durch vier

durchlochte Scheidewände in drei Abteilungen eingeteilt. Die festen inneren Scheidewände bilden zusammen die als Flottenkammer dienende innere Abteilung und die zwei äußeren beweglichen die beiden seitlichen Abteilungen zur Warenaufnahme. Am Boden dieses Behälters unter der inneren Abteilung und mit dieser in Verbindung stehend befindet sich eine ebenfalls mit einem Konus versehene Öffnung, dazu bestimmt, die Verbindung mit dem Druckrohr der Pumpe herzustellen, sobald man den Warenbehälter

Caisse mobile

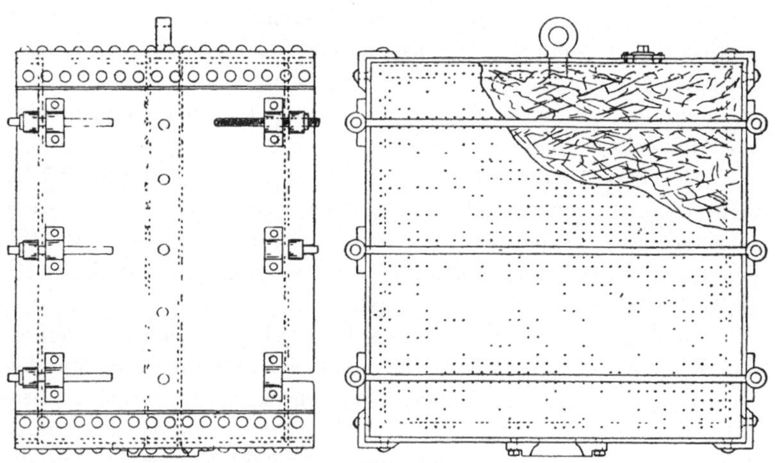

Fig. 22.

in die Kufe stellt. In der Fig. 25 ist die mittlere Kammer des Warenbehälters A mit 1, die beiden Materialräume sind mit 2 und 3 bezeichnet. Es ist aus dieser Skizze auch entnehmbar, wie die beweglichen Wände auf das in 2 und 3 gepackte Material mittels einer Presse gedrückt und dann durch quergehende Stäbe, die man mit ihren Enden in Ausnehmungen des Kastenrandes einschiebt, niedergehalten werden. Der gepackte Kasten A wird bei der *Keukelaereschen* Ausführung (Fig. 23 und 24) *mittelst eines Flaschenzuges* in den festen Bottich B herabgelassen, derart, daß die beiden Konusse der Öffnungen in den Böden sich schließend ineinander setzen und eine vollkommene Dichtung bilden. Die innere Abteilung des Warenbehälters befindet sich also in direkter Verbindung mit dem Pumpendruckrohr. Die Farbflotte nimmt den freigelassenen Raum im Holzbottich ein. Mittels des durch

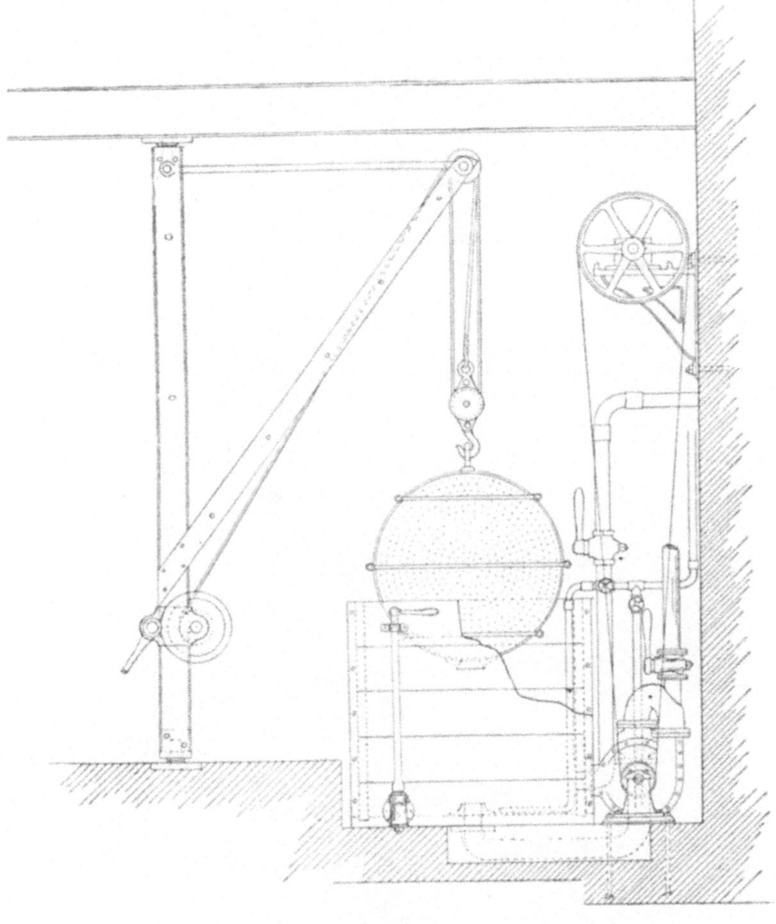

Fig. 23.

Ventil D absperrbaren Dampfrohres kann das Bad auf die erforderliche Temperatur gebracht werden. Die Pumpe wird hierauf in Betrieb gesetzt. Die aus dem großen Bottich angesaugte Flüssigkeit wird in die mittlere Abteilung des Warenbehälters gedrückt und geht durch das Färbegut zurück in den Bottich B, von wo der Kreislauf wieder beginnt. Soll nach Beendigung des Prozesses

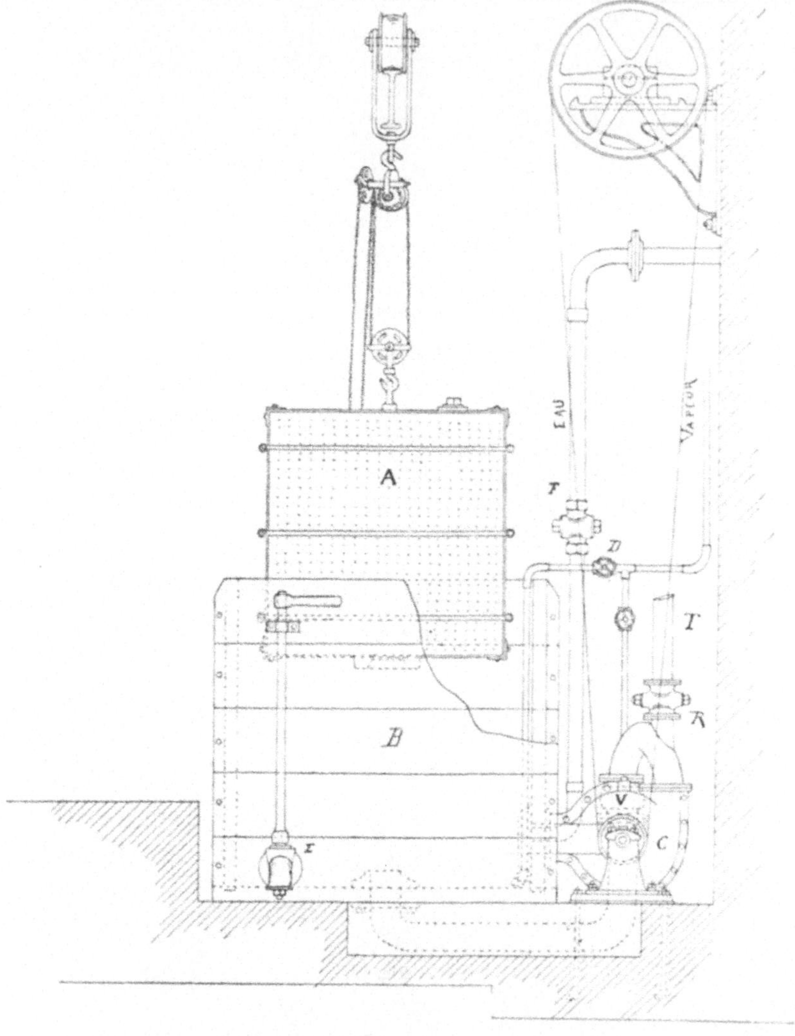

Fig. 24.

das Bad abgelassen werden, so geschieht dies durch Öffnung von E. Gespült wird nach Öffnung des Wasserhahnes F. Will man die

Flotte aufheben, so wird der Hahn V im Pumpendruckrohr geschlossen und der Hahn R im Rohre T geöffnet, wodurch die aus dem Bottich angesaugte Flotte in ein hochstehendes Reservoir gedrückt wird.

Die Änderungen des Schirpschen Apparates, die in den D.R.P. 130828, 130928, 142696 und 142697 beschrieben sind, bezwecken, das Heben des Warenbehälters mittelst des Flaschenzuges durch eine bequemere Manipulation zu ersetzen, und ferner das Wenden des Warenbehälters, das für das Packen der beiden Räume 2 und 3 erforderlich wird, ebenfalls auf angenehmere Weise als mit dem Flaschenzug wie bei Keukelaere durchzuführen. Die Einrichtung ist aus Fig. 25—27 entnehmbar. Der Warenbehälter A besteht außer aus den Räumen 1, 2 und 3 aus den weiteren Räumen 4 und 5, die durch die Preßdeckel und je eine äußere, abnehmbare, nicht gelochte Platte gebildet werden und die unten eine Auslauföffnung für die Flotte haben. Oben auf der mittleren Abteilung ist ein Rohraufsatz a mit Bajonettverschluß für Anschluß an das Pumpendruckrohr b vorgesehen. Befindet sich der Warenbehälter A im Flottenbehälter B, so ruht er auf einem auf den Schienen e bequem aus- und einfahrbaren niedrigen Wagen d. A hat an beiden Seiten je eine kurze Achse f, um, zum Hebewerk g g gebracht, gehoben, gesenkt und gewendet werden zu können. Eine Wand D des Flottenbehälters B ist abschraubbar und kann zur Seite gestellt werden. t ist das Ablaßventil, h das Saugrohr der Zentrifugalpumpe C. Zum Wenden und Heben wird der Warenbehälter mit seinen beiden Achsen f f in die Lager i i der Spindeln des Hebewerks g g eingefahren und wird dann so weit gehoben, daß er vermittelst der mit Handrad versehenen Kammradvorrichtung l gewendet werden kann. Nachdem der Warenbehälter gefüllt ist, wird er so gehoben, daß der Wagen d darunter geschoben werden kann. Hierauf wird der Wagen in B eingefahren, die Wand D angeschraubt, das Pumpenrohr angekuppelt, und nun kann das Färben beginnen. Während desselben wird ein mit Material beschickter Reservewarenbehälter durch Drehscheibe F auf ein Seitengeleise gestellt und sofort nach Ausfahren des ersten Warenbehälters eingefahren.

Dieser Apparat bietet nur einfachen Flottenweg von innen nach außen. In Fig. 27 wird eine Maschine von H. Schirp dargestellt, in welcher das Rohr p der Kapselpumpe C mit dem

Fig. 25.

Fig. 26.

Warenbehälter durch Bajonettverschluß r verbunden ist und sowohl als Druck- wie als Saugrohr dienen kann. Die Rotationspumpe ist mit den erforderlichen Riemenscheiben für Rechts- und Linksgang versehen. Auf diese Weise wird die Flotte in doppelter Richtung geführt. Freilich bewirken Kapselpumpen, abgesehen von einem größeren Kraftverbrauch, eine weit langsamere Zirkulation als Kreiselpumpen (Seite 38 ff.).

Was diese Apparate auszeichnet, ist der große Fassungsraum, die ungemein lebhafte Zirkulation bei dünner Materialschicht, die kurze Flotte — man kann mit einem Flottenverhältnis bis 1 : 4 arbeiten — und die einfache Konstruktion, die Reparaturen fast gar nicht notwendig macht.

Die Partiengröße beträgt nach G. de Keukelaere für lose Baumwolle ca. 100—120 kg, für Stranggarn ca. 150—200 kg, für Cops ca. 150—200 kg, für Kreuzspulen ca. 150—180 kg, für Kardenbänder ca. 120—150 kg, bei Wolle für loses Material ca. 100—150 kg, für Stranggarn ca. 150 kg, für Cops ca. 150 kg, für Kreuzspulen ca. 100—120 kg, für Lumpen ca. 200 kg Maximalfüllung. Das gleiche dürfte auch für den Apparat Schirp, der ja ganz identisch ist, zutreffen.

Freilich kann man bei diesen Apparaten nicht in der Packung schleudern, sondern muß dies nach dem Auspacken in einer eigenen Zentrifuge tun, was allerdings die Eignung des Apparates für loses Material, Garne, Kreuzspulen etc. nicht wesentlich hemmt, weil das Schleudern dieser Materialien in einer offenen Zentrifuge rasch, mühelos und ohne Gefahr vor sich geht[1]). Doch für Cops bedeutet das Schleudern offen in einer Zentrifuge stets eine Gefahr, da sie sich an den Spindeln ausbiegen, die Spindeln oft in den Cops zerbrechen und dann Cops und Spindeln verloren sind, da außerdem das in gewisser Ordnung auszuführende Einlegen der Cops zeitraubend ist. Ein wenig kann man sich durch Anwendung von weitmaschigen Weidenkörbchen helfen, deren Wände sich beim Schleudern an die Trommelperipherie anschmiegen, oder die von vornherein entsprechend dem Umfang der Schleudertrommel gerundet sind. Man legt die Cops dann in der Sehnenrichtung in diese Körbchen ein, die sich rasch in die Zentrifuge einsetzen lassen, leicht ausnehmbar

[1]) Anders bei Schwefelfarben (s. d).

Fig. 27.

sind und außerhalb der Zentrifuge gefüllt und geleert werden können.

Besonders bei mehrbadigen Färbungen und bei einbadigen dann, wenn auf alter Flotte gearbeitet werden muß, macht sich der Mangel, das Entwässern nicht in der Packung besorgen zu können, fühlbar.

Es sei an dieser Stelle verschiedener Versuche gedacht, das Schleudern durch andere Mittel zum Entwässern zu ersetzen, zum Beispiel dadurch, daß aus dem gepackten Material durch Luft- oder Dampfdruck der Flottenüberschuß abgepreßt oder durch Vakuum abgesaugt wird. Die Ergebnisse sind nicht sehr ermutigend. An späterer Stelle wird das Färben aufgebäumter Ketten besprochen, bei welchen diese Mittel zur Vortrocknung verwendet werden können. Die Kette stellt eben eine gleichmäßigst gepackte Masse dar, sodaß das Druck- oder Sauggas den richtigen Weg nehmen muß, was bei nebeneinander gepackten Einzelkörpern nicht so leicht zu erreichen ist. Ferner ist die Schichtendicke bei Ketten doch noch eine geringere, und als ökonomisches Hindernis kommt noch in Betracht, daß bei der Baumfärberei die Flotte meist durch Druck- oder Sauggase, bei den Packsystemen aber durch Pumpen bewegt wird, sodaß daher die Erzeugung von Druckgas oder Vakuum im letzteren Fall noch eine eigene kostspielige Apparatur erfordern würde.

Die Verwendung von Dampfdruck zum Auspressen ist nicht sehr günstig, da sich der Dampf kondensiert, freilich auch durchgewärmte Cops liefert, dieselben also mit Wärme beladen, die man teilweise ausnützen kann, wenn man die heißen Cops sofort in die Trockenkammer bringt.

Luftdruck und Vakuum sind zu teuer.

Bei ganz echten Farben ist nach sehr guter Wäsche aber immerhin ein Effekt durch Abdrücken mit Dampf möglich (ich erreichte ein Abpressen der Flüssigkeit bis auf 100 % vom Materialgewicht). Bei nicht ganz kochechten Farben zeigt sich aber der Übelstand, daß der heiße Dampf das zurückgebliebene Spülwasser oder das aus dem Dampf sich kondensierende Wasser zum Kochen bringt, wodurch der Farbstoff abgerissen wird. Verdampft dann das Wasser, so lagert sich der Farbstoff an den Stellen des größeren Widerstandes gegen die Dampfpassage in häßlichen Streifen ab. Für Schwefelschwarz, bei nicht zu peinlichen Anforderungen an Oberflächenreinheit, wird man immerhin auf diesem Weg vielleicht einen Vorteil finden können.

Die Einrichtung, um Dampf durchdrücken zu können, ist ganz einfach. Man zweigt von der Dampfleitung ein Rohr zur Druckleitung der Pumpe ab, das durch ein Ventil bis zur Benützung verschlossen bleibt. Zweckmäßig befindet sich an einer höheren Stelle des Dampfrohres noch ein durch einen Hahn verschließbares Seitenrohr, durch welches man das Kondenswasser austreten läßt, bevor der Dampf in den Apparat geleitet wird.

Der Apparat von G. de Keukelaere wurde früher im Verein mit dem Keukelaereschen patentierten Sandausfüllverfahren (s. d.) von der Firma H. Schirp in Barmen-U. im Lizenzwege für den Erfinder in Deutschland, Österreich-Ungarn und der Schweiz vertrieben. Heute ist die Verbindung zwischen diesen zwei Firmen gelöst und H. Schirp bringt jetzt den Apparat allein in, wie gezeigt, prinzipiell ganz gleicher Ausführung und auch mit der ganz gleichen Eignung auf den Markt.

Bei der oben beschriebenen Maschine von H. Schirp läßt sich durch eine Klappe der Auslaufquerschnitt der sich an die Materialkammern anschließenden Räume 4 und 5 (Fig. 25) ändern, um dadurch proportional der verschiedenen Dicke des in den beiden Kammern untergebrachten Materials Flotte durchlaufen zu lassen. Dennoch kann dadurch eine egale Bestrahlung der beiden Kammern bei ungleicher Beschickung nicht erreicht werden. Denn durch die Drosselung des Auslaufquerschnitts wird eine Stauung in der einen Materialkammer verursacht, sodaß dieselbe unter höherem Flottendruck steht als die andere. Man müßte den Einlaufquerschnitt zu dem angestrebten Zweck ändern. Denn es kommt nicht nur auf das Quantum durchgeströmter Flotte an, sondern auch auf diesen Überdruck.

Es wurde schon auf Seite 30 darauf hingewiesen, daß, um diesen die Intensität der Flottenwirkung steigernden Überdruck zu erreichen, die Summe der Querschnitte der Perforationen des auf der Einströmungsseite liegenden Siebes größer sein muß als bei dem Gegensieb. Um bei umgekehrtem Flottenweg diesen gleich vorteilhaften Zustand zu erreichen, ist nach dem D.R.P. 143 613 von Dr. Heinrich Gümbel in Firma Obermaier & Co. in Lambrecht neben den zwei das Material einschließenden Sieben a und b noch ein drittes g vorhanden (Fig. 28), das mit dem Sieb b, dessen Auslaufsquerschnitt kleiner ist, einen flottenerfüllten Raum begrenzt. Die Perforationen dieses dritten Siebes sind durch Klappen h im Querschnitt veränderbar. Kommt die Flotte von innen nach außen, so werden die Klappen verschlossen. Es ist dann der Auslaufsquerschnitt kleiner als der Einlaufsquerschnitt und es herrscht Überdruck. Läuft die Flotte in entgegengesetzter Richtung, dann vergrößert man durch Öffnung der Klappen den Einströmungsquerschnitt des dritten Siebes derart, daß das innere Sieb der Flotte einen kleineren Ausströmungsquerschnitt bietet. Diese Vorsicht ist für die Apparate mit radialer Flottenstrahlung noch weit beachtenswerter.

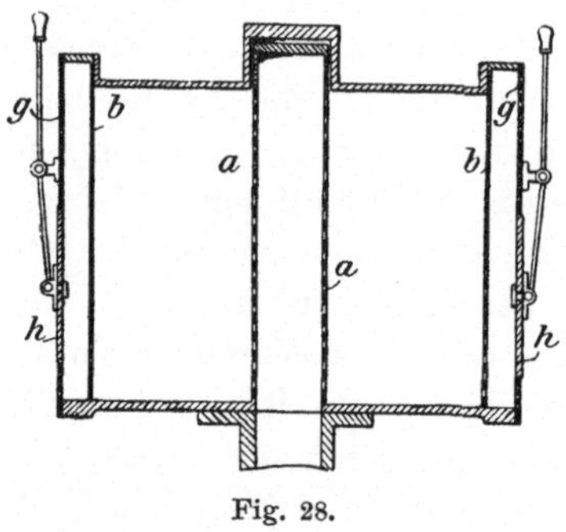

Fig. 28.

Die Einrichtung wird an allen Apparaten der Firma Obermaier & Co. geliefert und ist nach der Absicht des Erfinders für diffizile Farben bestimmt und dafür auch sehr empfehlenswert.

Hierher gehört auch der Apparat von Emile Plantron aus Paris (Engl. Patent 14453/1901)[1]).

Nicht viel Verbreitung haben jene Apparate gefunden, bei denen die Flotte mittelst des Kolbens einer Pumpe durch das Material hin- und herbewegt wird. Der Materialbehälter sitzt entweder in einer Erweiterung des Pumpenzylinders, die eine Siebfläche dem Kolben der Pumpe zugeneigt, die andere anschließend an einen offenen Flottenbehälter. Oder der Materialbehälter sitzt auf dem perforierten Stempel selbst und wird mit demselben in dem Pumpenstiefel, der als Flottenbehälter dient, hin- und herbewegt.

---

[1]) Lehnes Färberzeitung 1902, 200.

Nach dem ersten Prinzip ist der Apparat von Heinrich Schirp und August Kühne in Barmen-U. (D.R.P. 68688 und 69448) gebaut. Der zwischen Materialraum und Kolben liegende flottenerfüllte Raum wird durch eine Zweigleitung aus dem Flottenbassin stets während der zweiten Hälfte des Kolbenrückwegs verstärkt, damit nicht immer ein- und dieselbe Flüssigkeitspartie, ohne aufgefrischt zu werden, durch das Material getrieben wird.

Ähnlich arbeitet auch der Apparat von A. W. Hepworth Collins in Bolton[1]).

Der wichtigste Apparat dieser Reihe ist der von Haase, als Aufstecksystem ziemlich bekannt und an anderer Stelle (Seite 102) näher beschrieben. Demselben liegt das D.R.P. 82885 von Julius Fischer und Paul Haase in Neukirchen im Erzgebirge zu Grunde. Zwecks Vermeidung der Berührung der Flotte mit den Pumpenorganen ist zwischen diese und den Materialbehälter ein Kessel eingeschaltet, welcher die das Material durchdringende Flotte beim Spiel des Kolbens aufnimmt.

Zu den Apparaten der zweiten Art gehört der im Franz. Patent 318071 beschriebene Apparat von Illingworth, Mazey und Taylor[2]). Das Material ist in einem Korb mit horizontalen Siebwänden untergebracht, dessen Bodensiebperforationen mit jenen einer ebenfalls horizontalen und mit dem Korbe fest verbundenen Stempelplatte korrespondieren, die in einem stehenden, oben offenen zylindrischen Flottenbottich sich auf- und abbewegen läßt, wie der Kolben in einem Pumpenzylinder. Die Stempelplatte muß natürlich dicht an die Bassinwandungen anschließen. Die Auf- und Abwärtsbewegung wird durch eine Kolbenstange besorgt, die durch den Bassinboden, mittels einer Stopfbüchse abgedichtet, ragt und die durch einen Exzenter ihre Bewegung erhält. Bei der Aufwärtsbewegung entsteht unter dem Kolben ein Vakuum, sodaß die Luft die Flotte durch das Material drückt. Beim Herabziehen der Stempelplatte dringt die Flotte durch das Material wieder über den Korbraum.

Es sei nur erwähnt, daß in die Perforationen der Stempelplatte eventuell auch perforierte Spindeln mit Spulen eingesteckt

[1]) Lehnes Färberzeitung 1897, 94.

[2]) Österreichs Wollen- und Leinenindustrie 1903, 74.

werden können. Die Einrichtung eines und desselben Apparates als Pack- oder Aufstecksystem ist durchaus nicht selten. Dafür ist auch der Haasesche Apparat ein Beispiel.

Die Haasesche Ausführung ist auf jeden Fall die brauchbarste dieser Type von Apparaten, weil Pumpe und Farbbassin getrennt sind. —

Einer der ältesten Packapparate ist die Färbemaschine der Fa. Ferdinand Mommer & Co. in Barmen-Rittershausen (D.R.P. 61240 und 65640), heute freilich kaum mehr im Gebrauch (Fig. 29 und 30).

Die Cops oder Kreuzspulen werden aufgespindelt und dann in Rahmen eingelegt. Auf einem fahrbaren Tisch liegt auf ge-

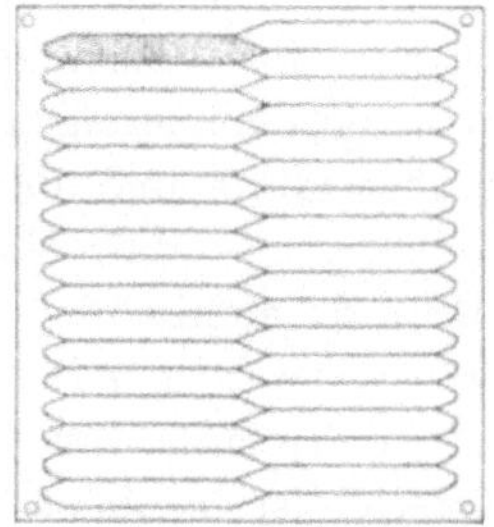

Fig. 29.

lagerten Rollen die mit vier senkrecht stehenden Führungsstiften p versehene Unterplatte l. Die wie aus der Zeichnung ersichtlich hergestellten Copsrahmen werden nun aufgelegt, indem man sie mit den an den vier Ecken befindlichen Löchern über die Führungsstifte herunterläßt. Jeder zweite Rahmen kommt gegen den vorhergehenden versetzt zu liegen, sodaß seine Cops in die Buchten der darunter liegenden Schicht hineinpassen, wie es im Schnitt des Kastens (Fig. 30) ersichtlich ist.

Nach dem Füllen wird eine Deckplatte m aufgelegt, welche ebenso wie die Unterplatte perforiert ist, und der ganze 80—100 kg schwere Block dann in den Kasten k geschoben, der demnach etwas weiter sein muß als der Block. Nach dem Einschieben werden dann die seitlichen Räume zwischen Copsblock und Kastenwand durch Einrammen von Metallkeilen o ausgefüllt. Nun preßt man mittels einer Pumpe, deren Rohre mit g und h bezeichnet sind, Flotte durch den Block. Der Flottenweg ist umkehrbar.

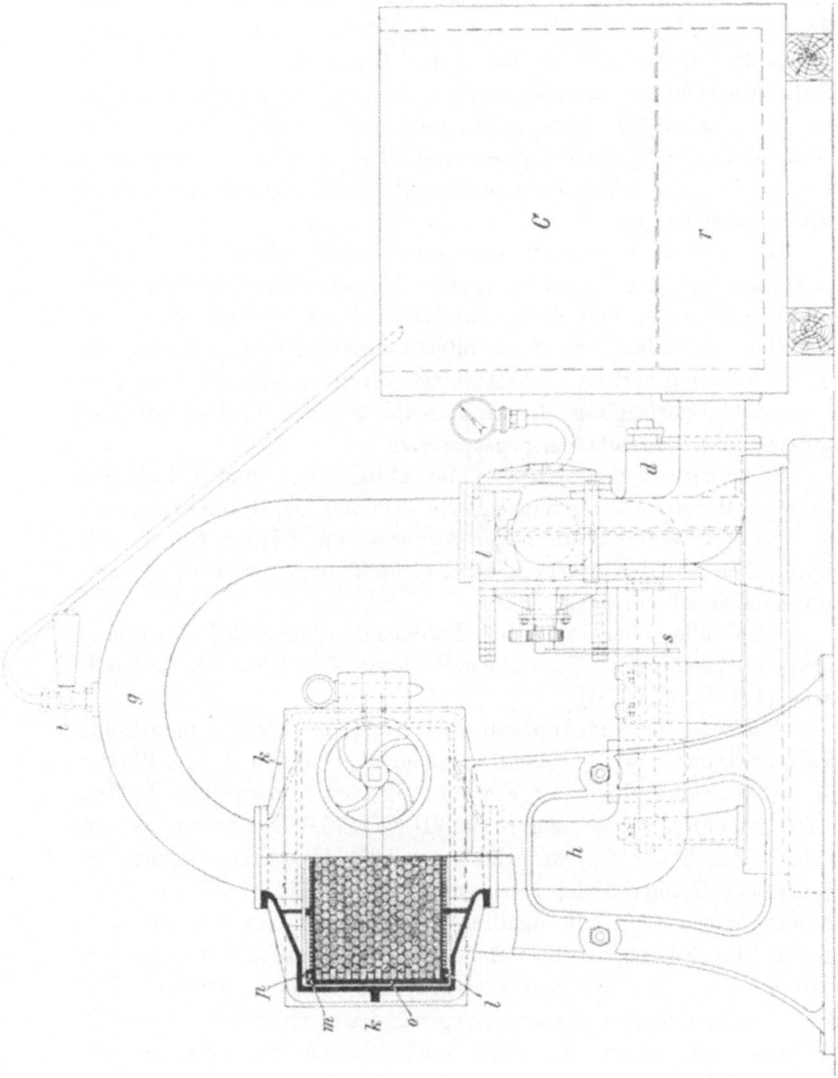

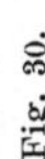

Fig. 30.

Die Pumpe arbeitet nach Angaben der Fabrik mit 2 Atmosphären Druck und fördert in der Minute 1500 Liter Flotte durch das Material. Mit Hilfe einer Vierwegdrosselklappe, die durch Schieber s umgestellt wird, kann in bekannter Weise die Umkehrung der Flottenwegrichtung bewirkt werden. C ist das Bassin, aus dem die Flotte geschöpft wird, r ein perforierter Kasten, den sie zur Vermeidung des Sprudelns passiert, t ist ein Lufthahn. Entwässert werden die Cops durch Einlegen der Rahmen in eine entsprechend geformte Schleuder.

Die Maschine arbeitet nach dem Imprägnationsprinzip, das heißt: es wird eine ganz bestimmte Menge Flotte während einer genau bestimmten Zeit durch das Material hindurchgetrieben, und die Flotte soll dabei an Farbstoffgehalt nur so viel verlieren, als sie an Volumen verliert. Die Affinität soll nicht mitbenützt werden. Über die Berechtigung dieses Prinzips für das Färben wird an anderer Stelle ausführlicher gesprochen.

Seit neuester Zeit wird von der Aktiengesellschaft I. P. Bemberg in Barmen-Rittershausen, die sich mit der Fa. Ferdinand Mommer vereinigte, ein neuer Apparat zum Färben von Textilmaterialien auf den Markt gebracht, über den Urteile der Praxis mir noch nicht vorlagen.

Eine abgesehen von der Rahmenanordnung bei Mommer ähnliche Maschine ist die von Emil Busch in Jüchen bei M.-Gladbach (D.R.P. 72 768)[1]).

Als Type für jene Apparate, bei denen das Material in einzelne Kästen verpackt wird, welche transportabel sind und zum Färben in die Maschine eingesetzt werden, soll der Apparat von Julius Otto Obermaier in Lambrecht (D.R.P. 79 085) dienen, dessen Prinzip durch die Fig. 31 erläutert wird[2]). Der Färbeapparat ist durch vier Längswände, sowie durch Querwände in Räume eingeteilt, deren Grundriß quadratisch ist. Diese dienen zur Aufnahme der Kastenpakete, welche die zu behandelnden Cops enthalten. Die Längswände des Färbeapparates sind perforiert. Der zwischen den beiden inneren Längswänden verbleibende Raum D, welcher nach unten und oben abgeschlossen ist, steht auf der unteren Seite durch das Rohr R mit einer Pumpe in Verbindung.

---

1) Lehnes Färber-Zeitung 1893/94, 240.

2) Lehnes Färber-Zeitung 1894/95, 238.

Sind nun die Kastenpakete eingesetzt, so preßt man mittels der Pumpe die Farbflotte durch das Rohr R in den Raum D; sie durchdringt die perforierten Wandungen und muß, da die Kastenpakete an den Seiten, sowie an den oberen und unteren Enden abgedichtet sind, durch die in den Paketen befindlichen Garne hindurchdringen, um durch die äußeren perforierten Längswände des Apparates B in den Farbbottich zurück zu gelangen.

Außer dieser quadratischen Grundrißform des Apparates sind auch noch andere Formen möglich. So beschreibt ein Schweizer Patent Obermaiers einen Apparat, bestehend aus zwei konzentrischen, ineinander gestellten Zylindern, von denen der eine einen unperforierten, der zweite einen perforierten Mantel besitzt. Der

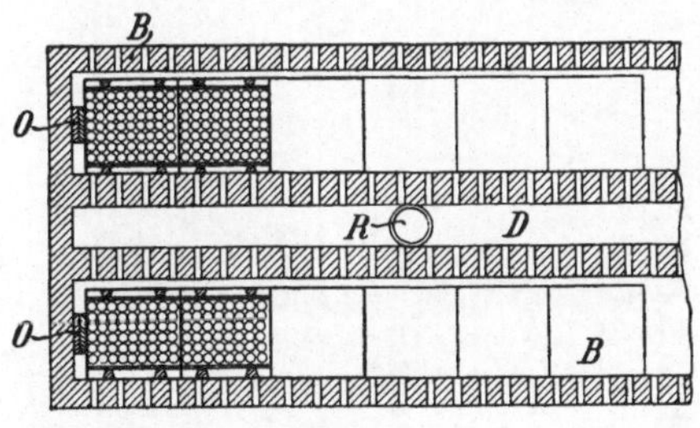

Fig. 31.

ringförmige Raum zwischen beiden ist oben abgeschlossen und steht unten mit der Zentrifugalpumpe in Verbindung. An dem äußeren Zylinder ist eine Zahl radial gerichteter Behälter oder Zellen angeordnet, deren Boden fehlt, sodaß der Ringraum mittelst der Zylinderperforationen mit dem Innern der Zellen in Verbindung steht. In diese Zellen werden die Kästen eingeschoben und zwar derart, daß die eine perforierte Platte am Boden der Zelle zu liegen kommt, während die andere perforierte Platte oben liegt, also sichtbar ist.

Im Gebrauch ist in etwas abgeänderter, aus Fig. 32 ersichtlicher Form die erste Type. Sie wird gebaut für 25, 50 und 100 kg Fassungsvermögen, und der Kraftbedarf ist $1^1/_2$, $2^1/_2$, 3 PS.

Eine Umkehrung des Flottenweges ist nur dadurch möglich, daß man die Kästen aushebt und derart gewendet wieder in die Maschine einsetzt, daß die Teile, die unten, resp. außen lagen, dann nach oben, resp. innen zu liegen kommen. Man wendet also

die Kasten um 180 Grad. Freilich ist diese Arbeit mühevoll, zeitraubend und mit einer ziemlich langen Betriebsunterbrechung verbunden. Aufmerksamkeit bedarf die Abdichtung der Kästen, damit die Flotte nur durch das Material gehen kann.

Die Entwässerung des Materials ist zwar nicht im Apparat selbst, also nicht ohne Transport, möglich. Doch kann man die gepackten Kästen in eine durch Bandeisen in entsprechende Zellen geteilte Schleudertrommel einsetzen (S. 37) und so in Packung entwässern, eventuell die abgeschleuderte Flotte auffangen und ins alte Bad zurückführen, auch in der Schleuder selbst Wasser zum Spülen durchtreiben. —

Die Zentrifugalkraft wird aber auch zum Durchtreiben von Flotte selbst benützt und die das Färben nach diesem Prinzip ausführenden Maschinen heißen Schleudersysteme. Über deren Wert wird an anderer Stelle ausführlicher gesprochen (Seite 74). Hier sei nur ein Apparat angeführt, der von John Charles Hamer in Radcliffe erfunden ist und den Gegenstand der D.R.P. 119 906 und 132 001 bildet[1]).

An der inneren Peripherie der Schleudertrommel a (Fig. 33 und 34), welche innerhalb des Mantels b rotiert, sind, durch feste Zwischenstücke t getrennt, polygonal Einsatzkästen u angebracht, in welche das zu färbende Material (Cops etc.) eingepackt wird. Die Behandlungsflüssigkeit wird durch ein im Innenraum der Trommel der Innenseite der Kästen dicht gegenüberstehendes festes Spritzrohr y zugeführt. Deshalb ist dieses Rohr y nur an den den Kästen zugewendeten Stellen perforiert. Durch das Rotieren der Maschine werden die, wie bekannt, eingerichteten Kästen an dem Spritzrohr vorübergeführt. Die an dem Spritzrohr austretende Flüssigkeit durchdringt dann mittels der Zentrifugalkraft das gepackte Material. Die durchgeschleuderte Flotte wird aus dem äußeren Ringraum der Zentrifuge abgezogen und durch eine Pumpe dem Spritzrohr wieder zugeführt. Schließlich wird der Flottenzulauf zum Spritzrohr abgestellt und das Material gründlich abgeschleudert. Heizvorrichtung, Wasserzuführung, Ablaßhähne etc. sind in bekannter Weise vorgesehen.

Das Zuführen der Flotte durch das Spritzrohr scheint bei der festen Kastenpackung aber nicht genügt zu haben, um das Material

---

[1]) Österreichs Wollen- und Leinen-Industrie 1903, 826.

gleichmäßig mit Flotte zu versehen. Darauf deutet das spätere D.R.P. 132 001. Hier steht die Zentrifugenachse horizontal, ist perforiert und dient der Flüssigkeitszuführung wie früher das Spritzrohr. Außerdem sind Löcher in den die Zentrifugentrommel abschließenden Stirnwänden vorgesehen. Durch diese wird ver-

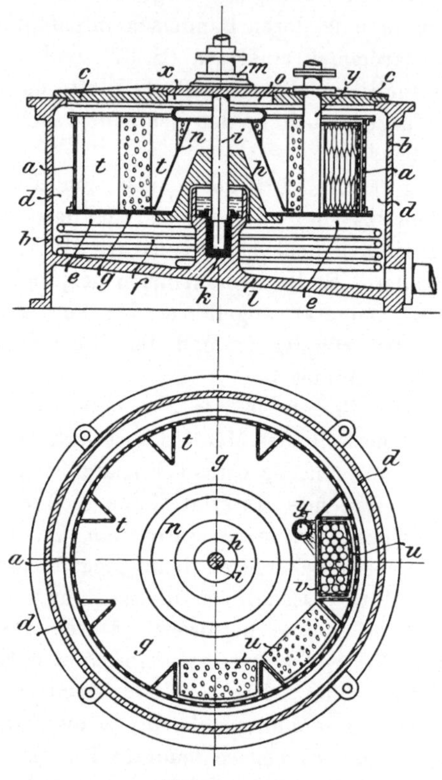

Fig. 33 u. 34.

mittelst abgeschlossener Schöpfrohre die durch die Siebkästen geschleuderte Flotte aus dem Flottenbehälter, in dem die Schleuder bis zur Achse eintaucht, emporgeschöpft und dann in die Trommel zurückgeführt. Es führen also sowohl die perforierte Achse als auch die Schöpfer Flotte zu.

Der Wert der Maschine erscheint dadurch problematisch, daß die Schöpfer beim raschen Rotieren der Trommel, das unbedingt erforderlich ist, in die Flüssigkeit sehr heftig hineinschlagen müssen und dadurch ziemlich stark bremsen werden. Schwefelfarben können kaum gefärbt werden, da die Flotte ja in lufterfülltem Raum ausgespritzt wird, und dies würde den Wert einer Maschine bei den heutigen Verhältnissen ganz wesentlich sogar auch dann vermindern, wenn die Anlage sonst nichts zu wünschen übrig ließe. Die Maschine soll (nach einer Privatmitteilung) in England in einigen Fabriken verwendet werden.

Hierher gehört auch der Apparat von H. Judenberg in Braunschweig (D.R.P. 52 111), welcher die Einsatzkästen in gleicher Weise wie Hamer in einer Schleudertrommel anordnet, der aber, um die Flotte in der ganzen Kastenhöhe ebenmäßig zu verteilen, eine sich über die ganze Höhe der Kästen erstreckende Flottenzuführungsrinne vorsieht, die vom Boden der Zentrifuge aus gespeist wird.

Als modernste Maschine des Packsystems kann die Färbemaschine der Textilmaschinenfabrik B. Cohnen in Grevenbroich (Rheinland) bezeichnet werden, die deshalb auch ausführlich besprochen werden soll.

Der Apparat ist durch die D.R.P. 142768 und D.R.P. 151411 und verschiedene Zusatzpatente geschützt. Er ist durch eine Ansicht, zwei Vertikalschnitte und einen Horizontalschnitt durch den Zentrifugenkörper (Fig. 35 bis 38) dargestellt. Er besteht aus einer durch einen Deckel verschließbaren unperforierten Zentrifugentrommel a, die mit der Zentrifugenachse b in fester Verbindung steht und an deren Boden zwei in der Figur nicht sichtbare Ventile und zwei ersichtliche Rückschlagventile c c angeordnet sind, welche in den von der Zentrifugentrommel a und dem Zentrifugenmantel d, sowie dem Untersatz der Maschine gebildeten Raum münden. Der Deckel der Maschine e ist mit der Zentrifugentrommel durch Verschraubung fest verschließbar und kann durch Ketten, Zahnräder und Kurbel an der Achse, gegen die er durch eine Stopfbüchse abgedichtet ist, hochgewunden werden.

In fester Verbindung mit dem Deckel steht das hülsenförmige Mittelstück f, welches sich beim Heben und Senken des Deckels an der Achse verschiebt. Dieses Mittelstück f besitzt 6 Öffnungen g, in welche die Stutzen h der Einsatzkästen i eingeschoben werden, die sich dort mit Hilfe der an dem inneren Rohrumfang von g sitzenden federnden Ringe n und der durch Federn wirkenden

Stangen k beim Niederlassen des Deckels vollständig abdichten. Die Kästen i, deren Querschnittsform aus der Fig. 38 ebenso zu ersehen ist, wie ihre Anordnung in der Maschine, bestehen aus dem sich an den Stutzen anschließenden Flottenkammerraum l und dem durch die zwei gegenüberliegenden Siebwände m und n gebildeten Materialraum. Die Kästen werden außerhalb der Maschine gepackt und die Siebdeckel n in ebenfalls aus den Zeichnungen entnehmbarer Weise mit den Kästen verbunden.

Fig. 35.

Der Deckel o der Zentrifuge hat zwei Öffnungen, von denen die eine o in die Hülse f führt, während die andere p in den Zentrifugenraum direkt mündet. Auf die Öffnungen passen zwei Klapprohre q und r, welche durch einen Vierweghahn s verbunden sind, der durch den Schieber t umgestellt werden kann, sodaß abwechselnd q oder r mit der Saugleitung u oder der Druckleitung v der Zentrifugalpumpe w verbunden ist. Aus den Skizzen kann man entnehmen, auf welche Weise das Hochklappen der Rohre geschieht, ferner daß sie dabei durch ein Gegengewicht in der hochgeklappten Stellung gehalten werden, daß ihr Drehpunkt sich am Umfang des Umsteuerhahnes s befindet, mit dem sie durch Verschraubung in jeder Lage verbunden werden können, und daß sie weiter durch Schraubenstangen auf die Deckelöffnungen p und o dicht niedergedrückt werden, welche Schraubenstangen beim Hochklappen der Rohre an den am horizontalen Stützbalken des Eisengerüstes x befindlichen Haken aufgehängt werden. y ist das sogenannte Expansionsgefäß, das den höchsten Punkt der Maschine

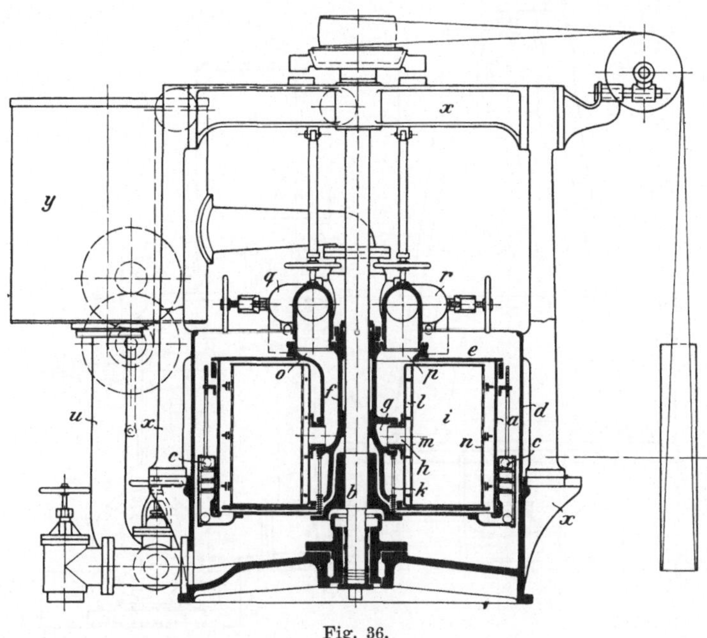

Fig. 36.

bildet. Auf der Vorgelegewelle sitzen zwei Antriebsscheiben, die eine für die Zentrifugalpumpe, die andere für die Schleuder. Beide können durch Zentrifugalfriktion zusammen in Gang sein, es arbeitet aber bei Ausschaltung dieser auch nur die Pumpe allein. Aus den Zeichnungen ist ferner ersichtlich, daß die Zentrifugenachse im Boden des Untersatzes gelagert ist und im Horizontalgerüstbalken ihre zweite Führung hat, und daß der Riemen der Zentrifuge über eine Rolle auf der Achse und zwei schräg gestellte Scheiben zur Antriebsscheibe der Zentrifuge geführt wird. Ferner sieht man den Hahn, durch den nicht weiter verwendbare Lösungen und das Waschwasser abgelassen werden können, und in der Pumpendruckleitung v ist noch ein Schieberventil z eingeschaltet, das die Flotte, wenn es verschlossen ist, zwingt, durch den seitlich in Fig. 37 gezeichneten Stutzen in ein Reservoir zu steigen, um dort aufbewahrt zu werden. Manometer in der Druck-, eventuell auch in der Saugleitung der Pumpe, Heizvorrichtung im Expan-

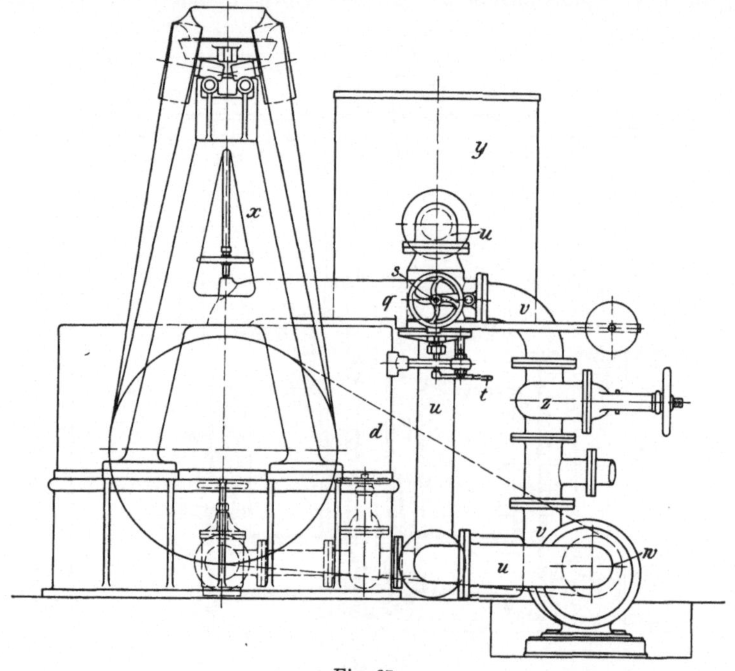

Fig. 37.

sionsgefäß, Anlagen für Schnellspülung etc. sind in bekannter Weise vorgesehen.

Die Arbeitsweise der Maschine ist kurz folgende: Die Pumpenrohre sind hochgeklappt, der Deckel ist hochgezogen und hängt an Ketten über der Trommel. Die außerhalb der Maschine gepackten Kästen werden mittelst der Stutzen in die Öffnungen des Mittelstücks eingeschoben, hierauf wird der Deckel samt den Kästen in die Trommel eingesenkt und mittelst Schrauben luftdicht auf den oberen Rand der Zentrifugentrommel aufgepreßt, während sich gleichzeitig die Kästen in der Maschine mit den Hülsenrohren automatisch abdichten. Dann werden die Pumpenrohre q und r niedergeklappt und durch die Schraubenstangen auf die Öffnungen des Deckels dicht aufgepreßt.

Hierauf wird die Pumpe angelassen. Die Flotte fließt durch das Druckrohr v und bei der ersten Stellung des Umsteuerhahnes s durch das Rohr q in die Hülse f, weiter durch die Stutzen h in den Flottenkammerraum l der Einsatzkästen i und von hier durch das Material in den Raum, der zwischen Zentrifugenwand und den Kästen noch frei ist, dann in das Rohr r und von da in die Saugleitung u, die sie zunächst in das Expansionsgefäß y und aus

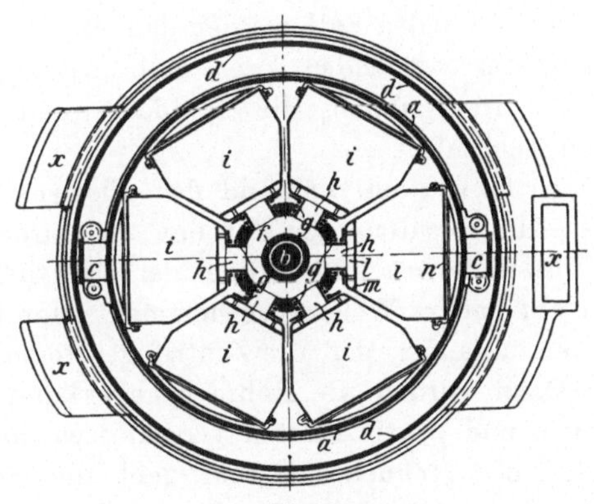

Fig. 38.

dem Boden desselben durch ihren zweiten Teil u der Pumpe w wieder zuführt, sodaß der Kreislauf geschlossen ist, bei dem die Flotte also von innen nach außen durch das Material dringt. Stellt man, was während des vollen Laufes der Maschine geschehen kann, den Schieber t des Umsteuerhahnes s um, dann ist das Rohr r mit der Druckleitung v der Pumpe in Verbindung, die Flotte geht daher den umgekehrten Weg — das ist von außen nach innen — durchs Material.

Soll das Färben etc. beginnen, dann wird die zu verwendende Farblösung aus dem Reservoir in das Expansionsgefäß eingelassen und füllt die Maschine. Wenn die Pumpe angeht und das Material von der Flotte durchdrungen wird, steigt die ganze Luft, die in der Maschine und im Garn enthalten ist, in das Expansionsgefäß, da dieses den höchsten Punkt der Maschine bildet, und wird dadurch unschädlich gemacht. Im Expansionsgefäß kann die Flotte geheizt, verstärkt und während der Arbeit beobachtet werden. Nach Beendigung des Färbeprozesses wird die Flotte abgelassen, was auf zwei verschiedene, von der Natur des verwendeten Farbstoffes abhängige Methoden geschehen kann. Ist eine Schädigung des Resultates durch Luftzutritt nicht zu befürchten, dann öffnet man die zwei direkt in den Untersatz führenden Bodenventile, klappt die Rohre in die Höhe, wenn sie entleert sind, und hebt die abgelaufene Flotte entweder in ein Reservoir oder läßt sie ab. Hierauf wird die Schleuder angesetzt, und dadurch wird die alte Flotte so weit, als überhaupt möglich, zurückgewonnen und ebenfalls hochgezogen; auf jeden Fall werden dadurch, auch wenn man das Bad nicht weiter verwenden kann und dasselbe daher nicht aufhebt, sondern direkt abläßt, die Spüldauer und der Wasserbedarf sehr eingeschränkt.

Wenn jedoch Oxydation während des Flottenablaufens und Ausschleuderns das Resultat der Färbung beeinträchtigen kann, wie dies bei Schwefelfarben und Indigo der Fall ist, dann wird das Schleudern auf andere Weise vorgenommen. Man läßt zunächst die Flotte so weit ablaufen, daß die Zentrifugentrommel eben noch ganz voll ist. Dann werden die Rohre hochgeklappt, die beiden Deckelöffnungen o und p mit Platten verschlossen und die zwei Rückschlagventile c c geöffnet. Hierauf geht die Schleuder an, und es kann nun durch die eigenartige Konstruktion dieser Ventile die ausgeschleuderte Flotte zwar aus der Trommel austreten, Luft aber nicht eingesaugt werden. Diese Gefahr liegt nämlich nach Angabe der Fabrik besonders dann, wenn die Zentrifuge noch nicht die nötige Tourenzahl erreicht hat, vor, da sich durch das Austreten der die Zentrifuge erfüllenden Flotte in der Trommel ein Vakuum gebildet hat. Man kann auf diese Weise in der Luftleere schleudern. Zur Erzielung einer gleichmäßigen Oxydation des Materials, wie es nach dem guten Ausschleudern erforderlich ist, werden nach Stillsetzen der Zentrifuge die beiden Deckel von den Öffnungen o und p abgehoben und dann schleudert man weiter, wobei die Luft durch das Material getrieben wird. Man kann für das Durchtreiben der Luft auch einen Ventilator benützen. Die technischen Vorteile dieser der Cohnenschen Maschine eigenen Arbeitsweise werden im Kapitel „Schwefelfarben“ eingehend besprochen.

In der Maschine kann auch gedämpft werden, und zwar von außen nach innen und umgekehrt, indem man z. B. ein entsprechend den Mündungen der Rohre q und r geformtes Mundstück auf die Öffnungen o oder p der Trommel aufsetzt und dasselbe auf gleiche Weise durch die Schraubenstangen eindichtet. Dieses Mundstück steht durch einen Schlauch mit der Dampfleitung in Verbindung. Je nachdem das Mundstück auf die Öffnung o oder p aufgesetzt wird, nimmt der eventuell mit Luft gemischte Dampf die Richtung von außen nach innen oder von innen nach außen durch das Material.

Nach Beendigung der Färbung wird der Deckel von der Zentrifugentrommel losgelöst und hochgehoben, die Kästen werden herausgezogen und sofort durch inzwischen mit frischem Material gepackte Reservekästen ersetzt, sodaß schon nach einigen Minuten das Behandeln einer frischen Partie beginnen kann. Das Flottenverhältnis beträgt 1 : 6, kann aber durch den im Expansionsgefäß verfügbaren Raum auch länger gemacht werden. Die 6 Kasten fassen ca. 100 kg. Man kann auch mit einer geringeren Anzahl von Kästen arbeiten, indem die Hülsenöffnungen g durch Holzpfropfen verschlossen werden, sodaß also auch kleinere Partien herstellbar sind. Die Maschine braucht 10 qm Platz.

Sie bietet also den Vorteil, daß das Material ohne jeden Transport und ohne jedes Umpacken in der Maschine, auch in der Luftleere, ausgeschleudert werden kann, womit äußerste Flottenrückgewinnung und Wasser- sowie Zeitersparnis beim Spülen erreicht wird, daß weiter die Flotte in zwei Richtungen durch das Material geht und daß dieses direkt aus der Maschine zum Trocknen gelangen kann.

II. Apparate, bei denen die Flotte in di- oder konvergierenden Strahlen durch das Material geführt wird.

Dieselben werden unterschieden:

1. in solche für loses Material, auch für ganz offene Garnwickel;
2. in Apparate für gewickeltes Material, besonders für aufgebäumte Ketten.

1. Apparate für loses Material.

Die Apparate zeichnen sich durch großen Fassungsraum aus. Die einzige Materialkammer ist ein Ringraum, der durch das Ineinanderstellen zweier Zylinder mit perforierter Mantelfläche gebildet wird. Dieser Ringraum ist oben und unten verschlossen. Die Flotte wird entweder aus dem Innenzylinder durch das Material in einen äußeren Raum oder aus diesem äußeren Raum in den Innenzylinder geführt, sodaß die Flottenstrahlen divergieren oder konvergieren, da sie radiale Richtung haben. Die Folge davon ist, daß bei dem von innen nach außen gerichteten Wege der Flotte die dem Innenzylinder näheren Schichten nicht nur dichter, sondern auch von konzentrierteren Strahlen getroffen werden als die äußeren, die von farbschwächeren und weniger dichten Strahlen bestrichen werden.

Geht die Flotte von außen nach innen, dann verteilt sie sich günstiger, weil die äußeren Schichten dann von farbreicheren Strahlen, die inneren aber von farbärmeren dichter getroffen werden.

Die günstigste Methode für Egalität und für Vermeidung von Kanalbildung ist die wechselnde Anwendung beider Strahlenrichtungen.

Infolge der auf keinen Fall ganz gleichmäßigen Bestrahlung des Blockes und einer hier nicht ausführbaren ganz gleichmäßigen Pressung des Materials sind Apparate dieser Art für härter gewickelte Körper nicht gut geeignet, wohl aber bewähren sie sich zum Färben weicher Wickel, wie weicher Kreuzspulen etc. Es werden besprochen:

Apparate, bei denen die Flotte das Material in

a) divergierenden,

b) konvergierenden,

c) abwechselnd in di- und konvergierenden Strahlen

durchströmt.

a) Apparate mit divergierender Flottenstrahlung.

Die Apparate dieser ersten Gruppe bestehen im wesentlichen aus dem durch einen Deckel verschließbaren ringförmigen Materialbehälter, der den Innenzylinder umschließt und in einem offenen Bottich steht, und aus der Pumpe, die die Flotte aus dem Innenzylinder durch das Material in den offenen Bottich drückt, von wo aus sie wieder gespeist wird. Der Materialbehälter ist aushebbar. Zur Bewegung der Flotte werden meist Kreiselpumpen verwendet, bei manchen Apparaten auch die Zentrifugalkraft.

Als Type dieser Apparate diene der vielverbreitete Apparat von Obermaier & Co. in Lambrecht (Rheinpfalz) in seiner

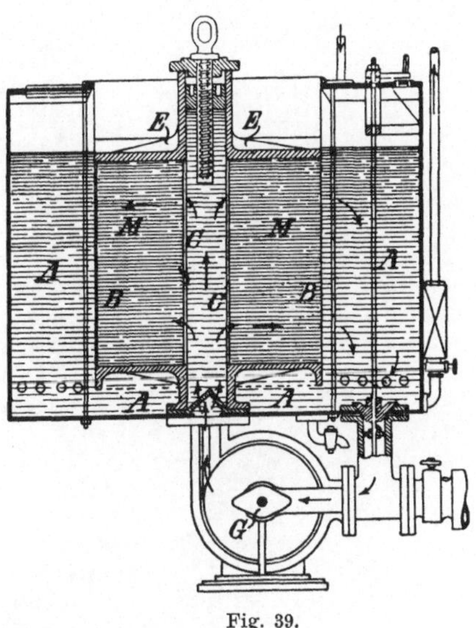

Fig. 39.

ältesten Ausführung, die durch Fig. 39 dargestellt ist (D.R.P. 23177 vom 6. XII. 1882).

B ist der äußere, C der innere Siebzylinder, M der Materialraum, E der Deckel, der von oben auf die Ware niedergeschraubt wird. A ist der offene Färbebottich. Die Pumpe G zieht aus A die Flotte an und drückt sie in den Innenzylinder C und von hier aus durch das Material in den Bottich A zurück, sodaß der (auch durch Pfeile angedeutete) Kreislauf geschlossen ist.

Aus der Fig. 39 läßt sich entnehmen, daß sich der mittelst Haken und Flaschenzug aushebbare Materialkessel mit einem Konus auf das in den Färbebottich mündende Pumpendruckrohr durch sein eigenes Gewicht abdichtend aufsetzt.

Die Fig. 40 zeigt, daß der Kessel auch als Zentrifugenkessel benützt werden kann, und daß sich das Material nach dessen Transport in die entsprechend konstruierte Schleuder in der Packung entwässern läßt (D.R.P. 33562).

Das D.R.P. 124630, dargestellt durch Fig. 41, zeigt den Obermaierschen Apparat in seiner heutigen Ausführung, die sich dadurch kennzeichnet, daß zwischen der Kreiselpumpe a und

Fig. 40.

dem Färbebottich b zwei Dreiweghähne c und d eingeschaltet sind, und daß ferner an den einen Dreiweghahn c eine Wasserzuleitung g i und an den anderen Dreiweghahn d ein Steigrohr c zum Flottenreservoir f direkt angeschlossen ist. Diese Einrichtung bezweckt, die Farbflotte tunlichst zurückzugewinnen und unmittelbar darauf die gründlichste Spülung in ganz kurzer Zeit auszuführen. Das Waschwasser läuft direkt in die Pumpe und geht nur einmal durch das Material; man arbeitet also mit permanentem Zu- und Ablauf von Wasser. Die Vorrichtung eignet sich somit in erster Linie zum Färben von Schwefelfarben, das Material wird rasch klargespült und ausgefällter Farbstoff sofort aus der Maschine geschafft, sodaß er sich nicht, wie dies beim Spülwasserkreislauf der Fall wäre, am Material ablagern kann.

Ein Vierweghahn l soll es ermöglichen, die Flotte in wechselnder Richtung durch das Material zu führen. Er ist, wie ersichtlich, zwischen der Pumpe a und den zwei Dreiweghähnen c

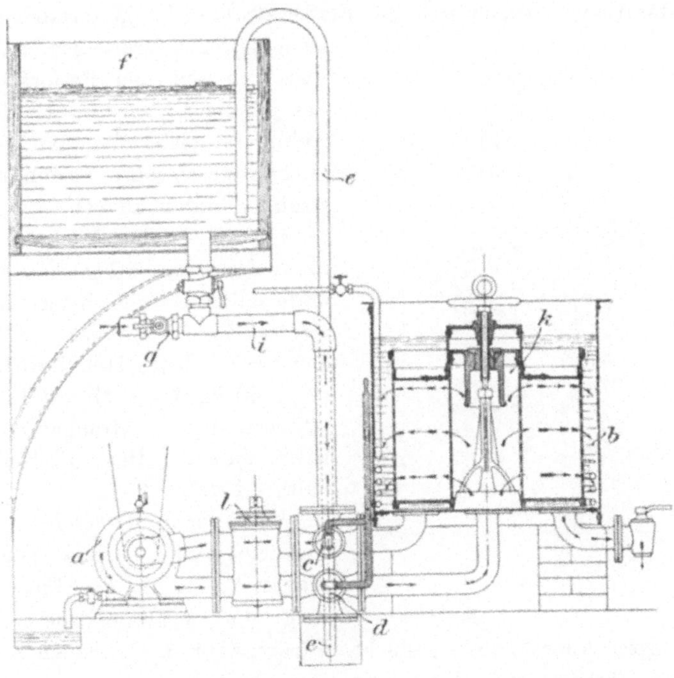

Fig. 41.

und d eingeschaltet. Doch sind die doppelten Flottenwege in beiden Richtungen nicht gleichwertig, da der Flottenbottich b ja offen ist.

Die Firma Obermaier & Co. liefert den Apparat auch mit geschlossenem Flottenbottich, bei dem die beiden Wege in Beziehung auf den Flottendruck von beiden Seiten naturgemäß gleichwertig sind. Dieser Apparat gehört zu den unter c (S. 82) besprochenen Typen.

Die Einrichtung des D.R.P. 124630 ist auch an den anderen Obermaierschen Apparaten anzubringen. Desgleichen kann der eben besprochene Apparat vorteilhaft auch mit der Einrichtung des D.R.P. 143613 (S. 50) ausgerüstet werden. Die Notwendigkeit der Entstehung eines Überdruckes ist hier bei der radialen Flottenstrahlung nämlich eine sehr dringende. Deshalb erhält auch bei nur einseitigem Flottenweg der äußere Zylinder weit kleinere Perforationen, sodaß sich die Flottenstrahlen im Materialring ungemein fein verzweigen müssen und sich von den Perforationen des inneren zu denen des äußeren Zylinders nicht für die Flotte leichter passierbare Verbindungsstrahlen bilden können.

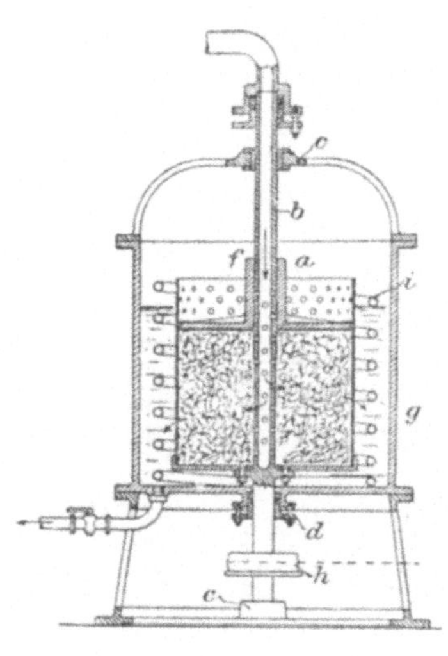

Fig. 42.

Der eben beschriebene Apparat ist zum Färben von losen Materialien, Garnen, Kreuzspulen, etc. bestimmt und faßt je nach der verschiedenen Modellgröße 30, resp. 60 kg loses Material oder 50, resp. 100 kg Stranggarn oder Kreuzspulen. Das Flottenverhältnis beträgt 1 : 7.

An dieser Stelle sei der großen Verdienste der Firma Obermaier & Co. um die Entwickelung der Apparatefärberei mit wärmster Anerkennung gedacht. Obermaier & Co. haben diesen neuen Färbereizweig durch unermüdliche Arbeit und erfinderische Tätigkeit außerordentlich gefördert, und man wird an den verschiedensten Stellen dieses Buches dem Namen dieser hochverdienten Firma begegnen, was die Vielseitigkeit ihrer Erzeugnisse und deren Eignung für fast alle Formen, in denen Textilmaterialien auf Apparaten gefärbt werden können, beweist.

Der Apparat von Halban & Damask in Wien (Österr. Patent 3295) (Fig. 42) macht den Transport des Materialbehälters a in eine Schleuder zwecks Entwässerns dadurch überflüssig, daß die Färbevorrichtung und die Zentrifuge in einem einzigen Apparat vereinigt sind. Zu diesem Zweck ist jene die Schleudertrommel tragende Antriebswelle b hohl und mit Ausströmöffnungen versehen. Diese Antriebswelle, die in dem Fußlager c ihren Stützpunkt und im Boden d des Bottichs, sowie im Bügelarm c desselben ihre Führung erhält, ist zum Teil als Schraube ausgebildet, und es kann längs derselben der als Schraubenmutter ausgebildete Trommeldeckel f verstellt werden, der dadurch das Material zusammenpreßt und die nicht benötigten Ausströmöffnungen der Welle verdeckt. Die Flotte wird mittels der Pumpe durch die Perforationen der Welle in das Material und nach Verlassen desselben wieder zur Pumpe geführt. Zum Schleudern wird die

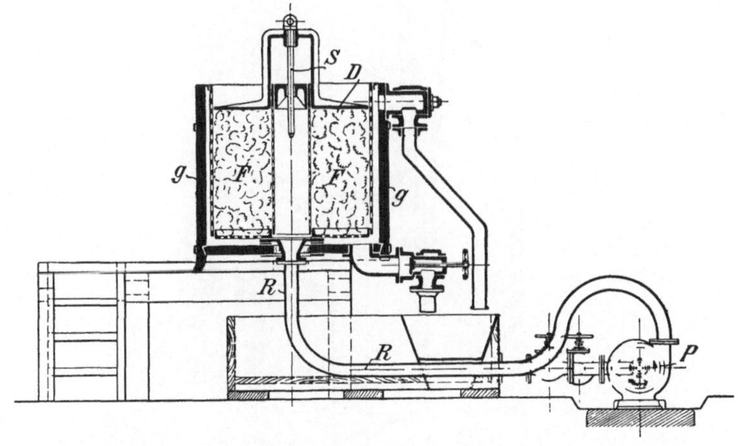

Fig. 43.

Pumpe abgestellt und die das Material enthaltende Zentrifugentrommel durch die Riemenscheibe h zum Schleudern in rasche Umdrehung versetzt.

Das Material wird auf diese Weise gefärbt und entwässert der Maschine entnommen.

An dieser Stelle sei der Apparat zum Färben loser Baumwolle von C. G. Haubold jr. in Chemnitz i. S. erwähnt. Dieser besteht, wie Fig. 43 zeigt, im wesentlichen aus einem äußeren Holzbottich G mit Eisenringen am Boden, in welchem sich ein Stutzen mit Flantsch zum Anschluß an die Rohrleitung R befindet. Auf diesem inneren Stutzen ist der innere Färbekessel F befestigt, welcher aus einem äußeren und inneren Zylinder mit angenietetem Boden besteht. Diese drei Teile sind sämtlich perforiert. Oben im Zylinder ist ein Mutterkopf befestigt, worin sich eine Spindel S führt, die einen zum Heben und Senken eingerichteten Deckel D trägt. Der Deckel führt sich innerhalb der beiden perforierten Zylinder, indem er sich schließt und zur Zusammenpressung des eingepackten Färbegutes dient. Vom Bodenstutzen geht eine

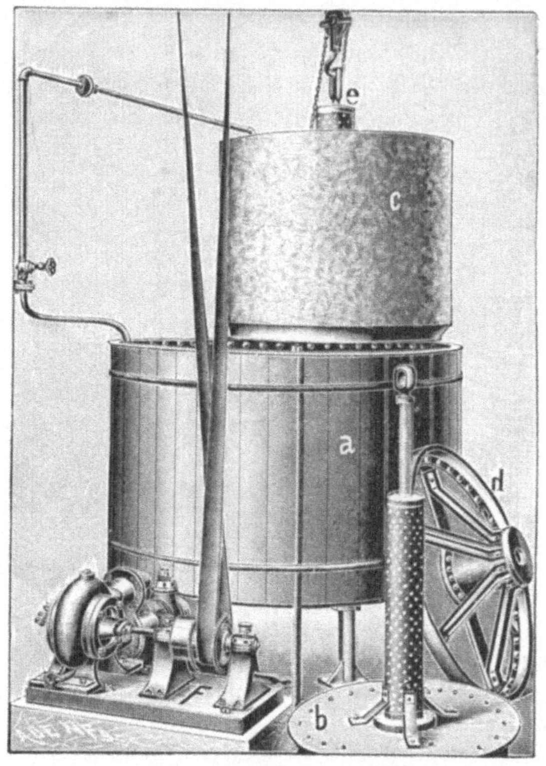

Fig. 44.

Rohrleitung R zur Pumpe P und von dieser eine Abzweigrohrleitung nach 2 Farbwannen. Diese Rohrleitung trägt 3 Absperrventile, außerdem im Boden des Holzgefäßes einen Abflußstutzen. Die Arbeitsweise ist ohne weiteres klar.

Ein Apparat von Hartmann & Co. in Wannweil b. Reutlingen ist nach ähnlicher Type gebaut wie der von Obermaier & Co., bietet aber eine eigenartige, durch D.R.P. 129 354 geschützte Aushebevorrichtung. (Fig. 44.) Der Materialträger besteht aus einem über dem im Flottenbottich vorgesehenen Flottensteigrohr gestülpten, durchbrochenen Hohldorn, der unten einen Aufnahmeteller b für das Material trägt, während sein Oberende die Mutter für die Stellschraube e des Preßdeckels d bildet. Ist der Arbeitsprozeß beendet, so wird der Haken des Hebezeuges nach Entfernung des Preßdeckels d mit dem auf ihm ruhenden Material C aus dem Bottich a gehoben. Das Textilgut löst sich bald von selbst und fällt ab. Dadurch kann nach Beendigung des Färbeprozesses, ohne vorherige Abkühlung abwarten zu müssen, sofort mit der

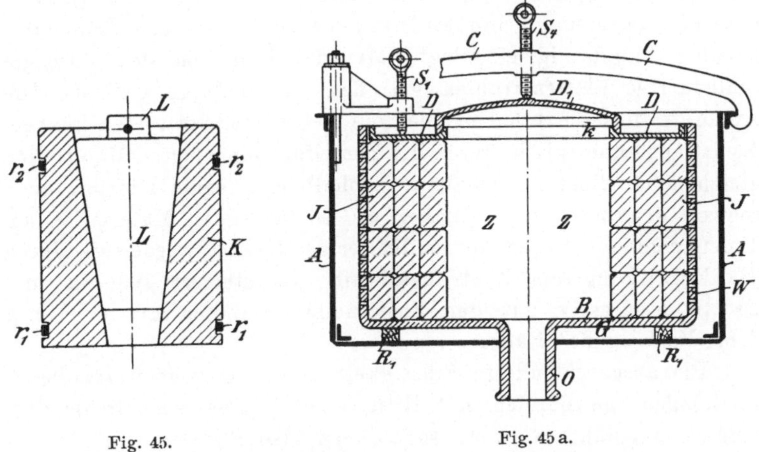

Fig. 45. Fig. 45 a.

Entleerung des Farbbottiches begonnen werden. Nach Angabe der Fabrik ist der Kraftbedarf 1 PS und die Leistung pro Tag je nach Größe 600—900 Kilo.

Das Pressen der Ware geschieht bei den angeführten Apparaten nur durch einen Deckel von oben, also nicht in der Flottenrichtung, sondern senkrecht darauf. Deshalb können eben auch gewickelte Materialien nicht die unerläßlich nötige Pressung erhalten.

Neben der Pressung in vertikaler auch eine Pressung in horizontaler Richtung zu erreichen, bezwecken die Gesslerschen Erben in Metzingen durch D.R.P. 92 426 und wollen damit gleichzeitig die Anbringung eines mittleren Flottenverteilungsrohres ersparen. Der zylindrische Materialbehälter J (Fig. 45 und 45a) ist durch einen Deckel D mit kreisförmiger Öffnung k verschließbar. In die Kreisöffnung kann ein aus vier Segmenten bestehender Holzzylinder K eingeschoben werden. Man stellt also zunächst den Holzzylinder ein, schichtet in zweckentsprechender Weise das Material in den Beschickungsraum, stößt dann den Keil L zwischen die vier Segmente des Holzzylinders und preßt dadurch das Material in radialer Richtung zusammen. Dann wird der Deckel D aufgepreßt, also das Material auch in der vertikalen Richtung niedergedrückt, und hierauf wird der Holzzylinder samt Keil entfernt und die Deckelöffnung k durch D verschlossen.

Zu den Apparaten mit divergierenden Flottenstrahlen gehören auch die sogenannten Schleudersysteme. Das in eine Schleudertrommel ringförmig eingelegte Material wird von den durchgeschleuderten Flottenstrahlen getroffen und dadurch gefärbt. Die Apparate dieser Art haben aber nie viel Freunde erwerben können. Es ist auch unmöglich, die in die Zentrifuge eingelegten Materialien gleichmäßig dicht zu erhalten, weshalb eine egale Färbung auch schwer denkbar ist. Je näher die zu färbenden Materialien am Trommelumfang liegen, desto dichter geschichtet werden sie durch die Einwirkung der Zentrifugalkraft. Es steigert sich also die Dichte progressiv mit der Entfernung vom Zentrum oder mit dem Wachsen des Radius.

Die ausgeschleuderte Flüssigkeit muß, um weiter zirkulieren zu können, gewöhnlich mit Hilfe einer Pumpe dem Schleuderinneren zugeführt werden, sodaß man also Pumpen- und Zentrifugalkraft benötigt.

Manche Apparate aber machen die Pumpe entbehrlich, indem die Schleuderkraft selbst auch dazu benützt wird, die ausgeschleuderte Flotte dem Schleuderinneren wieder zurückzuführen.

Die Flotte wird hier in dünnem oder bandartigem Strahl durch das Material getrieben, was durch die Form des Streukörpers bedingt ist.

Als Type kann die Bleichzentrifuge von Oswald Fischer in Göppersdorf i. S. dienen, die von C. G. Haubold in Chemnitz gebaut und vertrieben wird und den Gegenstand mehrerer Patente bildet, so der D.R.P. 29 702, 31 755, 56 314, 65 187, 71 936 und 71 920. Sie wird zum Bleichen von im Hochdruckkessel wie gewöhnlich gebäuchten Cops benützt, eventuell auch zum Färben. Sie ist verbleit.

In den Schleuderkessel (Fig. 46) ragt ein doppeltes Spritzrohr, das durch die drei Flantschen eines Dreiweghahnes mit drei Reservoirs (Chlor, Säure, Wasser) verbunden ist. Das Spritzrohr ist seitlich geschlitzt, sodaß mittelst eines kleinen Blechschiebers eine Reinigung der Austrittsöffnungen jederzeit, auch während des Betriebes, möglich ist, während durch einen am unteren Ende vorgeschraubten Pfropfen eine Reinigung des ganzen Rohres bequem ausgeführt werden kann. Die Flotte wird dann durch einen Streukorb aus Gaze verteilt, der nicht durch horizontale, sondern durch vertikale oder schräge, perforierte Stützen zusammengehalten wird, sodaß die Flotte über die ganze Siebfläche egal austritt und daß sich daher nicht wie bei horizontalen Haltebändern unbehandelte Horizontalstreifen in der Ware ergeben. Die ausgeschleuderte Flotte wird durch eine Pumpe wieder dem Spritzrohr zugeführt.

Ein noch außerdem in das Spritzrohr eingeführter, leicht auswechselbarer Zylinder soll als Filter im Kreislauf der Flotte dienen. Zur Erhöhung der Egalität läßt man die Schleuder abwechselnd nach links und rechts rotieren.

Zu den Schleudersystemen gehört auch die durch D.R.P. 65 750 geschützte Maschine von Leonhard Hwass und Johann Hulthén in Crefeld, welche bei ihrem Apparat durch einen von innen nach außen schräg ansteigenden vollen Boden während des Schleuderns ein Zusammenpressen des Materials in senkrechter Richtung und gleichzeitig ein gegenseitiges Verschieben seiner Teile herbeiführen wollen.

Eine Nachpressung des Materials während des Betriebes bewirkt auch die Einrichtung der Schleudermaschine von Dr. Adolf Waldbaur in Stuttgart. (D.R.P. 38 875). Beim Schleudern sinkt ein schwerer Deckel nieder, weil er gegen die Bewegung der Trommel etwas zurückbleibt. Der egalen Ablenkung der Flotte soll die Einrichtung des D.R.P. 53435 desselben Erfinders dienen.

Schleudermaschinen, die kaum Verbreitung fanden, stammen ferner von Oswald Hoffmann in Neugersdorf (D.R.P. 53 626 und 78 074), dann von J. Skoupil in Lettowitz i. Mähren (Fr. Patent 308 129).

Ebenfalls geringe Bedeutung hat die Zentrifuge mit einer in einem luftdicht verschließbaren Raum sich drehenden Trommel von Albert Edwin Cotton in Huddersfield, England (D.R.P. 137 620). Das Material ruht zwischen zwei Siebzylindern; der äußere ist die perforierte Schleudertrommel und steht mit der Maschine

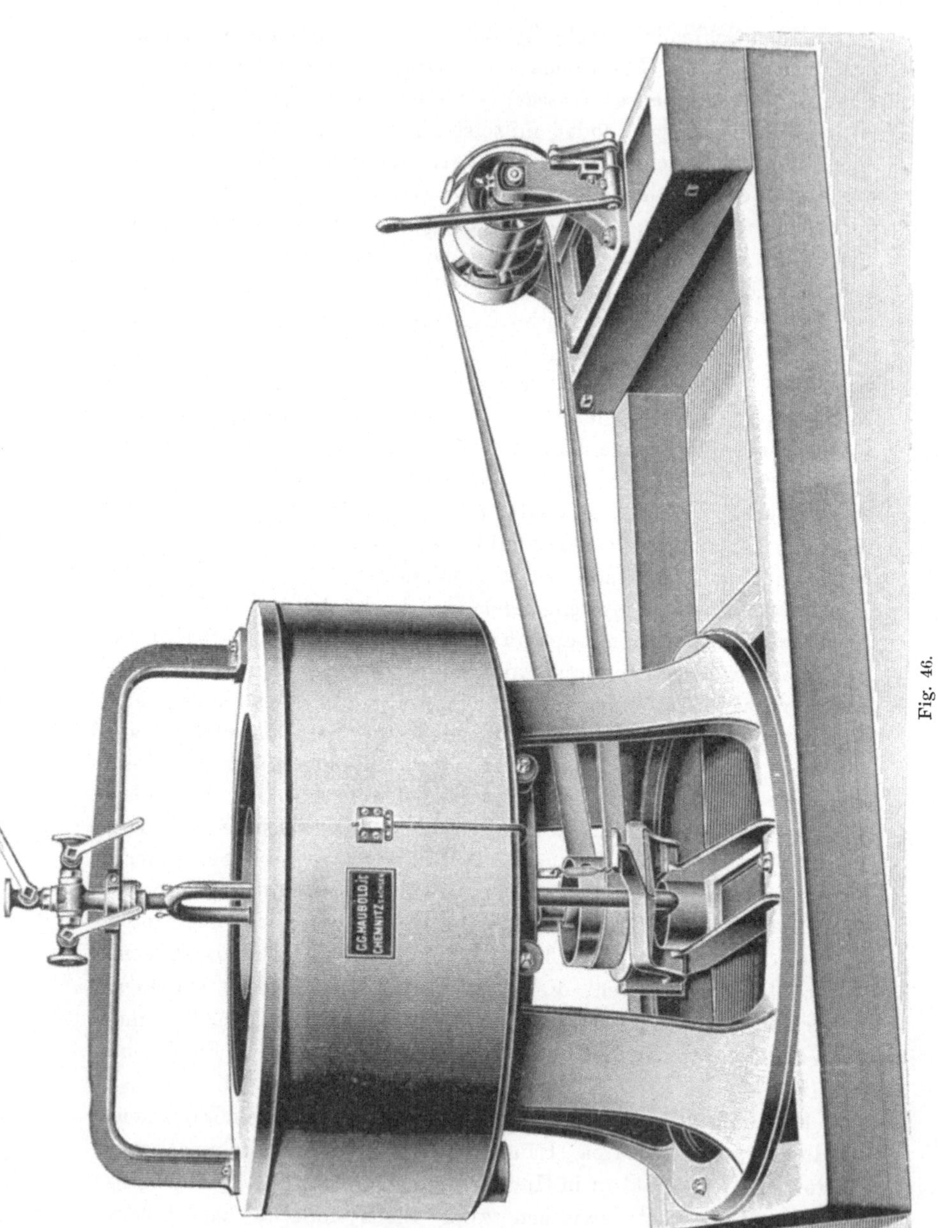

Fig. 46.

in fester Verbindung. Der innere ist mit einem Bodenflantsch, über dem das Material im Ringraum eingelegt ist, verbunden und aushebbar, sodass nach Beendigung des Färbeprozesses auf diese Weise das ganze Material auf einen Hub aus der Maschine genommen werden kann, was die Arbeit beschleunigt.

Diese Einrichtung hat große Ähnlichkeit mit der auf Seite 72 beschriebenen Einrichtung des D.R.P. 129 354. (Hartmann & Co.)

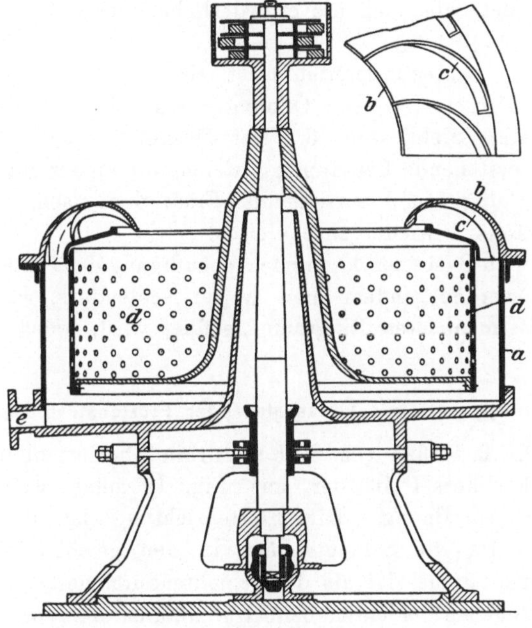

Fig. 47.

Die Rückbeförderung der ausgeschleuderten Flotte in das Innere der Schleuder zu neuem Kreislauf wird bei allen bis jetzt beschriebenen Apparaten durch eine eigene Pumpe, bei den folgenden Maschinen aber durch die Schleuderkraft selbst besorgt. So trifft dies bei der Schleudermaschine von Leopold Ettl in Zwittau in Mähren (D.R.P. 65 312) zu. Das Material ist hier in einem durch zwei Siebzylinder gebildeten, durch Deckel verschließbaren ringförmigen Behälter untergebracht. Derselbe rotiert in einem geschlossenen Kessel, unter dessen Deckel ein turbinenartiges Leitrad angeordnet ist. Die Flüssigkeit wird von dem mittleren Zylinder aus durch den Materialring geschleudert, steigt an den Kesselwandungen empor, wird von den Schaufelrädern der Turbine erfaßt und durch deren eigentümliche Konstruktion in den zentralen Hohlzylinder zurückgeführt, von wo aus der Kreislauf sich erneuert.

Die Einrichtung der Schleudermaschine von Gebr. Wansleben in Crefeld (D.R.P. 115 580) macht den Deckel, wie ihn Ettl anwendet, wie auch die erforderliche innere Siebwand überflüssig (Fig. 47).

Auf dem Schleudermantel a ist ein ringförmiger, gewölbter Deckel b aufgesetzt, dessen Öffnung kleiner ist als die Öffnung des drehbaren Siebkessels d. Der Deckel b trägt im Inneren auch noch vorstehende Leitrippen c, welche die an der glatten Wand bei der Drehung von d aufsteigende Flüssigkeit nach dem Innern des Siebkessels d wieder zurückleiten.

Bei beiden Systemen kann nach Beendigung des Färbeprozesses entwässert werden, indem man weiter schleudert, während ein Bodenventil im äußeren Ringraum geöffnet wird, sodaß die Flotte abfließt.

b) Apparate mit konvergierender Flottenstrahlung.

Das D.R.P. 82 325 von O. Krüger in Charlottenburg schützt einen Auskochkessel in der aus Fig. 48 ohne weiteres verständlichen Anordnung. Die Flottenrichtung ist durch Pfeile angedeutet. Da die Schichtenhöhe in den gewöhnlichen Kochkesseln immer größer ist als der Schichtendurchmesser, so werden die erstgetroffenen Schichten beim Durchlaufen der Flotte der Höhe nach immer von konzentrierter Lösung getroffen. Den auf Seite 18ff. bereits angeführten Apparaten, die diesem Umstande Rechnung tragen wollen, schließt sich also auch der von O. Krüger an. Die Flotte greift an einer größeren Oberfläche b gleiehzeitig an und geht einen kürzeren Weg bis zum zentralen Flottensammelrohr K im Kessel a.

Zu den Apparaten mit divergierenden Flottenstrahlen gehört auch der Patent-Universal-Rotations-Färbeapparat der Rheinischen Webstuhl- und Appreturmaschinenfabrik G. m. b. H. in Dülken (Rheinland), geschützt durch das D.R.P. 135 126. Dieses Patent ist ein Zusatz zu dem D.R.P. 127 150 der Firma Carl

Roesch & Co. in Mülheim, das ein sehr geistreiches, praktisch leider nicht gut ausführbares Prinzip zur Führung der Flotte in parallelen, stets wechselnden Richtungen durch das in einen Zylinder gepackte Material darstellt.

Der Erfindungsgedanke des letzteren Patentes ist in den Fig. 49 u. 50 im Grundriß und senkrechten Querschnitt veranschaulicht. Der zylindrische Materialbehälter a, welcher ausgewechselt werden kann, besitzt eine perforierte Mantelfläche und kann in dem Kessel c um eine unterhalb desselben angetriebene,

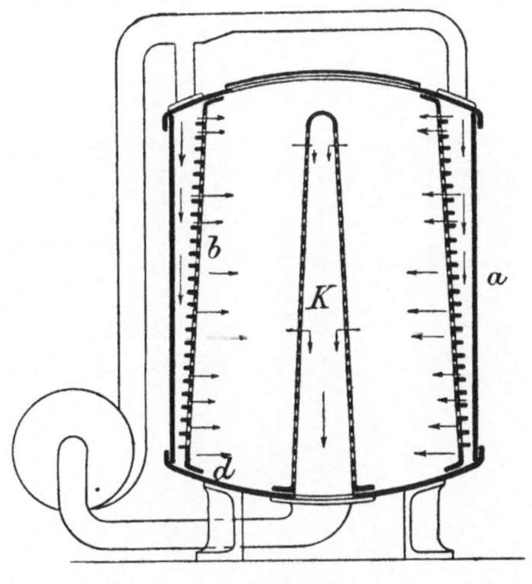

Fig. 48.

durch eine Stopfbüchse entsprechend abgedichtete, senkrechte Achse gedreht werden. Der zwischen dem Materialbehälter a und dem Kessel c liegende Ringraum ist durch einander gegenüberliegende Dichtungsleisten d e d in zwei Kammern g und f geteilt, von denen g mit der Druckleitung und f mit der Saugleitung der die Flotte in Umlauf versetzenden Pumpe in Verbindung steht. Die Flotte wird also in diametralen Strahlen durch den Materialkessel geführt. Da sich derselbe beständig dreht, so ändert sich permanent die Richtung der Flottenstrahlen im Material, und jeder neue Strahl kreuzt den vorherigen. Dabei geht immer ein ziemlich breites Strahlenbündel durch, sodaß die Berührung des Materials mit der Flotte sehr intensiv ist.

Die Übersetzung dieser schönen Idee in die Praxis scheiterte aber an verschiedenen Hindernissen. Zunächst wird, wenn man größere Mengen von Material unterbringen will, der Durchmesser des zylindrischen Materialbehälters so groß, daß zu starke Pumpen erforderlich wären. Auch die Abdichtung der Kammern, an denen

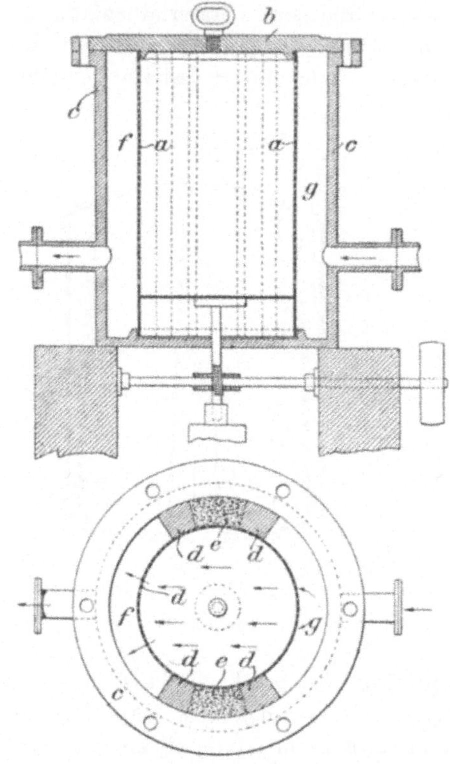

Fig. 49 u. 50.

der Zylinder vorbeirotiert, dürfte wohl bedeutende Schwierigkeiten machen.

Das Zusatzpatent, nach welchem der ziemlich verbreitete Dülkener Apparat eingerichtet ist, hat zwar das Prinzip des Rotierens aus dem Hauptpatent übernommen, führt aber die Flotte aus obigen Gründen nicht mehr diametral durch einen zylindrischen Behälter, sondern ersetzt den zylindrischen durch einen ringförmigen Materialraum und führt die Flotte durch den inneren Siebzylinder ab, sodaß die Flottenstrahlen radial und zwar konvergierend durch das Material gehen. Der Kessel ist natürlich verschlossen, die Flotte wird an einer Stelle des Kesselmantels in den äußeren Ringraum eingeführt, die durch Leisten von dem übrigen äußeren Ringraum möglichst getrennt wird, und an dieser Einströmungsstelle rotiert der Materialbehälter vorüber. Der Zweck des Rotierens ist nach dieser geänderten Flottenführung nicht mehr recht einzusehen. Denn von einer Strahlenkreuzung ist natürlich nicht mehr die Rede, und, da im äußeren Ringraum überall der gleiche Druck herrscht, wird auch an allen Stellen der Oberfläche gleichzeitig Flotte ins Innere des Materialbehälters treten.

Dieser Ringraum wird nun freilich in der Ausführung des Apparates sehr eng gehalten und es ist dadurch, wie auch durch die zur Abtrennung der Einströmungsstelle vom übrigen äußeren Ringraum angebrachten Schutzleisten möglich, daß an der eben vorbeirotierenden Stelle mehr Flotte in das Material dringt, als an den übrigen Stellen. Aber selbst wenn nur an der Einströmungsstelle Flotte in das Material dränge, dann wäre ein färberischer Vorteil nicht erzielt. Denn es wird sonst im Gegenteil mit Recht angestrebt, allen Teilen des Materials auf ganz gleichmäßige Art Flotte zuzuführen, und diesem Haupterfordernis entspricht es nicht, wenn nach und nach innerhalb einer Minute — in dieser Zeit vollzieht sich eine Umdrehung des Kessels — die einzelnen eben vorbeirotierenden Stellen etwa schneller und mit größerem Flottendruck durchströmt werden.

Natürlich ist dieser Apparat ebenso geeignet für das Färben wie die anderen dieser Art, aber sicher nicht besser. Der viel ältere, im folgenden erwähnte Schirpsche Apparat leistet nicht nur dieselben Dienste, sondern gestattet auch doppelten Flottenweg und Schleudern im Materialbehälter. Was an der Dülkener Maschine angenehm auffällt, das ist ihr recht großer Fassungsraum bei ziemlich kompendiöser Bauart.

Ich würde es aber entschieden für günstiger halten, wenn der Kessel stehen bliebe und die Flotte durch den etwas breiter gehaltenen äußeren Ringraum am ganzen Umfang gleichzeitig durch das Material dem zentralen Zylinder zuströmen würde. Damit hört dann freilich der Patentschutz auf, aber die Brauchbarkeit der Maschine würde darunter nicht leiden.

Um die Flotte expandieren zu lassen und ihr Verstärkung zuzuführen, um sie zu heizen etc., um sie überhaupt beobachten zu können, und auch um der Luft den Austritt zu gewähren, führt von der Saugleitung ein kleiner Rohrstrang in ein offenes Flottenbassin und aus diesem ein zweiter Rohrstrang an einer der Pumpe näheren Stelle wieder zum Saugrohr. So läuft also ein kleiner Teil der Flotte in einer Zweigleitung.

Es liegt, wenn man schon einen geschlossenen Kessel und radialen Flottenlauf durch einen Materialring hat, ungemein nahe, dem Apparat den Vorteil der doppelseitigen Flottenbewegung zu verschaffen und die Rheinische Webstuhl- und Appretur-Maschinenfabrik liefert jetzt einen Apparat, der nicht nur diesen Wechsel des Flottenweges gestattet, sondern denselben auch durch eine sehr sinnreiche Einrichtung automatisch vollzieht.

Dieser Apparat hat also doppelten Flottenweg und gehört deshalb schon zu der folgenden Gruppe.

c) Apparate mit abwechselnd di- und konvergierender Flottenstrahlung.

Über den oben erwähnten neuen Apparat der Rheinischen Webstuhl- und Appreturmaschinenfabrik, G. m. b. H. in Dülken kann nicht berichtet werden, weil mir nähere Mitteilungen nicht vorlagen.

Hierher gehört der geschlossene Apparat der Firma Obermaier & Co. in Lambrecht (S. 69).

Der Apparat von Franz Scharmann in Firma Scharmann & Co in Bocholt i. W. (D.R.P. 134 325), der in vielen Betrieben eingeführt ist, besteht aus einem geschlossenen Flottenbehälter (Fig. 51 u. 52), in welchem sich ein ringförmiger Materialbehälter befindet. Dieser ist durch eine horizontale Zwischenwand e, die abnehmbar ist, in zwei übereinander liegende Ringräume eingeteilt. Man packt zunächst den unteren Raum voll, legt dann in der halben Höhe die feste Zwischenwand auf und füllt hierauf die obere Kammer.

Auch das zentrale Flottenrohr zerfällt durch eine in gleicher Höhe mit e liegende Wand h in zwei Räume, die durch Stutzen mit den zwei Pumpenrohren in Verbindung stehen. Tritt die Flotte in den unteren Stutzen ein, so durchläuft sie das in der unteren Kammer befindliche Material von innen nach außen, durchdringt die obere Kammer von außen nach innen und geht durch den oberen Stutzen wieder zur Pumpe zurück. Tritt die Flotte beim oberen Stutzen ein, so macht sie den umgekehrten

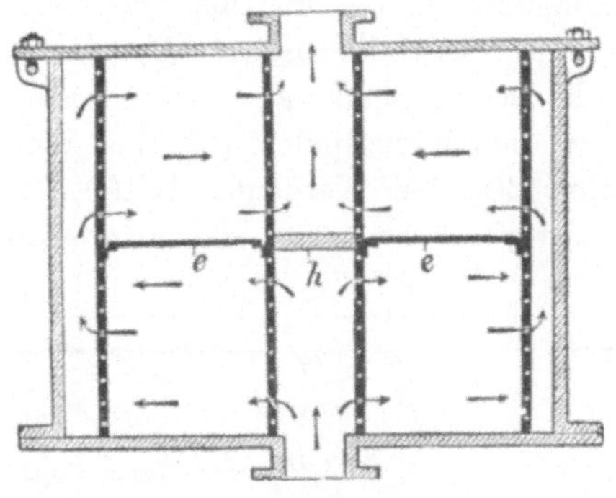

Fig. 51.

Weg. Bei dem von der Fabrik gelieferten Modell A geschieht dieser Wechsel der Flottenrichtung durch Hähne in den Rohren auf bekannte Weise. Bei Modell B ist die Wechselvorrichtung

Fig. 52.

nach innen gelegt. Es wird also immer eine Kammer von innen nach außen und die andere von außen nach innen, daher die eine von konvergierenden, die andere von divergierenden Strahlen durchlaufen. Der Apparat wird während des Färbens selbstredend durch einen Deckel luftdicht verschlossen. Die Materialzylinder können zugleich als Lauftrommel ausgebildet und auf eigens dazu konstruierten Zentrifugen behufs Ausschwingens benützt werden. Es ist also Schleudern in der Packung möglich, wenn auch nur unter Transport des Materialbehälters. Der Kubikinhalt ist beim Modell A und B ca. 0,7 cbm. Als Partiengröße wird von der Fabrik angegeben: bei Kreuzspulen 160, bei Stranggarn 200, bei loser Baumwolle 140, bei Kardenband 160 Pfund. An Kraft werden 4—5 PS. verbraucht. Das Flottenverhältnis ist 1 : 6.

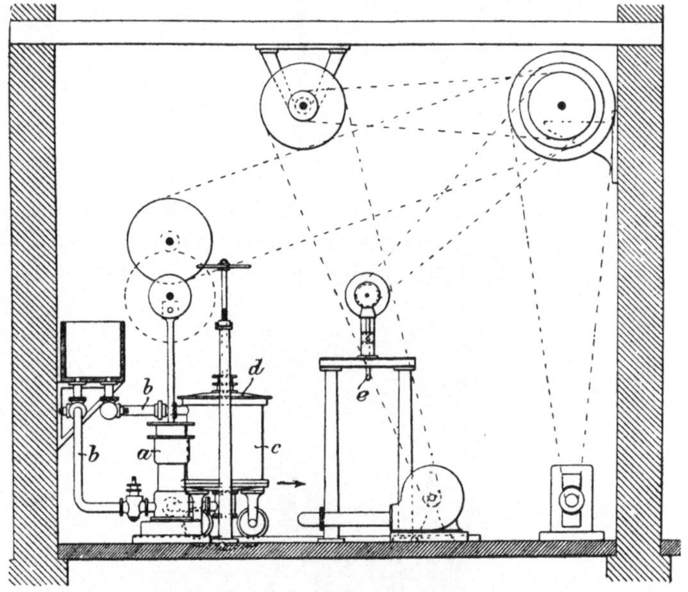

Fig. 53.

Während bei dem eben beschriebenen Scharmannschen Apparat der Materialbehälter zum Schleudern ausgehoben werden muß, wird bei dem Apparat von Heinr. Schirp und Friedr. Hoffmann in Barmen (D.R.P. 106 598) der Warenbehälter mit dem auf Rädern fahrbaren Flottenbottich nach beendigtem Färben unter eine Vorrichtung geschoben, welche das Schleudern im Flottenbottich gestattet.

Der als Schleudertrommel ausgebildete Warenbehälter (Fig. 53) ist auf die drehbare Achse eines, wie erwähnt, auf Rädern fahrbaren Kessels so aufgesetzt, daß mittelst der Pumpe a und der Leitung b Flotte durch das Material getrieben wird und der Kessel c entweder durch einen Deckel d geschlossen oder der Warenbehälter mit dem Kessel c in der Pfeilrichtung verschoben und nach Kupplung seiner Achse mit einer Triebwelle l in Umlauf gesetzt werden kann.

Der Versuch, das Material in der Packung mittels Durchtreibens von Warmluft durch einen Exhaustor zu trocknen, muß als verfehlt betrachtet werden.

Fig. 54.

Die Umsteuerung der Flotte, die bewirken soll, daß jene von außen nach innen oder umgekehrt durch das Material dringen kann, geschieht durch Ventile an der Kolbenpumpe, die durch das D.R.P. 81 353 von H. Schirp und August Kühne in Barmen geschützt sind.

Zwecks Schleuderns muß also der Deckel geöffnet und der Apparat zur Zentrifuge gefahren werden. Außerdem muß man bei jedem Umsteuern der Flotte die Maschine stillsetzen.

Bequemere und raschere Arbeit liefert der Apparat von Oswald Gruhne in Görlitz (D.R.P. 108 225). Er wird von

C. G. Haubold jr. in Chemnitz ausgeführt und besteht aus einer Schleudertrommel, einer Pumpe und einem Bottich zur Aufnahme der Färbeflüssigkeit (Fig. 54 u. 55). Die Schleuder ist derart eingerichtet, daß das untere Lager P mit der darin stehenden Welle und dem Korb K mittelst der Schraube S und des Hebels H um einige Zentimeter gehoben werden kann. Während des Färbens ruht der Korb auf den ihm als Stützpunkt dienenden Gummiringen G. Mitten im Korb befindet sich ein entsprechend weites, gelochtes Rohr R, welches mittelst Gewinde mit dem Pumpenrohr verbunden werden kann. Das Material kommt in den Ringraum

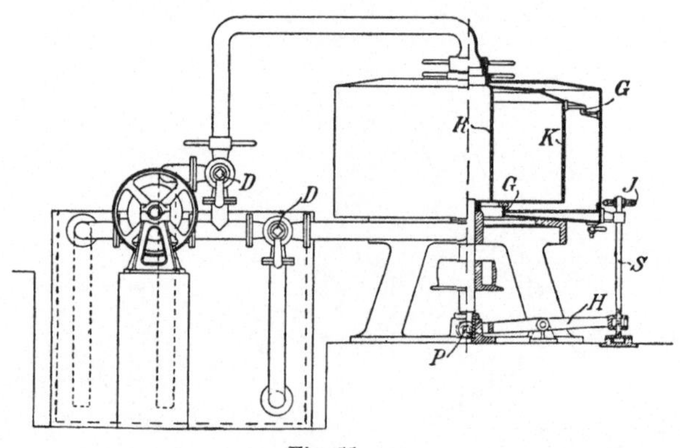

Fig. 55.

zwischen die zwei Siebzylinder, und dieser wird mit dem Deckel fest verschlossen. Die Flotte kann durch entsprechende Stellung der Dreiweghähne D D in zwei einander entgegengesetzten Richtungen durch das Material fließen. Nach dem Färben wird das Pumpenrohr abgeschraubt, die Flotte läuft ab, das Handrad hebt den Korb von G ab und man kann sofort in der Maschine, also ohne Transport und ohne Umpacken, schleudern und die herausgeschleuderte Flotte in dem Sammelbehälter auffangen.

Der Apparat wird für Indigofärberei loser Wolle empfohlen, da beim Abschleudern der Küpe gleichzeitig Vergrünung eintritt und nicht nur die Küpenflüssigkeit soweit als möglich gewinnt, sondern auch Zeit, weil die Wolle nicht wie beim gewöhnlichen Küpen mittelst der Senknetze auf dem Fußboden ausgebreitet werden muß. Hier wird also Luft zugleich mit Flotte beim Schleudern durchgetrieben.

Die Maschine zeigt Ähnlichkeit mit der Cohnenschen, die aber durch das Schleudern unter Ausschluß von Luft (S. 64) im Vorteil ist.

2. Apparate für aufgebäumte Ketten.

Die auf einen Baum aufgewickelte Kette stellt die egalste Packung dar. Man kann sie in der Gleichmäßigkeit ihrer Wickelung mit Garnwickeln, Cops oder Kreuzspulen vergleichen, und man könnte die Kettenfärberei auch bei den Aufstecksystemen besprechen. Denn die Kette ist hier wie dort auf einen in seinem Zweck der perforierten Spindel vergleichbaren perforierten Baum aufgewickelt, der auch an die Dampfpfeife der Wolldrucker und Appretteure erinnert. Die Flotte wird entweder aus dem Hohlraum des Baumes durch das Material in den Flottenbottich gedrückt oder aus demselben durch das Material hindurch in den Hohlraum gepreßt.

Da die Garnschichtendicke der gebäumten Kette aber über die Dicke der genannten Garnwickel hinausgeht und sich demgemäß der Einfluß der radialen Flottenführung wie bei den Apparaten der letzteren Gruppe geltend macht, werden diese Einrichtungen anschließend hier besprochen.

Die Kettenbäume stehen entweder vertikal oder horizontal. In ersterem Fall ist der Hohlzylinder auf der oberen Seite geschlossen und durch die andere Öffnung steht er mit der Pumpenrohrleitung in Verbindung. Er dichtet dann durch sein Eigengewicht ab und ist angeordnet und arbeitet wie eine Obermaier-Färbemaschine (Seite 67).

Nach dem D.R.P. 78622 von Dr. H. Lange in Crefeld und Dr. R. Hömberg in Falkenburg i. Pommern wird der perforierte Zylinder vor dem Aufbäumen des Garnes mit mehreren Lagen Baumwoll-, Leinen- oder Wolltuch umwickelt. Mit einem ebensolchen Überzug wird auch das aufgebäumte Garn umwickelt. Die nicht den Gegenstand des Patentes bildende Einrichtung des Apparates entspricht der oben gegebenen Beschreibung.

Ganz analog eingerichtet ist die Maschine von Georg Keigleih in Firma Bankhouse Irons Work in Burney. Eine ähnliche Maschine ist durch Engl. Patent 19858/1899 dem Sergius Khrenikoff, Orekhovo, Zonevo in Rußland geschützt. Die Flotte wird in wechselndem Wege von innen nach außen und von außen nach innen geführt. Die Umschaltung des Flottenweges geschieht durch einen Drehschieber in den Rohrleitungen[1]).

Horizontal gelagert sind die Kettenbäume in der sehr verbreiteten und beliebten Kettenfärbemaschine der Zittauer Maschinenfabrik und Eisengießerei, früher Kießler & Co. in Zittau, die unter den Aufstecksystemen näher besprochen wird, weil sie mit einem entsprechend eingerichteten Copsspindelzylinder auch zum Färben von Cops hervorragende Verwendung findet.

Auf ähnliche Weise arbeiten die ebenfalls später beschriebenen Apparate von U. Pornitz & Co. in Chemnitz (Seite 123) und Anton Römer in Chemnitz (Seite 128).

Die Flotte wird in diesen Apparaten meist durch Druck- und Sauggase im doppelten Sinne durch das Material bewegt, und nach Beendigung des Färbens wird entweder die Flotte aus dem Färbebehälter abgelassen oder der Kettenbaum aus dem Flottenbassin herausgehoben und dann aus der Kette durch Abpressen mittels Druckgases oder Absaugen mittels Vakuums der Flottenüberschuß entfernt. Zur Bewegung der Flotte können auch Pumpen dienen.

Wird hier durch das Bewegen der Flotte im doppelten Sinne die Egalität der Flottenberührung in der ganzen Kettenmasse angestrebt, so soll die gleichmäßige Bestrahlung der inneren und äußeren Schichten des Materialringes nach der sinnreichen Idee des D.R.P. 114665 von R. Bernheim in Pfersee-Augsburg durch Kreuzung der Strahlen im Material erreicht werden (Fig. 56).

Die Einrichtung besteht in einem das Textilmaterial aufnehmenden Zylinder, dessen Mantel aus einer Anzahl kreisförmig angeordneter Rohre a besteht, die nach außen zu durchlocht sind. Es entsteht dadurch in der Mitte des Apparates ein nicht flottenerfüllter Raum, der also flottensparend wirkt. Beim Durchdrücken der Farblösungen durch die Rohre dieses Zylinders kreuzen sich die Strahlen je zweier nebeneinander liegender Rohre a von innen nach außen zu mehrere Male, wodurch nach außen sich mehr Berührungspunkte mit dem Material ergeben, als bei den bekannten Materialträgern, bei welchen die Flotte in radialen, also nach außen divergierenden Strahlen durch das Material geht.

---

[1]) Lehnes Färberzeitung 1900, 102.

Es sei hier darauf hingewiesen, daß der doppelseitige Flottenweg auch bei dicken Ketten genügt, und daß z. B. der erwähnte Apparat der Zittauer Maschinenfabrik und Eisengießerei sich vollständig auch bei hellen Farben bewährt. Vielleicht könnte das Prinzip des Bernheimschen Patentes eher für andere in einem Ringraum untergebrachte Textilmaterialen als für aufgewickelte Ketten Wert haben.

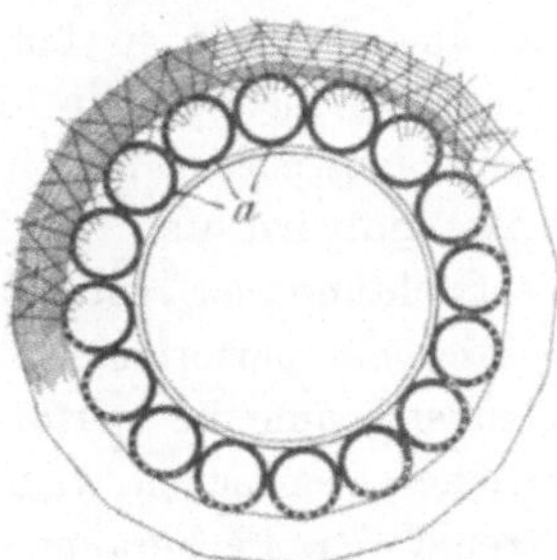

Fig. 56.

Das Färben von Ketten auf Bäumen hat sich sehr stark in der Industrie eingeführt. Nach dem Entwässern werden die Ketten direkt, ohne sie zu trocknen, geschlichtet, wobei die Schlichtmasse nur entsprechend konzentrierter zu halten ist. Man kann auch auf der Schlichtmaschine eventuell aus mehreren verschieden gefärbten Bäumen die Kette laut Scherzettel bilden und die einzelnen Kettenbäume entweder in einem gemeinsamen Trog oder, wenn die Farben bluten sollten, in einzelnen Trögen schlichten.

B. Aufstecksysteme.

Die hierher gehörenden Apparate eignen sich zum Färben gewickelter Materialien mit zentralem Kanal, durch welchen eine perforierte Hohlspindel gesteckt wird, deren Hohlraum der Flottenzu- und -abführung dient. Es steht also jeder Wickel einzeln.

Die Spindeln sind meist auf einer gemeinsamen Trägervorrichtung vereinigt, und zwar entweder lösbar oder unlösbar, und die Trägervorrichtung ist mit dem ganzen Apparat wieder lösbar oder unlösbar verbunden, welch letzterer Fall aber nur bei wenigen Apparaten vorkommt.

Wenn die Spindeln lösbar mit der Trägervorrichtung verbunden sind, so hat dies Vorteile beim Aufstecken und beim Abnehmen der Wickel von den Spindeln. Wenn die Spindelträgervorrichtung lösbar und daher auswechselbar mit der Maschine verbunden ist, dann tritt nur beim Partienwechsel ein geringer Stillstand der Maschine ein, der nur so lange dauern muß, bis nach Beendigung des Färbens einer Partie der eben behandelte Materialträger gegen einen inzwischen mit frischem Material besteckten ausgewechselt ist. So wird die Produktion nicht gedrückt.

Die Spindelträgervorrichtung ist entweder eine perforierte Platte, event. ein Rohr, oder ein perforierter, weiter Hohlzylinder. In den Perforationen stecken dann die perforierten Hohlspindeln, über die später ausführlicher gesprochen wird.

Die Spindelplatte trennt den Färberaum nach Art der Bodensiebplatte der im ersten Abschnitt besprochenen Apparate in zwei Abteilungen. Die untere zwischen Boden und Siebplatte ist die Flottenkammer, von wo aus die Farblösung ins Material befördert wird oder wohin die Flotte durch das Material zurückweicht. Bei zylindrischer Spindelträgervorrichtung bildet der Zylinderhohlraum die Flottenkammer.

Die Oberfläche der Wickel wird direkt von Flotte umspült und wird dadurch intensiver der Flottenwirkung ausgesetzt, was sich z. B. durch Dunklerwerden der Oberfläche zeigt. Doch unterliegt andererseits auch die Oberfläche mehr der Wirkung der Waschbäder, und ein Seifenbad z. B. reißt zunächst von der Oberfläche Farbstoff ab, wodurch diese Unegalität, falls besonders auffallend, gemildert werden kann. Für gewisse Zwecke, so Strumpffabrikation etc., bleibt jedoch dieser Nuancenunterschied des Wickels ein Hindernis für seine Anwendung.

Jede Spindel ist ein eigener Apparat. Daher kann jede Spindel auch für sich versagen. Darin liegt die Gefahr der Aufstecksysteme, worüber auch an späterer Stelle ausführlicher gesprochen wird.

Der doppelseitige Flottenweg ist in den allermeisten Apparaten durchgeführt. Die Garnwickel werden in radialer Richtung von der Flotte durchströmt. Infolge der geringen Dicke der Materialschicht spielt aber die Di- oder Konvergenz der Strahlen keine Rolle. Bei ganz dicken Vorgarnspulen wird aber dennoch von einigen Erfindern darauf Rücksicht genommen und durch entsprechende Einrichtungen etwaigen schädlichen Einflüssen entgegengearbeitet.

Zur Bewegung der Flotte durch das Material wird bei einigen Apparaten, ebenso wie bei den Übergußapparaten des Packsystems, die Schwere allein ausgenützt, meist aber wird die Flotte durch das Material gedrückt oder gesaugt, und zwar entweder durch Pumpen (Zentrifugal-, Rotations- oder Kolbenpumpen) oder durch Druck- und Sauggase, in einem Fall durch die Zentrifugalkraft. Über den Einfluß dieser Betriebsmittel sei kurz gesagt, daß die Pumpen auch hier als bestgeeignet bezeichnet werden müssen. Denn Dampfdruck und Luftdruck können nicht ganz allgemein Verwendung finden, da manche Farblösungen z. B. mit Luft nicht in Berührung kommen dürfen, manche wieder das Einhalten einer bestimmten Temperatur verlangen, während der Dampf nicht nur stößt, sondern auch heizt. So eignet sich z. B. für gewisse blaue Schwefelfarbstoffe weder Dampf- noch Luftdruck. Pumpen sind da allgemein verwendbar, es gelten für sie in dieser Beziehung keine Einschränkungen. Außerdem gestatten sie eine kreisende, Druck- und Sauggase nur eine hin- und hergehende Bewegung, welch letztere in ganz kurzen Zeitintervallen eine Umsteuerung erfordert, während bei Pumpen die Intervalle für die Änderung der Flottenrichtung länger sein können und daher für die Umsteuerung nicht permanent ein Mann beansprucht wird. Einige neuere Maschinen steuern von Druck- auf Sauggaswirkung freilich auch automatisch um.

Bei Verwendung von Pumpen ist andererseits immer noch ein Druck- oder Sauggas erforderlich, um auf den Spindeln entwässern zu können.

Die günstigste Kombination sind wohl Pumpen, die doppelseitigen Flottenweg gestatten, und Vakuum zum Entwässern. Dampfdruck steht für diesen Zweck ja immer auch zur Verfügung. Die einfachste Einrichtung ist daher Pumpe und Dampfdruck. Weitere Kombinationen, die bei diesen Apparaten Verwendung finden, sind:

Vakuum und in der Gegenperiode gewöhnlicher Atmosphärendruck zur Flottenbewegung, das Vakuum auch zum Entwässern, Oxydieren etc.

Vakuum und Kompressionsluft zur Flottenförderung und zum Entwässern.

Vakuum und Dampfdruck, besonders für Schwefelfarben, bei denen man mit heißen Lösungen arbeiten kann, bei denen aber die oxydierende Luft nicht verwendet werden darf; auch zum Entwässern.

Vakuum, Dampfdruck und Kompressionsluft zur Flottenbewegung und zum Entwässern.

Vakuum und Kompressionsluft sind schon deshalb nicht billige Betriebsmittel, weil sie eine ziemlich teure Anlage erfordern.

Die Einteilung der Aufstecksysteme ist schwierig, da sich ganz wesentliche prinzipielle Unterschiede nicht zeigen.

Die Apparate werden daher nach folgender Einteilung besprochen, die sich an die verschiedene Eignung der Maschinen für die verschiedenen Textilmaterialien hält.

1. Apparate für lose Wickel, besonders Spinnbandwickel.
2. Apparate für harte Wickel:
   a) für Cops und Kreuzspulen, mit meist auf einer Platte angeordneten Aufsteckspindeln;
   b) für Cops (Kreuzspulen) und Ketten, mit rings um einen Hohlzylinder angeordneten Aufsteckspindeln oder mit auf dem Hohlzylinder aufgewickelten Ketten.

1. Apparate für lose Wickel.

Als Type der nur für ganz weiche Wickel anwendbaren Apparate dieser Gruppe diene der Apparat von Richard Nürnberger in Leipzig (D.R.P. 58 593). Über einem Farbtrog ist ein zweiter Trog mit nach der Höhe verstellbarem perforierten Boden angeordnet. In seine Perforationen sind perforierte Spindeln gesteckt, auf welche Garn kreuzweise gespult ist. Aus dem unteren Trog wird die Farblösung durch ein Schöpfwerk in den oberen Trog über die Spulen gefördert, sodaß eine Flottenschicht über dem Garn steht, die dann durch ihre Schwere das Material durchdringt und in den unteren Trog wieder zurücksickert. Je tiefer man den perforierten Boden stellt, desto mehr Flotte kann sich über den Spulen erheben und desto höher wird der Druck und damit die Durchdringungsgeschwindigkeit. Eine vorteilhafte Anwendung gestattet der Apparat nicht.

Der Apparat zum Färben von Wollgarn auf Spulen von F. D. Aoust et Frères in Brüssel (D.R.P. 50 699) sei hier nur genannt.

Ein Apparat mit vertikal stehenden perforierten Spindeln, auf welche Vorgarnspulen geschoben werden, durch die die Flotte vermöge ihrer Schwere durchsickert, stammt von Emil Génard in Brüssel (D.R.P. 70 208).

Die bis jetzt angeführten Apparate sind Übergußapparate. Für Vorgarn und Kammzugspulen sind aber auch Apparate in Gebrauch, bei denen die Flotte durch die auf perforierte Spindeln aufgeschobenen Wickel entweder in einer oder in zwei Richtungen wechselnd gedrückt wird.

Ein Apparat dieser Art ist der von Peltzer & Fils in Verviers (Belgien) (D.R.P. 73 503). (Fig. 57.) Die Garnwickel werden auf durchlochte Rohre a geschoben, deren unteres Ende mit einem verstärkten Rand versehen ist, während das andere Ende a_2 sich etwas verengt. Die Länge des Rohres a muß ungefähr der Höhe der Garnwickel entsprechen. Die auf diese Weise vorbereiteten Garnwickel werden nun derart aufeinander geschichtet, daß das Ende a_2 von a in das Ende a_1 einer darunter stehenden Garnwickelspule eingepreßt wird. Das Ende a_2 des untersten Spulenrohres ragt in Löcher b des Bodens A, der den Färberaum A von der Flottenkammer D abtrennt. Sinkt der Wickel durch das Färben zusammen, dann wird das Rohrende a_2 des tiefstehenden Rohres immer mehr in die Abteilung D hineingepreßt, wie auch die über dem zu unterst angeordneten Wickel sich mit dem Rohrende a_2 in das Spulenrohr jenes einsenken. Auf dem obersten Wickel lastet ein Deckel. Die Flotte fließt durch die auf diese Weise stets festgefügte Wickelsäule in radialen, konvergierenden Strahlen in das Spindelinnere und von da nach D, von wo sie durch eine Pumpe wieder nach oben gehoben wird.

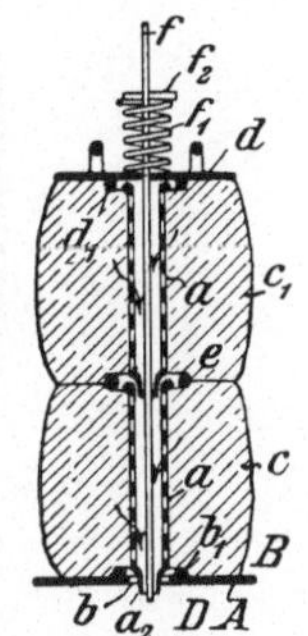

Fig. 57.

Es ist also hier zur besseren Raumausnützung der Höhe des Färbebottichs die Einrichtung getroffen, daß man durch das Ineinanderschieben der Hülsen eine größere Zahl Spulen über einer Bodensiebperforation anordnen kann.

Dieses Prinzip ist auch bei verschiedenen anderen Apparaten

zu finden,. z. B. beim Apparat von Illingworth, Mazey und Taylor (S. 51); ferner bezieht sich ein engl. Patent 14092/1887 von Ferdinand Roßkothen in Dresden, beschrieben in Lehnes Färberzeitung, 1891/92, 381, auch auf das Anordnen mehrerer Spulen auf einem Röhrchen.

Der Apparat von Erckens & Brix in Rheydt zum Färben und Bleichen von Grobflyerspulen ist auf S. 100 beschrieben.

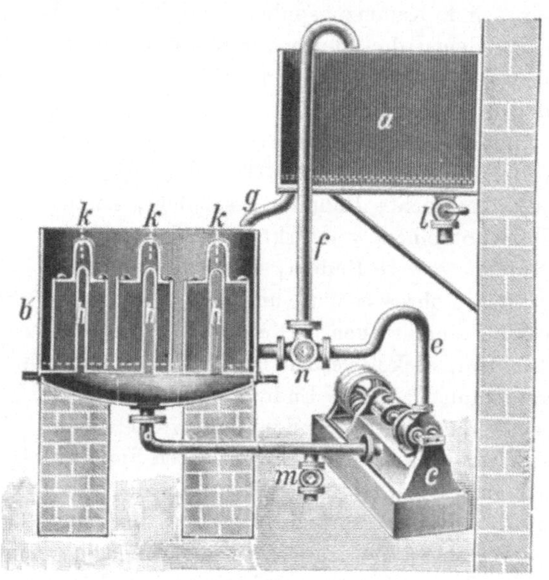

Fig. 58.

Die Maschinenfabrik H. Schirp, Barmen-U. liefert einen dem eben besprochenen ähnlichen Apparat (Fig. 58). Derselbe besteht in den Hauptteilen aus dem Flottenbehälter a, dem Warenbehälter b und der Pumpe c. Der Flottenbehälter sowie der Warenbehälter sind mit je einer Heizschlange versehen. Während der Warenbehälter gefüllt wird, kann die Flotte im Behälter a angesetzt und schon angewärmt werden. Das Füllen des Warenbehälters geschieht in folgender Weise:

Über die Rohre h wird zunächst je ein Messingring gelegt, der mit einer Schnur versehen ist, dann steckt man auf jedes

Rohr h eine Bobine und legt die an dem Ring befestigte Schnur darauf. Auf die Bobine wird wiederum ein Ring gelegt und man steckt eine zweite Bobine auf jedes Rohr h. Die Schnur, mittelst welcher nach dem Färben die Bobinen aus den Einsätzen herausgeholt werden, legt man wieder auf die Bobinen.

Ist der Apparat gefüllt, so werden die nicht gelochten Hüte k auf das noch freistehende Stück des Rohres h gesetzt. Diese Hüte sind schwer, um die Bobinen während des Färbeprozesses herunter zu drücken und in bestimmter Lage zu halten, und es muß die Flotte auf diese Weise seitwärts durch das Material dringen.

Um kleinere Partien auf dem Apparate färben zu können, verwendet man längere Hüte k, sodaß auf die Rohre h auch nur eine Bobine aufgesteckt werden kann. Statt der Rohre h können noch eine Anzahl Stopfen in die Bodenplatte eingeschraubt werden. Auf diese Weise ist es möglich, auf einem Apparat für Maximalfüllung von 120 kg nur 50 kg und auf einem Apparat von 40 kg Maximalfüllung nur 10 kg zu färben.

Nachdem der Warenbehälter gefüllt ist, öffnet man das im Rohre g befindliche Ventil, und das vorher fertiggestellte Bad fließt in den Behälter b. Der Dreiweghahn n ist so gestellt, daß die Flotte wieder in den Behälter b gelangt. Man rückt die Pumpe derart ein, daß die Flotte durch das Rohr d angesaugt wird. Auf diese Weise dringt die Flotte von außen nach innen durch die Ware. Hat man so einige Zeit gearbeitet, dann wird die Pumpe umgeschaltet, und nunmehr dringt die Flotte von innen nach außen durch die Bobinen.

Um zu mustern, wird die Flotte still gesetzt, der Dreiweghahn n wird so gestellt, daß die Pumpe die Flotte durch Rohr d ansaugt und durch Rohr e und f in den Flottenbehälter a führt. Ist die Flotte in den Behälter a gepumpt, so nimmt man einen der Hüte k ab und kann dann mustern. Ist noch Farbstoff zuzusetzen, so geschieht dies in dem Behälter a. Nach dem Färben wird die Ware im Apparat gespült, und es dient das Ventil m dazu, das Spülwasser ablaufen zu lassen. Am Flottenbehälter befindet sich ebenfalls ein Ablaßhahn l. Der Pumpenantrieb geschieht durch zwei Riemen. Der Apparat wird für eine Maximalfüllung von 40, 70, 100 und 120 kg Kammzug auf Bobinen geliefert.

Der Kammzugröhrenapparat der Firma Obermaier & Co. in Lambrecht besteht (Fig. 59) aus einem Färbebottich mit Röhren zur Aufnahme des Kammzuges sowie einer Zentrifugalpumpe und den nötigen Verbindungsröhren. Der Färbebottich, der aus Holz oder Metall sein kann, hat einen Doppelboden. Dieser ist mit einer Anzahl Armaturstücke versehen, auf die die Röhren mit dem zu färbenden Kammzug aufgeschraubt werden können. Die Rohre bestehen aus perforiertem Kupferblech und haben unten eine Schraube sowie ein Gewindestück zum Aufschrauben. Die Kammzugbobinen werden über die Röhren gezogen, mit einem Deckel etwas aufgepreßt und dann in den Bottich eingeschraubt. Die Flotte dringt in den Doppelboden und in das Innere der Röhren, von wo aus sie durch den Kammzug in den Bottich zurückfließt. Der Apparat wird für 5—20 Bobinen Ladung gebaut.

Um beim Färben den Kammzug zu schonen und um ein Nachkämmen zu ersparen, wird nach dem Verfahren von Emil Maertens in Providence (D.R.P. 77 626) der Kammzug zusammengedreht, dann erst auf durchlochte Spindeln gewickelt, gefärbt und nachher abgespult und wieder zurückgedreht.

Das Zusammendrehen von Spinnbändern, um diesen dadurch einen besseren Halt zu erteilen, wenn sie mit Flüssigkeiten in Berührung kommen, ist auch Gegenstand anderer Erfindungen. So wird nach dem D.R.P. 124 135 von F. Gros und Bourcart in Remiremont Vorgespinst in Schnurform zusammengedreht, um in diesem Zustand merzerisiert und nach vollendeter Merzerisation wieder aufgedreht zu werden. Giuseppe Patrone in Turin dreht nach D.R.P. 125 749[1]) Krempelband zusammen und wickelt es gleichzeitig in Strähnform auf. Ebenso dreht Robert Garret Campbell in Mossly, Irland (D.R.P. 87 820) aus gleichem Grunde loses Vorgarn aus Hanf oder Leinen zusammen und hebt den Drall nach dem Färben durch Behandeln der Schnur auf einer entgegengesetzt sich drehenden Zwirnmaschine wieder auf. Das Zusammendrehen verursacht jedoch Kosten und auch Abfall und ist für Kammzugfärberei ohne Schaden entbehrlich.

Eine Maschine zum Färben von Vorgespinst stammt von Richard Brandts in M.-Gladbach (Engl. Patent 662 590/1900). In geringer Höhe über dem Boden eines Bottichs ist eine Spindelträgerplatte auswechselbar angeordnet. Den Spindeln wird durch eine Zentrifugalpumpe aus dem Flottenraum zwischen dieser Sieb-

[1]) Österreichs Wollen- und Leinen-Industrie 1902, 248.

Fig. 59.

platte und dem Boden in bekannter Weise Flotte zugeführt. Das auf die gelochten Spindeln aufgewickelte Vorgarn wird dabei von innen nach außen durchströmt. Die Spulen sind in Gehäuse eingeschlossen, welche sehr kleine Perforationen haben, deren Öffnungen in Summe einen kleineren Querschnitt haben, als die Summe der Perforationen der Spindel. Daher wird die Flotte im Garnkörper gestaut und der Flüssigkeitsdruck zu Gunsten einer intensiveren Durchtränkung des Materials erhöht. Außerdem sollen die Gehäuse das Material vor Verwickeln und Zerreißen schützen.

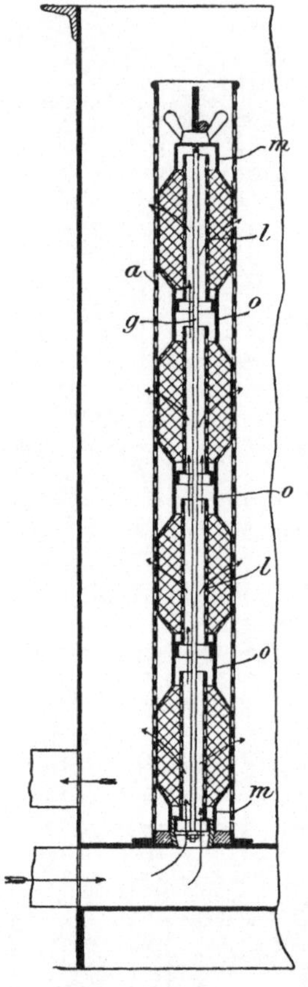

Fig. 60.

Diese Einrichtung erinnert an die auf Seite 49 erwähnten Bestrebungen, der aus der Divergenz der Flottenstrahlen sich ergebenden Unegalität entgegenzuarbeiten, und es ist diese Vorsicht hier bei helleren Farben zumindest am Platz, da Vorgarn aus Baumwolle nicht mehr dubliert wird und sich daher Unegalitäten nicht mehr ausgleichen.

Das D.R.P. 117353 der Firma Obermaier & Co. in Lambrecht (Rheinpfalz) betrifft einen Spulenträger für Vorrichtungen zum Behandeln von beiderseitig kegelförmig gestalteten Vorgespinstspulen mit kreisenden Flüssigkeiten und Dämpfen, welcher gekennzeichnet wird durch ein durchlochtes Rohr a (Fig. 60), in welches auf einer Stange g die einzelnen, auf durchlochten Spulenhülsen l sitzenden Vorgespinstspulen unter Zwischenschaltung von Einsatzformen m und o eingebracht werden. Der zylindrische Teil der Spulenwickelung wird infolgedessen von dem Rohre a und die kegelförmigen Teile werden von den Einsatzformen m und o abgedeckt, Flüssigkeit und Dampf also gezwungen, nur durch die Spule zu entweichen. Die Einsatzformen m und o bestehen aus einem zylindrischen, nicht durchlochten Teil und einem oder zwei sich an diesen anschließenden, trichterförmigen, durchlochten Erweiterungen, welche der unteren und oberen kegelförmigen Form der Vorgespinstspulen entsprechen. Die zur Behandlung des Vorgespinstes in Anwendung gebrachte Flüssigkeit nimmt ihren Weg in der Richtung der Pfeile und wird durch die Spulenträger gezwungen, die Spulen vollständig und gleichmäßig zu durchdringen[1]).

Ein, wie es scheint, ebenfalls für Vorgarnspulen bestimmter Apparat, der wohl in der Praxis keinen Eingang gefunden hat, stammt von J. Major und Th. J. Wood in Eccles in England und ist durch die D.R.P. 127 313 (Hauptpatent), 128745, 136 786 und 139 039 geschützt (Fig. 61).

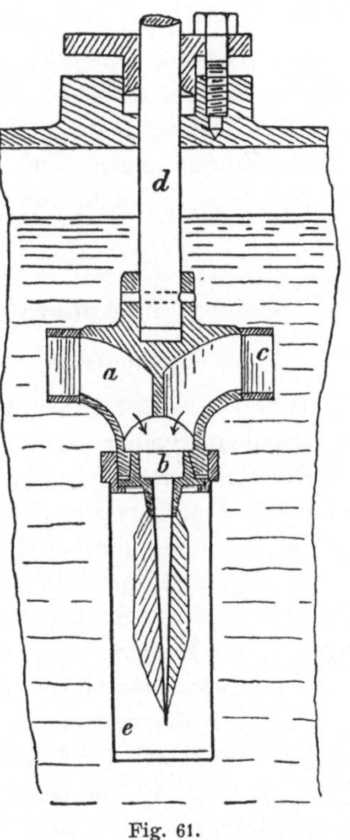

Fig. 61.

Durch den Deckel des Flottenbottichs ragen einzelne Spindeln d, mittels Stopfbüchsen abgedichtet, in das Innere. An ihrem oberen Ende, das außerhalb des Flottenbassins liegt, werden die Spindeln angetrieben. a bezeichnet ein Schaufelrad, dessen Leitschaufelapparat c so angeordnet ist, daß beim Drehen Flotte eingesaugt und nach unten gedrückt wird. Die Spindel setzt sich unterhalb d in den eigentlichen Copsträger fort. Zur Vermeidung der Reibung zwischen Garnkörper und äußerer Flüssigkeit wird jener von der zylindrischen Düse e umschlossen, aus der Kanäle in den Flottenbottich führen. Die Flotte wird also bei der Drehung der Spindeln mittelst der Schaufelräder in das Kötzerinnere gezogen und durch die Garnlagen in das Flottenbassin zurückgeschleudert, sodaß auf diese Weise die Flotte kreist.

Es kann sich hier wohl nur um das Behandeln ganz offener Wickel handeln, wie es eben Vorgarnspulen sind. Denn dadurch,

[1]) Lehnes Färber-Zeitung 1901, 217.

daß die Drehung sich in der Flotte vollzieht, wird das Rotieren der Spindeln große Hemmung finden, und deshalb entwickelt sich kaum eine so starke Schleuderkraft, um bei halbwegs härteren Wickeln die Zirkulation zu ermöglichen. Ferner ist der Nutzeffekt der Schaufelräder zum Saugen nur ein geringer und es dürften überhaupt die komplizierte Einrichtung und die vielen leicht verletzbaren Organe der Maschine ihre Verwendung im Betriebe ausschließen.

Die Zusatzpatente ersetzen die Schaufelradzuführung durch andere Einrichtungen und sehen Änderungen in der Anordnung der einzelnen Spindeln vor.

2. Apparate für harte Wickel.

a) Apparate für Cops und Kreuzspulen.

Hier sei zunächst der Apparat zum Bleichen und Färben von Kreuzspulen, System A. Holle & Co. in Düsseldorf, ausgeführt von der Maschinenfabrik Erckens & Brix in Rheydt, besprochen, der durch Fig. 62 veranschaulicht ist. Die auf perforierte Papier- oder Metallhülsen aufgespulten Kreuzspulen werden mittels Nippel zusammengesetzt und dann in den Apparat gebracht. Es werden beim Färben zwei Spulen, beim Bleichen vier Spulen übereinander angeordnet. Eine Saug- und Druckpumpe führt die Flotte, deren Verhältnis zum Material 1 : 8 beträgt, abwechselnd in zwei Richtungen durch die Spulen.

Nach Angaben der Fabrik werden die Apparate für 200 Kreuzspulen bis zu 12 cm Durchmesser oder für 288 Spulen bis zu 10 cm Durchmesser gebaut, was einer Partiengröße von 70 bis 80 kg entspricht. Der Kraftbedarf wird mit 2 PS. angegeben. Die Bleichpartie ist, wie erwähnt, doppelt so groß. Die Apparate zum Färben und Bleichen von Grobflyerspulen (S. 94) beruhen auf demselben Prinzip wie die Kreuzspulfärbeapparate. Die Maschine läßt sich durch Reserveteile in kürzester Zeit für das Färben von Flyerspulen umändern. Man kann 72 Grobflyerspulen zu 650 g auf einmal färben und in dem Bleichapparat 360 dieser Spulen auf einmal bleichen.

Als Type der Apparate mit auf einer Platte angeordneten Aufsteckspindeln diene der Apparat von Paul Haase, den C. G. Haubold jr. in Chemnitz i. S. ausführt (D.R.P. 82885, Seite 51).

Der Apparat (Fig. 63) besteht aus drei Hauptteilen: einer Luftpumpe L, einem Windkessel W und einem Färbekessel F. Die Luftpumpe L wird durch eine direkt wirkende Dampfmaschine betrieben und besteht aus einem Pumpenzylinder und einem Dampfzylinder mit gemeinschaftlichem Hube. Alle Teile sind auf einem gußeisernen Rahmen montiert. Sowohl vom Saug- als auch vom

Fig. 62.

Druckstutzen gehen Kupferrohrleitungen, welche in einen metallenen Dreiweghahn münden und die sich beide hinter demselben zu einer gemeinschaftlichen Leitung vereinigen, die oben in den Windkessel W führt. Letzterer besteht aus einem gußeisernen Unterteil und einem gleichen Oberteil. Beide sind durch einen kupfernen Mantel dicht miteinander verbunden. Sowohl der obere wie auch der untere Teil sind innen stark mit Kupfer bekleidet, sodaß die Farbflotte mit Eisen nicht in Berührung kommt. Der Kessel ruht auf gußeisernen Füßen. Wie erwähnt, mündet oben das von der Pumpe kommende Kupferrohr ein, während unten ein Kupferrohr n zum Färbekessel F weitergeht. In diese Kupferrohrleitung ist ein großer metallener Dreiweghahn D eingeschaltet, ferner ein in der Figur nicht weiter gezeichneter kleiner, zum Ablassen der Flotte dienender Stutzen mit Metallventil. Die freie Öffnung des Dreiweghahnes D kann mit verschiedenen Kufen in Verbindung gebracht werden, in denen die Farbflotten angesetzt sind. Vermittelst der Luftpumpe kann man die Farbflotte zu Beginn aus dem Ansatzbehälter ansaugen und nach Schluß in denselben zurückdrücken. Der Färbekessel F besteht aus einem gußeisernen, auf drei Füßen ruhenden Unterteil, welcher innen ganz mit starkem Kupferblech ausgeschlagen ist. Auf diesem Unterteil ist ein Kupfermantel und

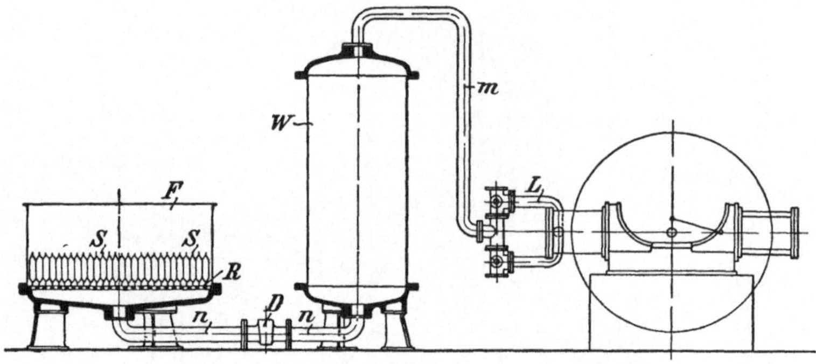

Fig. 63.

in letzterem eine starke Rotgußplatte R befestigt. In dieser Platte sind Gewinde eingeschnitten, in welche die gelochten, konischen Messingspindeln S eingeschraubt sind.

Die Arbeitsweise ist die folgende:

Nachdem alle Spindeln mit Cops z. B. besteckt sind, werden die zwei Dreiweghähne zwischen Windkessel und Pumpe auf Vakuum gestellt. Die Farbflotte wird in den Färbekessel geleitet oder, wenn, wie schon erwähnt, der zwischen Wind- und Färbekessel befindliche Dreiweghahn mit den Farbkufen verbunden ist, direkt durch die Pumpe in den Windkessel angesaugt. Nach Umstellung des zuletzt erwähnten Dreiweghahnes, also wenn die Farbflotte vom Windkessel nach dem Färbekessel fließen kann, hat der bedienende Arbeiter während der Färbezeit (ca. 20 bis 25 Minuten) in kurzen Intervallen die zwischen Pumpe und Windkessel sitzenden Dreiweghähne von Vakuum auf Kompression und umgekehrt einzustellen. Es wird dadurch die Flotte abwechselnd von außen nach innen und von innen nach außen durch die Cops getrieben. Schließlich wird das Material durch Aussaugen vom Flottenüberschuß befreit.

Genannt seien hier die ähnlichen Apparate von Samuel Mason jr. in Manchester und William Thomas Whitehead in Radcliffe[1]) (D.R.P. 48051).

Ferner gehört in diese Gruppe der Apparat von W. Beaumont, Stockport, Engl. Patent 27960/1890. Die Flotte wird mittelst einer Pumpe durch das Material getrieben. Charakteristisch für den Apparat ist, daß er verschlossen wird und daher unter Druck arbeiten kann. Die Platte soll 100—1000 Bohrungen erhalten und die Dauer des Arbeitsprozesses 6 Minuten betragen, worauf die Platte ausgewechselt werden kann. Die Maschine arbeitet also nach dem Imprägnationsprinzip (s. d).

Ein Apparat, der wegen seines kleinen Fassungsvermögens ebenfalls nach dem Imprägnationsprinzip arbeitet, ist der durch die D.R.P. 60100 und 66947 beschriebene Färbeapparat von George Hahlo in Firma Goldschmidt, Hahlo & Co. in Manchester. Erfinder desselben ist Max Young, Ingenieur der Firma Crippin in Manchester[2]).

Die Cops werden in eine runde Kammer h (Fig. 64) eingebracht, die auf dem Rande des Färbebottichs ruht und oben durch einen Deckel verschlossen ist. Die Copsträgerplatte ist leicht auswechselbar. In die Innenwand der Kammer h mündet ein Kanal, durch welchen nach Belieben Dampf oder Luft eingeleitet werden kann. Zwei Saugkammern, f und b, stehen durch geeignete Ventile und Leitungen derart in Verbindung mit der Kammer h, daß durch die Cops hindurch entweder Luft in die eine kleinere Saugkammer f oder Flüssigkeit aus dem Färbebottich a in die andere große Saugkammer b eingesaugt wird, wobei die in letztere gelangte Flüssigkeit selbsttätig in den Behälter a zurückfließt, sobald die Saugwirkung in dieser Kammer b aufhört. Die Saugkammern können abwechselnd mit einer Saugvorrichtung (Pumpe etc.) verbunden werden, und dies geschieht zweckmäßig durch einen Schieber, der an der Außenseite der Kammer b angebracht ist.

---

[1]) Lehnes Färberzeitung 1891/92, 344.

[2]) Lehnes Färberzeitung 1891/92, 363.

Sehr verbreitet und bewährt ist der Apparat von B. Thies in Coesfeld (D.R.P. 118848), der durch Fig. 65 und durch Fig. 66 dargestellt ist.

Die Maschine stellt eine Färbevorrichtung dar mit unter dem Einfluß von Vakuum und Atmosphärendruck in wechselnder Richtung durch das Material geführter Flotte, bei welcher an einer

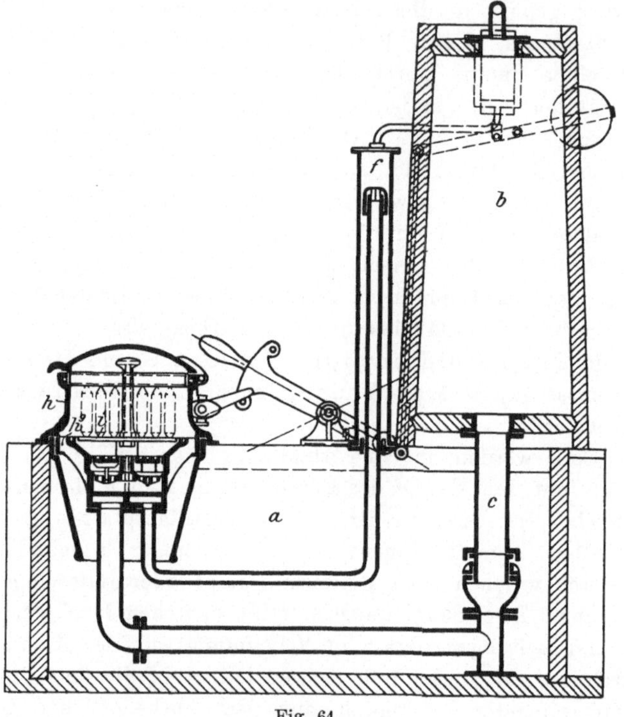

Fig. 64.

Vakuumleitung c eine beliebige Anzahl doppelwandiger Färbegefäße a, a^1, a^2 angeschlossen sind, und zwar unter Einschaltung von Flottenfängern b, b^1, b^2. Die Steig-, bezw. Verbindungsrohre zwischen dem Vakuumrohr und den Flottenfängern einerseits, sowie diesen und den Färbegefäßen anderseits sind dabei in ihrer lotrechten Länge so bemessen, daß auch bei höchstem Vakuum aus den Färbegefäßen keine Flotte in die Vakuumleitung strömen kann, also in dieser keine Vermischung der aus den Färbegefäßen abströmenden Flotten eintritt. Es kann demzufolge jedes der ausschaltbaren Färbegefäße mit einer besonderen Flotte arbeiten. Wird das Vakuum ausgeschaltet und die atmosphärische Luft durch den Zweiweghahn in die Vakuumleitung eingelassen, so strömt die Flotte infolge der eigenen Schwere aus den Behältern b durch das Material von innen nach außen in die Gefäße a zurück.

Soll nun dieses Zurückströmen der Flotte nicht durch die Schwerkraft allein, sondern auch unter Mitwirkung eines Vakuums veranlaßt werden, so ist jede Seite eines Färbegefäßes unter Ein-

Fig. 65.

schaltung eines Flottensammelgefäßes mit einer Vakuumleitung verbunden, und beide Leitungen münden durch einen Vierweghahn in einen gemeinsamen Vakuumkessel, während der Vierweghahn der Atmosphäre durch die jeweils nicht arbeitende Vakuumleitung den Zutritt zu der Seite des Färbegefäßes gestattet, welche der Saugstelle gegenüber liegt.

Die Einsätze für Cops tragen perforierte Spindeln, während die auf perforierte Metallhülsen aufgebrachten Kreuzspulen mittels federnder Konusse abgedichtet werden. Für loses Material etc. ist ein Packzylinder vorgesehen, dessen Zentralmittelrohr und Außenmantel perforiert sind. Der Abschlußdeckel belastet mittelst Federdrucks das Material, die Druckfeder lagert im Zentralmittelrohr und tritt in Tätigkeit, sobald der Zylinder in die Zirkulation eingeschaltet ist. Die Materialeinsätze sind mittelst Laufkatze transportabel. Zwecks Entleerung und Neubeschickung, ohne Unterbrechung des Gesamtbetriebes, kann jedes einzelne Färbegefäß durch einen entsprechenden Hahn in und außer Betrieb gesetzt werden.

Wie der Erfinder mitteilt, fassen die Materialträger je nach ihrer Größenordnung bis 150 kg Cops, 180 kg Kreuzspulen, 100 kg lose Baumwolle, 90 kg an Zettelbäumen. Der Apparat wird in zwei Größen gebaut, eine für eine durchschnittliche Tagesproduk-

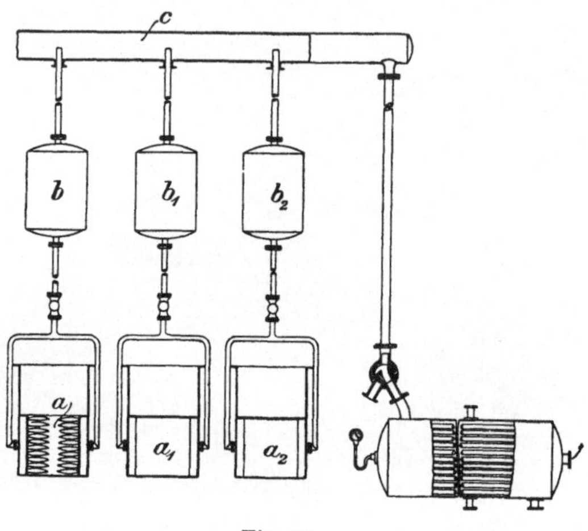

Fig. 66.

tion von 400 kg Cops, 500 kg Kreuzspulen, 500 kg gepacktes Material, die zweite für 750 kg Ketten auf Bäumen, 600 kg Cops, 750 kg Kreuzspulen, 1000 kg gepacktes Material. Die Färbedauer erstreckt sich bei Cops auf 20 Minuten, bei Kreuzspulen auf 30 bis 40, bei gepacktem Material auf 60, bei Zettelbäumen auf 50 Minuten.

An die Anordnung des D.R.P. 142695 von Siegfried Fels (S. 19) erinnert das D.R.P. 80233 von Linkenbach und Holzhauser in Barmen, da hier auch zwei zur Aufnahme von Copstafeln mit Doppelböden versehene Gefäße miteinander derart gekuppelt sind, daß die Flotte die Cops in dem einen von außen nach innen durchströmt, dann unter den Doppelboden des zweiten Behälters gedrängt wird und die Cops in diesem zweiten Behälter hierauf von innen nach außen durchläuft. Die Bewegung der Flotte geschieht durch Luft- oder Dampfdruck und Vakuum.

Auch der Apparat von Th. Haliwell in Eccles (D.R.P. 103612, Engl. Patent 2840/1896) besteht aus zwei Behältern, in deren Innern die Cops angeordnet sind und die selbsttätig abwechselnd mit einer Luftpumpe in Verbindung gesetzt werden. Die Farbflotte fließt dabei in wechselnder Richtung fortgesetzt von einem zum anderen Behälter, und zwar immer in denjenigen, der eben mit der Luftpumpe in Verbindung steht. Es wird dies so lange fortgesetzt, bis die Flüssigkeit in dem evakuierten Gefäß eine bestimmte Höhe erreicht, worauf automatisch die Luftpumpe zum anderen Bottich umgeschaltet wird.

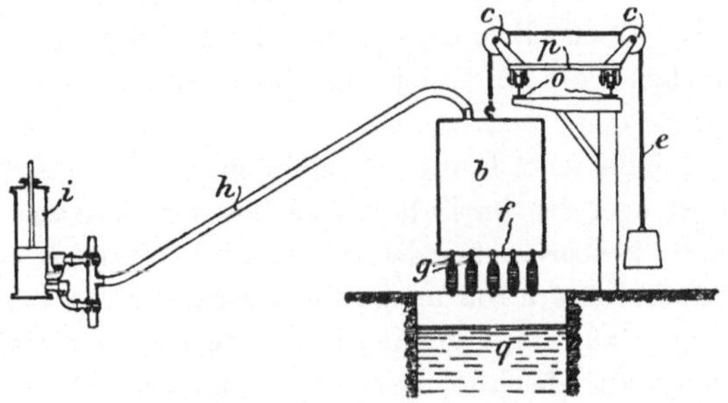

Fig. 67.

Alwin Maschek in Eibau i. S. erhielt das D.R.P. 122398 auf einen Apparat, der sich für die Indigofärberei gut eignet. Die Cops g (Fig. 67) werden auf Röhrchen aufgesteckt, die auf dem Boden f eines mit einer Luftpumpe i verbundenen Tauchbehälters b angeordnet sind, der, ohne daß man die Verbindung mit der Luftpumpe lösen muß, aus der Behandlungsflüssigkeit q transportabel ist. Man kann daher rasch hintereinander einige Züge auf verschieden starken Küpen geben, wie es die Färberei von Indigo erfordert, und zwischen jedem Zug, also nach dem Ausheben aus der einen und vor Eintauchen in die nächste Küpe mittels der Luftpumpe absaugen und vergrünen lassen. Nach der dargestellten Anlage sind die Flüssigkeitsbehälter q in einer Reihe angeordnet und der Tauchbehälter b hängt mittels eines Seilzuges c e auf Rollen eines Wagens p, der auf einem Schienengeleise o entlang den Behältern q verschoben werden kann.

Die bis jetzt genannten Apparate arbeiten alle mit einer ziemlich langen Flotte. Es haben sich daher Bestrebungen geltend gemacht, den Raum besser auszunützen, dadurch die Partiengröße zu erhöhen und das Flottenverhältnis günstiger zu gestalten.

So wird nach dem Engl. Patent 8331/1899 von John Brandwood eine Menge bis zu 1000 Pfund auf einmal zu behandeln möglich dadurch, daß in einem Behälter mehr als eine Copsplatte angeordnet wird. Der viereckige Behälter hat lotrechte Rippen, die zur Anordnung von Copsplatten dienen. Je zwei Copsplatten kehren einander die Cops zu. Dadurch entstehen einzelne Kammern, die durch je einen Rohrstutzen mit Flotte versorgt werden.

Im weiteren Ausbau dieser Einrichtung ist laut Engl. Patent 9722/1900 desselben Erfinders jedes Tragplattenpaar mit einer Pumpe versehen, die für sich in Gang gesetzt und abgestellt werden kann.

Eine ähnliche Anordnung verschiedener, hier aus Rohren gebildeter Copsträger ist im D.R.P. 108108 von Alexander Marr in Manchester beschrieben. Die Cops sind einreihig auf Rohren angeordnet und mehrere rohrartige Copsträger sind zu einer Batterie derart vereint, daß diese in mehrere Abteilungen zerfällt, welche je ein besonderes, abschließbares Zuleitungsorgan für die Flotte besitzen, daher der Flottenwirkung nach Wunsch ausgesetzt oder entzogen werden können.

Henri L'Huillier in Paris ordnet nach dem D.R.P. 116780 mehrere Copsträgerplatten in einem Bottich übereinander an, und zwar liegt die unterste Platte auf einem Ring der Gehäusewandung mit einer abdichtenden Packung auf, während die zweite und alle folgenden Copsplatten von Rohrsäulen getragen werden, die gleichzeitig auch die Flottenzuführung in die höheren Etagen besorgen, sodaß diese aus dem gleichen Flottenkammerraum und daher mit gleich konzentrierter Flotte gespeist werden.

In den letzten Jahren hat sich ein von Carl Wolf in Schweinsburg konstruierter Apparat stark eingeführt. Derselbe ist durch D.R.P. 121908, 125405, 128068 (S. 163), 141393, D.R.G.M. 149255, Franz. Patent 309121, etc. Auslandspatente geschützt.

Das Hauptpatent bezieht sich wesentlich darauf, daß durch das Anheben unrunder Scheiben die Copsträgerplatte sich derart an Dichtungsleisten, die noch außerdem mit Dichtungsmaterial besetzt sind, anlegt, daß die Flotte ihren Weg nur durch die Cops nehmen muß, nicht aber etwa den falschen Weg zwischen Leisten und Platten gehen kann.

Ziemliche Analogie damit zeigt das D.R.P. 133918 von Georg Apel in Grünau: Ein Siebboden, der den Färbebottich in zwei Räume teilt, wird auf Dichtungsleisten, die horizontal an der Innenwand des Färbebottichs verlaufen, von oben mittels Exzentern, Daumenscheiben etc. aufgepreßt, die bei ihrer Drehung seitwärts treten und die Siebplatte frei geben. Dadurch wird eine sichere Abdichtung des Siebbodens erreicht, sodaß auch bei dieser Anordnung die Materialträgerplatte sich nicht abheben kann.

Die sonstige Einrichtung des Apparates ist aus Fig. 68 leicht zu entnehmen[1]). Man kann die Copsplatte wagrecht in den Bottich einschieben, nachdem man eine von dessen Seitenwänden abgenommen hat. Die Pumpe empfängt ihre Bewegung mit Hilfe einer mit drei Riemenscheiben ausgestatteten Welle, sowie eines offenen und gekreuzten Riemens, deren Verschiebung selbsttätig so erfolgt, daß die Pumpe in bestimmten Zeitabschnitten ihre Bewegungsrichtung ändert und damit die Flotte abwechselnd von innen nach außen, bezw. von außen nach innen durch das Material treibt. Die zur Verstellung der Riemengabel vorgesehene Umsteuerung besteht, wie die linke Seite der Fig. 68 erkennen läßt, aus einer von der Transmission aus in Drehung versetzten Vorgelegewelle, von welcher aus einerseits eine unrunde Scheibe und andererseits ein Triebrad in beständige Drehung versetzt wird. Gegen die unrunde Scheibe liegen die Laufrollen eines lotrecht verschiebbar gelagerten Schiebers an, der seinerseits wieder wagrecht verschiebbar einen Rahmen trägt, dessen beide Längsseiten innen verzahnt sind und zu beiden Seiten des oben genannten Triebrades liegen. Die bezeichnete unrunde Scheibe ist nun derart gestaltet, daß sie bei einer Umdrehung den von ihr getragenen Schieber und damit auch den von diesem gehaltenen Zahnstangenrahmen einmal hebt und senkt. Dieses hat wieder zur Folge, daß die beiden Zahnstangen wechselweise mit dem zwischen ihnen liegenden Trieb, welcher sich stets nach einer Richtung dreht, in Eingriff treten, der Rahmen also abwechselnd nach rechts und links verschoben wird. Mit dem Rahmen ist die Riemengabel für

[1]) Lehnes Färberzeitung 1902, 70.

den offenen und gekreuzten Riemen der Pumpe in Verbindung gesetzt, und es werden auf diese Weise auch die Riemen in der

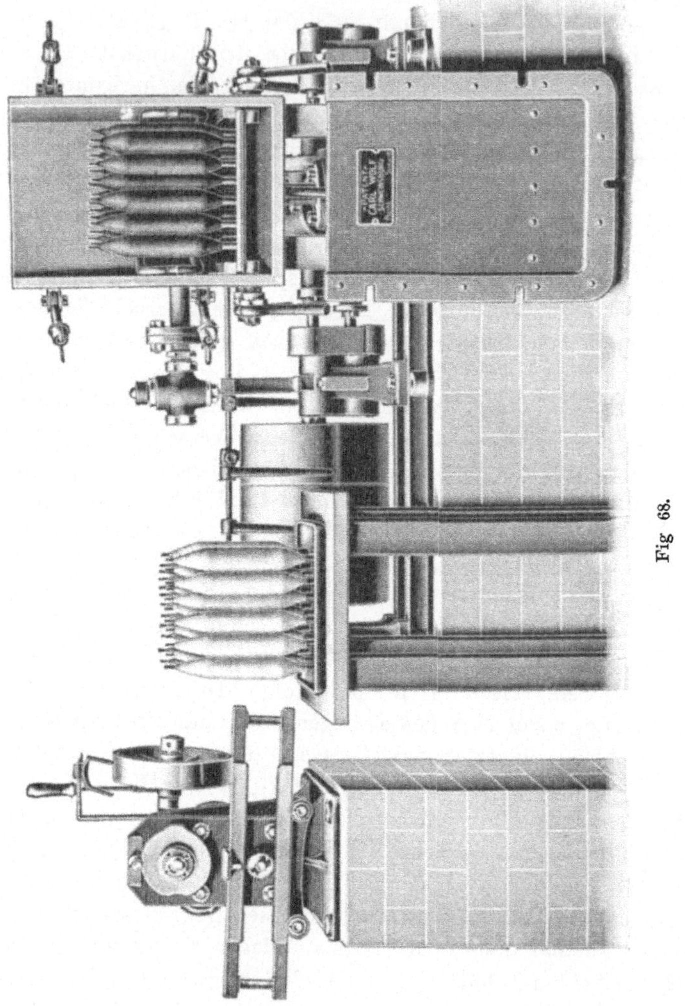

Fig 68.

erforderlichen Weise verstellt. Damit nun nach einer jeweiligen Verstellung, also auch Änderung der Bewegungsrichtung der Pumpe und damit auch derjenigen der Flotte, die letztere ihre Bewegungsrichtung für eine gewisse Zeit beibehält, ist die unrunde Scheibe mit konzentrisch zur Drehachse gelegenen Umfangsteilen ausgestattet. Gelangen die Laufrollen des Schiebers auf diese Teile, so wird der Schieber mit dem Zahnstangenrahmen in die Mittelstellung überführt, der letztere beeinflußt also die Riemengabel nicht und nicht eher wieder, als bis Erhöhungen oder Vertiefungen auf der Unrundscheibe eine Änderung herbeiführen. Durch Wahl einer geeigneten Unrundscheibe ist man somit jederzeit in der Lage, die Umschaltperioden und damit auch die Dauer des Flottenlaufs in der einen oder anderen Richtung im voraus zu bestimmen.

Um bei wenig Raum- und Kraftbedarf eine möglichst große Menge von Garn in Kötzerform behandeln zu können, hat die Vorrichtung die in Fig. 69 wiedergegebenen Ausführungsformen erhalten[1]; es ist der geschlossene Behandlungsbehälter derart ausgebildet, daß mehrere Materialträger übereinander in denselben eingeschoben werden können, von denen jeder für sich abgedichtet wird. Um nun dabei möglichst an Flotte zu sparen, d. h. nicht mehr Flotte für den Flottenkreislauf zu benötigen, als der jeweiligen Materialmenge entspricht, ist an die Behälterwandung über jedem der Materialträger ein besonderes, abstellbares, von der Hauptleitung abgezweigtes Flottenleitungsrohr angeschlossen. Ist z. B. der Behälter für drei Materialträger eingerichtet und arbeitet man nur mit dem unteren, so werden die beiden oberen Einflußrohre abgesperrt, und der Flottenspiegel stellt sich nur auf $^2/_3$ der Behälterhöhe ein. Bei Benutzung von drei Materialträgern wird nur das oberste Anschlußrohr geöffnet.

Damit die der Einflußöffnung der Flotte zunächst liegenden Materialteile nicht zu hell werden, weil nach Ansicht des Erfinders die Flotte diese durch ihre Gewalt auflockert und daher den Durchgang sich erleichtert, muß das Einflußrohr sich nach der Wandung des Färbebottichs zu trichterartig erweitern, sodaß es an seiner Mündung fast schon die Breite des Färbebehälters besitzt.

Die nach D.R.P. 125405 ausgebildete Vorrichtung gestattet auch die Behandlung von losem Material und gepackten Kötzern. Zu diesem Zweck ist, wie die Fig. 70 und 71 erkennen lassen,

---

[1]) Lehnes Färberzeitung 1904, 201.

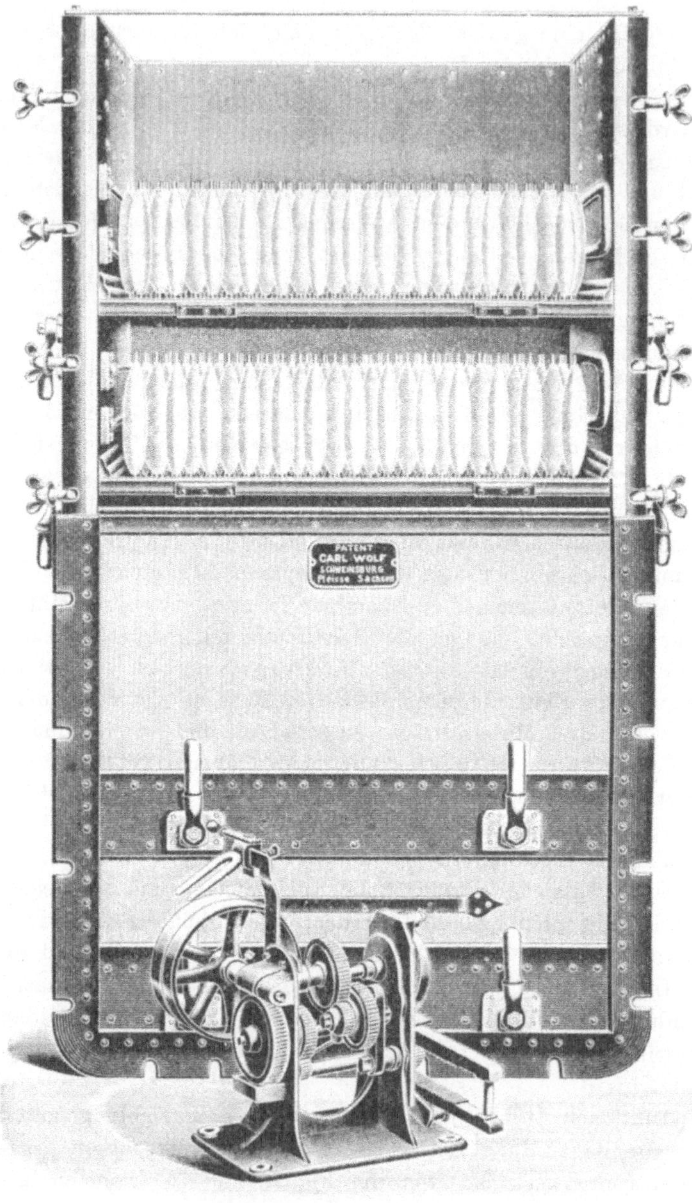

Fig. 69.

die wagrecht in den Bottich a einzuschiebende Kötzertragplatte durch einen Materialkasten f g mit gelochtem Boden und geschlossener Wandung ersetzt. Das Abdichten des mit losem Fasermaterial, Kötzern oder Kreuzspulen gepackten Kastens gegenüber der Wandung des Arbeitsbehälters erfolgt in bekannter Weise durch Randleisten, die durch Anheben des Kastens mittels der Daumenscheiben i zur Wirkung kommen. Die Festlegung des Arbeitsgutes im Kasten wird mittels eines Preßdeckels bewirkt, der von einer Spindel getragen wird, die von oben in den Arbeitsbehälter in der aus der Zeichnung ersichtlichen Weise übergreift.

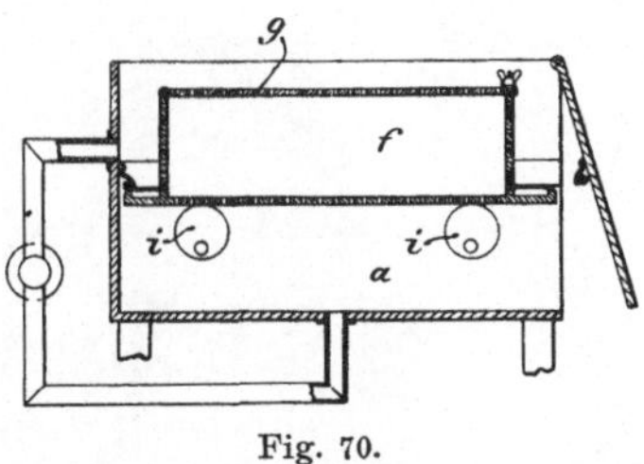

Fig. 70.

Der Flottensammelbehälter steht höher wie der Arbeitsbehälter, um beim Ansaugen der Flüssigkeit aus dem ersteren die Pumpe zu entlasten.

Für das Beschicken des Arbeitsbehälters ist demselben eine Geleiseanlage vorgeordnet, auf der besondere Wagen parallel zum Bottich verschoben werden können, während diese Wagen selbst wieder zu den erstgenannten Geleisen rechtwinklig liegende Geleise tragen, auf denen die Kötzertragplatten, resp. die Materialkästen für Kötzer oder Fasergut mit Rollen ruhen, auf welchen sie in den Arbeitsbehälter eingefahren werden können[1]).

Der Apparat Wolf ist mit guter Beobachtung der Fehler der bisher bekannten Aufstecksysteme, die wohl dem Erfinder sehr genau bekannt waren, zusammengestellt. Vakuum ist zum Entwässern, Oxydieren etc. angeschlossen. Das Flottenverhältnis 1 : 10 ist, da Flottenbehälter und Farbebehälter identisch sind, günstiger als bei den mit Gasdruck die Flotte bewegenden Apparaten, bei denen immer ein Windkessel vorhanden sein muß. Dies ist also ein weiteres günstiges Ergebnis der Benützung einer Pumpe.

---

[1]) Lehnes Färberzeitung 1904, 201.

Immerhin ist gegenüber den Packsystemen die Flotte noch ziemlich lang und auch die Produktion nicht bedeutend; die Partiengröße beträgt ja nur 60 Pfund Cops. Unter den nur für Cops eingerichteten Aufstecksystemen mit plattenförmigem Materialträger ist er aber einer der modernsten.

Ein Apparat, der gleichfalls die Cops auf plattenförmigen Materialträgern anordnet und dem der beschriebene Wolfsche

Fig. 71.

Apparat im Prinzip sehr ähnelt, ist durch D.R.P. 65 218 August und Josef Grämiger in Edenfeld b. Bury (Lancaster) geschützt. Dieses Patent ist im Besitz der Firma Rheinische Copsfärberei G. m. b. H. in Barmen. Wie aus der Fig. 72 hervorgeht, werden die Platten außerhalb der Maschine mit Cops besteckt und hierauf zwei derselben mittelst Flaschenzuges über den Färbebottich gehoben und in diesen eingesenkt, wobei die Ränder der Materialträger in im Kessel angeordnete Nuten eingeschoben und so vollständig in ihrer Lage gesichert werden. Mittelst Flantschen werden dann die Garnträger derartig gegen

Fig 72

die Seitenwandungen des Färbebottichs abgedichtet, daß dadurch zwischen der unbesteckten Materialträgerwand und der Kesselwandung Flottenkammern entstehen, die mit den Pumpenrohren in Verbindung sind. Über den oberen Dichtungsflantschen werden zwei die Fortsetzung der Flottenkammer darstellende weitere Kammern gebildet, an welchen die Garnträger, wenn man sie aus dem Bottich aushebt, vorbeischleifen müssen. Da nun diese Kammern mit einer Luftpumpe in Verbindung stehen, wird bei diesem Passieren das Garn von überschüssiger Flüssigkeit befreit. Durch ähnliche, außerdem vorhandene Kammern, an denen die Materialträger beim Einsenken vorbei passieren, kann bei leicht oxydierbaren Flotten das Garn entlüftet werden, bevor es in die Flotte einsenkt. Es sei beigefügt, daß man die Farbflotte auch in zwei Richtungen führen kann.

Ein für das Färben von Indigo sehr bewährter Apparat ist der von Grämiger, der ebenfalls von der Rheinischen Copsfärberei G. m. b. H. im eigenen Betrieb benützt und auch vertrieben wird. Der Apparat ist höchst sinnreich erdacht, freilich auch ziemlich kompliziert, und dabei hängt mehr als bei anderen Apparaten das gute Resultat von dem tadellosen Funktionieren der Maschine ab.

Die Maschine arbeitet, wie einzig für Indigo richtig, nach dem Imprägnationsprinzip: sie entlüftet die Cops, bevor sie in die Flotte eintreten, tränkt dieselben automatisch mit der Küpe, saugt deren Überschuß aus den Cops, bevor noch Luft zutreten kann, und oxydiert durch Einsaugen von Luft erst die derart vom Überschuß der Flotte befreiten Materialien. Große Erfahrung erfordert die Erhaltung stets gleicher Konzentration sowie des richtigen Standes der Küpe, damit die einzelnen kleinen Partien keine Nuancenunterschiede aufweisen. Ebenso wie für Indigo eignet sich die Maschine auch für alle anderen nur durch Imprägnation erzielbaren Färbungen, so auch für Beizenfärbungen etc., durch ihr ganz taktmäßiges Arbeiten vorzüglich.

Die Cops stecken (Fig. 73 und 74) auf auswechselbaren Hohlspindeln, welche durch Nippel in Löchern auf dem Umfang einer konischen oder zylindrischen Trommel befestigt sind. Diese dreht sich luftdicht anschließend auf einem inneren, ebenfalls konisch oder zylindrisch geformten Behälter, welcher in Kammern abgeteilt ist und zugleich mit einer Flotten- und Luftpumpe in Verbindung steht. Eine vollständige Umdrehung vollzieht sich in vier Takten. Die Flotte wird von der Pumpe durch die während der Drehung in die Flotte eingesenkten Cops gezogen, eine Luftpumpe saugt dann Luft durch die außerhalb der Flotte angekommenen, durch eine Spezialeinrichtung bereits vorgesaugten Wickel und vollzieht dadurch die Oxydation. Ein Glockenzeichen ertönt, um die bedienende Arbeiterin zur Bewegung eines Hebels zu veranlassen, der den Apparat um eine Vierteldrehung nach vorwärts bringt. Hierauf werden die Cops mit den Spindeln ausgenommen, frische Cops eingesteckt und der Apparat rotiert weiter. Das Wesentlichste und auch das Empfindlichste an der Maschine ist, daß die zwei Trommeln luft- und wasserdicht aneinander schließend bleiben.

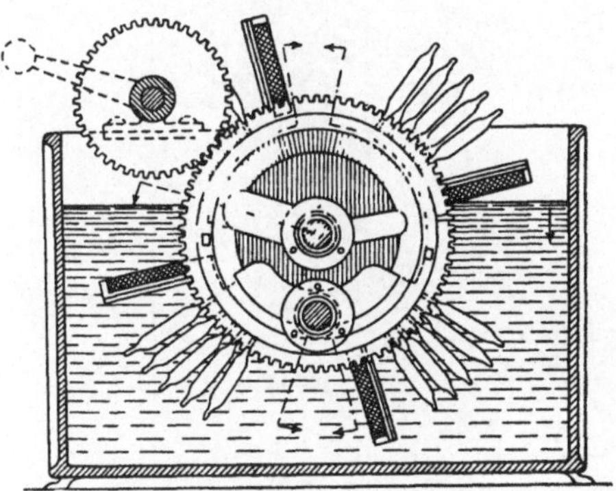

Fig. 73.

Der Materialträger ist also bei dem Apparat nicht auswechselbar, sondern nur die Spindeln, und es muß daher am Apparat permanent der Austausch der gefärbten gegen die ungefärbten Cops mit Spindeln vorgenommen werden, wie dies die Fig. 74 auch veranschaulicht. Die Produktion wird, wenn die Cops nur einmal durch die Maschine laufen — bei ganz dunklen Farben wird nämlich das Material während einiger Rotationen auf der Maschine belassen — mit 500 kg für den Tag angegeben.

Das Englische Patent dieses Apparates stammt aus dem Jahre 1887 und hat die No. 114971. In Deutschland erhielt die Maschine das D.R.P. 56 463 und dieses lautet auf die Namen August Grämiger, William Thomas Whitehead, Sam. Mason jr. und Evan Arthur Leigh in Manchester, resp. Radcliffe.

Fig. 74.

b) Apparate für Cops und Ketten.

Die hier als Materialträger verwendeten Hohlzylinder besitzen, je nachdem sie Warpcops, Pincops oder Ketten, ev. Kreuzspulen aufnehmen sollen, verschiedene Einrichtung, sind aber in ihrer Größe stets so gewählt, daß sie in eine Maschine passen, die daher dem Färben von Pincops, Warpcops und Ketten zugleich dienen kann. Diese Apparate sind für große Produktionen eingerichtet; die einzelne Partie ist groß, und deshalb sind die Apparate auch nicht auf das Färben nach dem Imprägnationsprinzip angewiesen, wie viele Aufsteckapparate der ersten Gruppe.

Die Hohlzylinder werden entweder horizontal zwischen die Flottenrohre eingespannt, sodaß aus beiden Endöffnungen Flotte zugeführt werden kann. Oder es sind die Bäume an einem Ende geschlossen, stehen senkrecht und werden mit dem anderen offenen Ende in ein in den Flottenbottich mündendes Rohr geschoben, von wo aus die Flotte zugeleitet wird. Apparate der letzteren Art sind für Ketten bereits auf S. 87 beschrieben.

Kurz sei hingewiesen auf den Apparat von Rudolf Linkmeyer in Herford (D.R.P. 78 119). Die Copsspindeln sind auf einem vertikal stehenden perforierten Zylinder horizontal, nach dem D.R.P. 97 343 von Gustav Linkmeyer in Herford zum Schutz gegen das Herausfallen schräg nach oben stehend, angeordnet. Der Hohlzylinder ist zugleich Pumpenzylinder für einen auf- und abgehenden Kolben, der durch seine Bewegung die Flotte in zwei einander entgegengesetzten Richtungen durch das Material treibt.

Horizontal ist der Zylinder angeordnet in dem Cops- und Kettenfärbeapparat der Zittauer Maschinenfabrik und Eisengießerei, früher Albert Kießler in Zittau in Sachsen, erfunden und verbessert von Hermann und Bernhard Schubert, Chefs der Firma Hermann Schubert in Zittau in Sachsen, eine Maschine, die auch für einige andere vorbildlich war. Der Apparat hat sich außerordentlich stark in der Praxis eingeführt, stammt aus dem Jahre 1893 und war auch der erste, der das Färben von Cops auf Aufstecksystemen in größeren Partien und besonders auch das Färben von Ketten in aufgebäumtem Zustand in für die Praxis geeigneter Weise ausführte.

Der Apparat ist durch Fig. 75 dargestellt. Er ist durch D.R.P. 74 934, die unten beschriebene Spindelreinigung durch D.R.P. 127 239 geschützt.

Fig. 75.

Der Apparat besteht aus einer doppeltwirkenden Kompressions- und Vakuumluftpumpe, gewöhnlich mit direkt angebauter Dampfmaschine, aus einem Vakuumkessel und einem Kompressionskessel, beide in Verbindung mit der Luftpumpe, aus dem eigentlichen Färbsystem mit oberem Flottenkessel mit Rohrleitung und Abstellung nach dem Vakuum- und Kompressionskessel sowie mit der Dampfleitung und der weiter unten erwähnten Vorrichtung zum Wiederverstärken der Flotte, ferner aus einem direkt mit dem Flottenkessel verbundenen Gelenkrohrsystem mit leicht und schnell lösbarem Anschluß an die Cops- bezw. Kettenzylinder, aus dem offenen Flottentroge mit Heizrohr und Wasserzufluß, in welchen die Cops- und Kettenzylinder mit Hilfe des Gelenkrohrsystems versenkt werden, und schließlich aus den Cops- oder Kettenzylindern, auf welche die Pincops, resp. Warpcops auf perforierten Spindeln aufgesteckt, bezw. die Ketten aufgebäumt werden.

Die Arbeitsweise ist folgende: Der besteckte Copszylinder, resp. die bewickelte Scherwalze wird mittelst einer Trage oder eines kleinen Wagens auf den Flottentrog zwischen die Rohrarme des Gelenkrohrsystems gebracht und darin durch Anziehen einer einzigen Flügelmutter luftdicht eingespannt. Hierauf wird der Zylinder in den Flottentrog gesenkt und durch Öffnen des Ventils nach dem Vakuumkessel die Farb- oder Beizflotte durch das Material von außen nach innen nach dem oberen Flottenkessel gesogen und dann sofort durch Abstellen des Vakuumventils und Öffnen des Dampfventils oder des Kompressionsventils, je nachdem heiß oder kalt operiert wird, wieder von innen nach außen durch die Cops, resp. Ketten nach dem Flottentrog zurückgedrückt. Dieses zweimalige Passieren der Farbflotte durch die Cops in wechselnder Richtung geschieht innerhalb einer Minute. Um die Flotte derart zu verstärken, daß ungleichmäßige Färbungen nicht entstehen können, wird die Flotte zunächst von außen nach innen durch das Material gesaugt, wobei sie sich, je weiter sie durchs Material dringt, immer mehr schwächt. Vor dem Zurückpressen wird nun die Flotte verstärkt, derart, daß nun bei ihrem zweiten Durchgang durch das Material die inneren Fadenschichten mit konzentrierter Farblösung in Berührung kommen. Ausgeführt wird diese Verstärkung derart, daß neben dem oberen Flottenkessel ein Gefäß mit konzentrierter Flotte steht. Vermittelst eines perforierten Rohres wird diese direkt in einen Flottenkessel gedrückt und durch eine Zweigleitung des perforierten Rohres gleichzeitig etwas Dampf oder komprimierte Luft zugeführt, damit die zugesetzte Verstärkungslösung sich innig mit der im Flottenkessel befindlichen Farbflotte mischt. Nach vollendetem Färben hebt man den Zylinder mittelst der vorgesehenen Winde aus dem Trog und entfernt die überschüssige Farbflotte aus den Ketten oder Cops, indem man Dampf oder komprimierte Luft durchpreßt oder mittelst Vakuums von außen nach innen absaugt. Da die Tröge auf Rädern montiert sind, die auf Schienen laufen, und da zweckmäßig mehrere derselben hintereinander angeordnet werden, so können die Bäder, falls deren mehrere zu einer Färbung erforderlich sind, ungemein rasch und bequem dadurch gewechselt werden, daß man die Materialträger, ohne sie zu lösen, so weit anhebt, daß die Tröge vorwärts gerollt werden können. Dann senkt man den Zylinder in den vorgerollten Trog wieder ein und kann sofort weiter arbeiten.

Die Fabrik gibt an, daß ein Zylinder für Pincops 2000, einer für Warpcops 1000 Spindeln besitzt. Das Garngewicht auf einem besteckten Zylinder beträgt ca. 40 kg. Das Garngewicht einer aufgebäumten Kette beträgt bis 60 kg, doch dauert das Färben etwas länger. Als notwendige Betriebskraft werden $2^1/_2$—3 PS. angegeben.

Es wird noch später darauf hingewiesen werden, daß bei der Verwendung perforierter Spindeln sich oft mangelhafte Durchfärbungen dadurch zeigen, daß sich die Spindelperforationen durch losgerissene Fasern verstopfen. Durch das D.R.P. 127 239 wird nun ein Verfahren geschützt, um diese Fasern und sonstigen Fremdkörperchen selbsttätig aus dem Spindelinneren dadurch zu entfernen, daß ein Teil der durch die Cops von außen nach innen hindurchgeführten, also diese Fasern enthaltenden Flotte nicht wieder durch die Cops in umgekehrter Richtung zurückfließt, sondern, durch geeignete Absperrvorrichtungen veranlaßt, durch eine Nebenverbindung in das den Materialträger umgebende Färbbad zurückgelangt und dadurch die Fremdkörper in die äußere Umgebung der Cops bringt, von wo aus die Fasern bei der nächsten Flottenbewegung unschädlich und nicht sichtbar auf der Außenfläche der Cops, schwerere Teilchen aber am Boden der Färbekufe abgelagert werden. Jener Teil der Flotte nun, der beim Zurückfließen nicht abgelenkt, sondern zur Aufrechterhaltung des Färbens durch die Cops zurückgeführt wird, könnte zwar wieder Verunreinigungen in das Spindelinnere bringen. Da die Strömung aber infolge der Stauvorrichtung nur gering ist, können sich diese festen Teile und Fasern im Inneren der Spindeln nicht festsetzen, sondern werden von der nächsten, mit voller Gewalt von außen nach dem Inneren der Cops gerichteten Flottenbewegung leicht herausgeschwenkt, um dann beim Wiederzurückfließen der Flotte nach dem Spindelinneren zu aufs neue dem Ablenkungsstrom zu verfallen. Diese Einrichtung hat sich in der Praxis sehr bewährt.

Die Fig. 76 zeigt die Vorrichtung, in welcher die Ware auf den Zylinder, wenn erforderlich, gedämpft werden kann. Dies

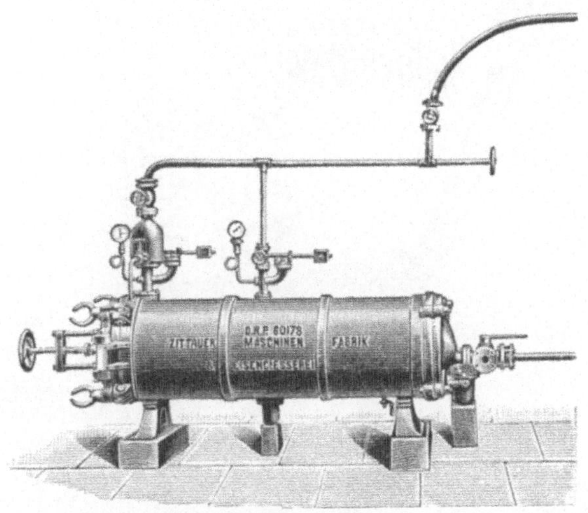

Fig. 76.

kann durch Dampf allein oder z. B. für die Entwickelung von Immedialblau CR (Cassella) und ähnliche Farbstoffe durch ein Luft-Dampfgemisch geschehen.

Nach einem ähnlichen Prinzip, doch in origineller Weise ist der von Otto Venter erfundene, von der Maschinenfabrik U. Pornitz & Co. in Chemnitz i. S. gebaute Färbeapparat eingerichtet (D.R.P. 100355 u. a.). Die Fabrik liefert denselben in zwei Modellen, von denen sich das eine für Behandeln von Cops, Kreuzspulen und gescherten Zettelbäumen, das andere für das Färben von Cops, Kreuzspulen, Vorgespinst, Ketten im Bündel, Stranggarn und losem Material eignet. Dieselben sind durch zwei Ansichten (Fig. 77 u. 78) und einen senkrechten Querschnitt (Fig. 79) dar-

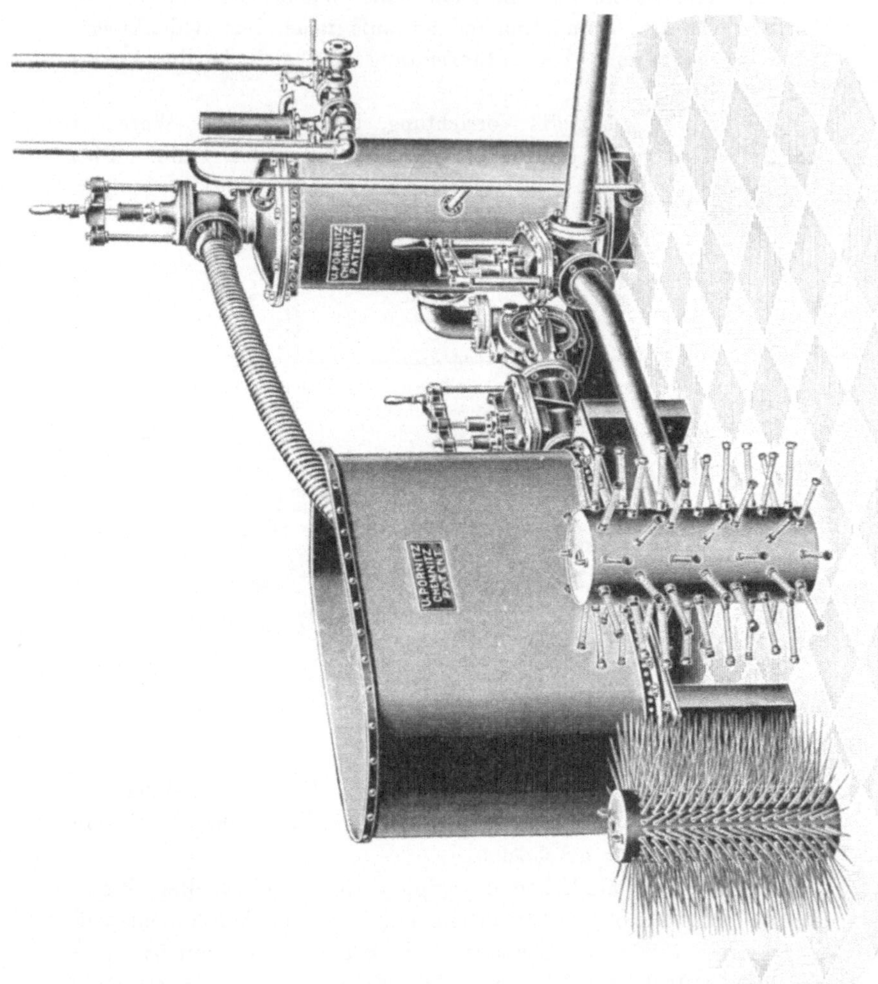
U.PORNITZ
CHEMNITZ
PATENT
U.PORNITZ
CHEMNITZ
PATENT

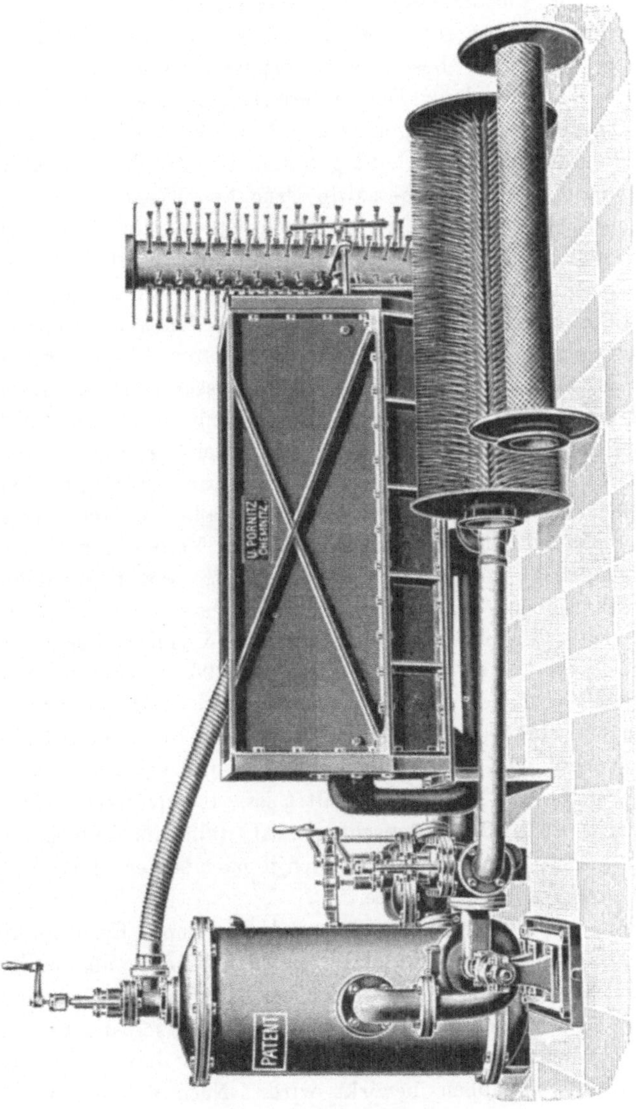

Fig. 78.

gestellt. Man ersieht aus letzterer Figur, daß der Apparat aus einem liegenden Flottenkessel und einem darüber befindlichen offenen Flottengefäß besteht. Beide sind miteinander verbunden und können durch ein besonderes Absperrorgan jederzeit voneinander getrennt werden. Der untere Kessel sowie das obere Flottengefäß haben noch eine gemeinschaftliche Rohrleitung, welche an die Vakuum- und Druckleitung (man benützt hier ebenfalls eine Luftpumpe und Vakuum- sowie Druckkessel) sowie an die Dampfleitung angeschlossen wird. Doch ist das Rohrsystem so kombiniert, daß man entweder mit dem unteren Kessel oder unter Abschluß des unteren Kessels nur mit dem oberen offenen Flottengefäß arbeiten kann. Dies wird durch Einstellen eines Dreiweghahnes und unter Mithilfe des schon erwähnten Absperrorganes erreicht. Es läßt sich daher der untere Kessel außer Tätigkeit setzen. Durch eine Verbindungsleitung kann man die Flotte direkt vom oberen Flottengefäß in den unteren Kessel saugen, ohne die Flotte durch das zu färbende Material zu ziehen. Am Oberteil befindet sich ferner ein großer Ablaßhahn, am unteren Kessel noch ein mit einem Gummischlauch in Verbindung stehender Durchgangshahn, durch den man die Flotte sowohl einziehen als auch abdrücken kann. Am unteren Kessel ist noch ein Sicherheitsventil, im oberen Flottengefäß eine Heizschlange und im unteren Kessel eine durch D.R.P. 134 296 geschützte Vorrichtung zum Verstärken der Flotte angebracht. Der Unterkessel ist nämlich mit einem Behälter mit Zusatzflotte durch eine Rohrleitung in Verbindung, in welche ein Hahn und ein Rückschlagventil mit regelbarem Hub eingeschaltet ist. Ist ersterer geöffnet, so öffnet sich auch das Rückschlagventil, falls im Unterkessel Luftleere herrscht, und so reguliert sich je nach seiner Einstellung der Zufluß von Verstärkungsflotte.

Bei dem Apparat laut Fig. 78 sind die Cops, Kreuzspulen oder Ketten auf einem horizontal liegenden Zylinder aufgebracht, der mittelst Kranes über den Flottenkessel befördert wird und, dort niedergelassen, sich in besonderen Lagerungen selbst zentriert, worauf die Abdichtung des eingelegten Zylinders durch Anziehen einer Schraube von außen bewirkt wird. Nach der in Fig. 77 dargestellten Type werden die Färbezylinder stehend in die Maschine gesetzt, und es können zwei Zylinder nebeneinander Raum finden. Dieselben werden ebenfalls mittels Kranes in den

Oberkessel gehoben und darin durch einfache Verschraubung auf eisernem Konus abgedichtet.

Statt Zylinder für Cops oder Kreuzspulen können auch geeignete Farbkörbe zur Aufnahme von Ketten im Bündel, Stranggarn und losem Material in die Maschine eingesenkt werden. Die Partiengröße wird je nach dem Material, z. B. bei Cops mit 60 bis 120 Pfd., bei Garn, Warps und losem Material mit 200 Pfd. angegeben. Bei den neuesten Apparaten wird zur Flottenförderung außer Dampf- und Luftdruck sowie Vakuum nach dem D.R.P. 137 754 und 153 574 auch eine Rotationspumpe angebracht.

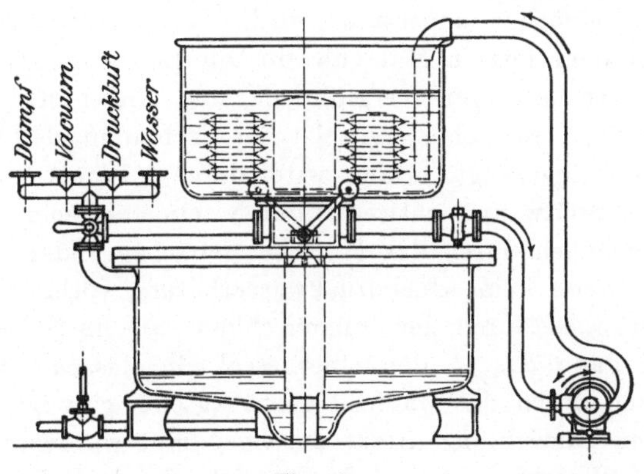

Fig. 79.

Gearbeitet wird auf folgende Weise: Die Materialzylinder werden in den Oberkessel eingesetzt und hierauf wird, nachdem man den Unterkessel unter Vakuum gestellt und den Oberkessel mit Flotte gefüllt hat, das Absperrorgan zwischen unterem und oberem Kessel geöffnet, worauf die Flotte von außen nach innen durch die Cops so weit in den Unterkessel eingesaugt wird, daß die höchstliegenden Copsteile eben noch flottenbedeckt bleiben. In diesem Augenblick schließt man das Vakuumventil und öffnet das Dampf- oder Druckluftventil, wodurch das Vakuum im Unterkessel vernichtet und die Flotte in den Oberkessel zurückgehoben wird, wobei sie das Material von innen nach außen durchdringt. Dann stellt man wieder auf Vakuum und setzt dieses wechselnde Spiel bis zur Beendigung des Färbeprozesses fort. Diese Umschaltung wird von Hand aus oder nach der Einrichtung des

D.R.P. 132 102 automatisch durch eine Einrichtung vollzogen, welche aus zwei den Ventilsteuerungen einer Dampfmaschine ähnlichen Regulierorganen besteht.

Die Flotte kann, wie erwähnt, auch mittelst einer Rotationspumpe durch das Material bewegt werden. Dabei wird das Absperrorgan zwischen Ober- und Unterkessel geschlossen, sodaß die Zirkulation nur im Oberkessel oder, nach dem Zusatzpatent, auch durch den Unterkessel ohne Richtungsänderung der Pumpe stattfindet. Die Maschinenfabrik U. Pornitz & Co. empfiehlt eine kombinierte Arbeitsweise von Druckgas, Vakuum und Rotationspumpe, die sich ablösen sollen, wodurch ein besonders gleichmäßiges Durchfärben angestrebt wird. Nach beendigtem Färben, resp. nach dem letzten Mal, da die Flotte hochgedrückt wurde, wird das Absperrorgan verschlossen und die Flotte, ohne sie durch die Cops zu ziehen, mittelst der Verbindungsleitung in den Unterkessel eingesaugt. Dann wird durch Vakuum entnäßt und hierauf das Spülwasser entweder durch seinen eigenen Druck von innen nach außen durch das Material getrieben, oder es muß die Farbflotte, wenn keine Hochdruckwasserleitung vorhanden ist, aus dem Unterkessel durch den Gummischlauch in ein Nebengefäß geführt und dann das in den Oberkessel eingelassene Wasser wie beim Färben durch das Material gedrückt oder gesaugt, resp. nach der neueren Einrichtung direkt durchgepumpt werden. Nach Ablassen des Waschwassers wird neuerlich durch Vakuum entnäßt und zum Schlusse am besten noch jeder einzelne Cops von seiner Spindel durch Druckluft abgedrückt, um das Abziehen von den Spindeln zu erleichtern.

Die Apparate werden ausgeführt entweder ganz in Eisen für substantive und Schwefelfarben, ganz in Kupfer und Rotguß speziell für helle Nuancen in substantiven Farben und für basische Farben, ferner ganz in Blei, resp. verbleit für Bleichzwecke. Es gelangen fast ausschließlich Nickelin-, für besondere Zwecke aber auch Reinnickelspindeln zur Anwendung. Daß man im Apparat auch dämpfen, oxydieren und trocknen kann, bedarf keiner besonderen Erwähnung.

Ein Apparat jüngeren Datums, über dessen Einführung in die Praxis daher ein abschließendes Urteil nicht gefällt werden kann, stammt von Anton Römer, Chemnitz i. S. Er ähnelt in der Anlage sehr dem Apparat der Zittauer Maschinenfabrik und

Eisengießerei und unterscheidet sich nur durch die eigenartige Flottenführung und die Anwendung einer Streuspirale. Die Arbeitsweise wird von dem Erfinder auf folgende Weise geschildert: Die Farbflotte (Fig. 80) ist in der Kufe angesetzt. Der mit Pincops, Warpcops oder Kreuzspulen besteckte Materialträger oder der Zylinder, auf welchem die Scherkette aufgebäumt ist,

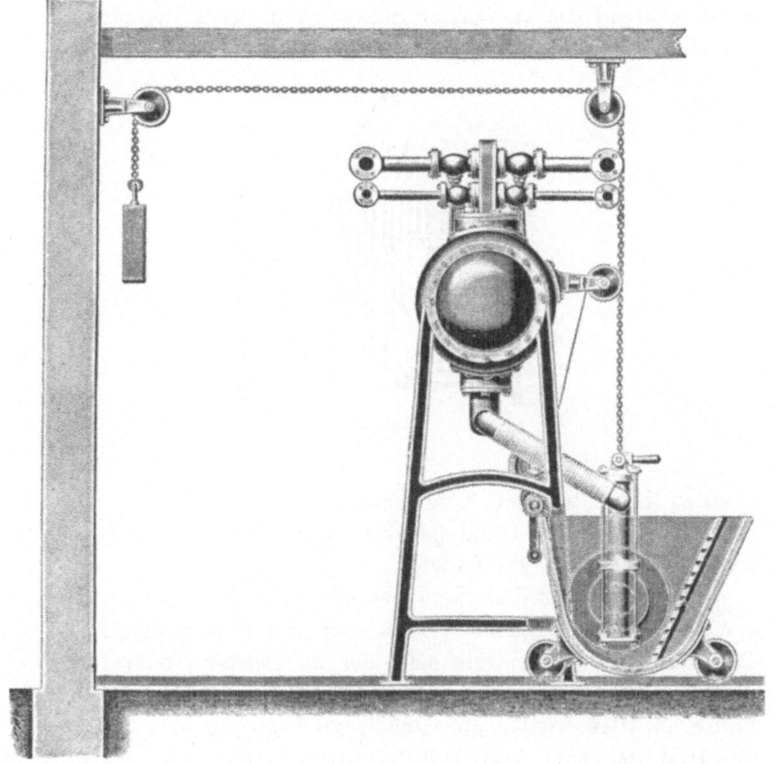

Fig. 80.

wird zwischen die Materialträgerarme eingespannt. Beim Beginn der Färbens öffnet der Bedienungsmann das am Boden sitzende Vakuumventil, die Flotte wird angesaugt und nimmt ihren Weg durch das Material, die Materialträgerarme, Gummischläuche und die Streuspirale nach dem Flottengefäß. Sobald ein beliebiges Quantum Farbflotte das Material durchströmte, öffnet der Arbeiter die an tiefster Stelle der Materialträgerarme, also nahe dem Boden der Farbkufe, angeordneten Verschlüsse, und die Flotte strömt nicht mehr durch das Material, sondern direkt durch die Materialträgerarme, Gummischläuche und die Streuspirale in die Kufe. Die Streuspirale setzt den ganzen Flottenstrom in drehende Bewegung und mischt die Flotte gründlich durch, sie verrichtet also dieselbe Arbeit, welche durch Umrühren der Farbflotte erzielt wird, während die an tiefster Stelle der Materialträgerarme angeordneten Verschlüsse die vollständige Ausnützung des Färbebades

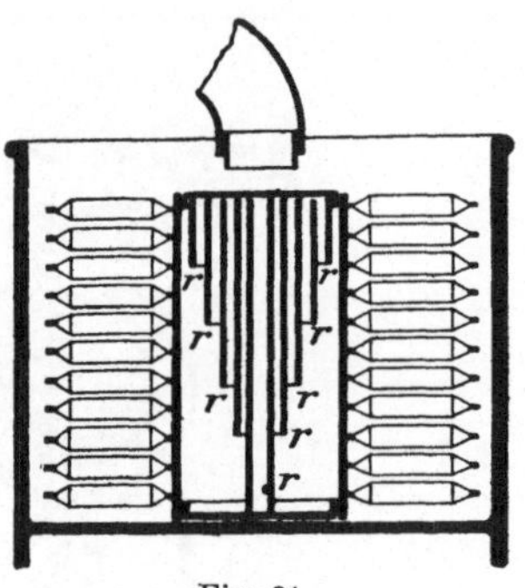

Fig. 81.

in allen Schichten der Kufe gestatten sollen. Es ist also dem Färber auch in die Hand gegeben, jenen Weg für die Flotte zu wählen, den er für gut findet.

Es herrscht freilich kein besonderes Bedürfnis nach den mit der Einrichtung möglichen Variationen des Flottenweges, nur die Tätigkeit der Streuspirale und der an tiefster Stelle stehenden Ventile dürfte für hellere Farben recht praktisch sein, um die Flotte an allen Stellen gleichmäßig zu beanspruchen.

Hier sei auch das D.R.P. 110299 von Franz Deißler in Berlin erwähnt, nach welchem die Zuführung der Flotte (Fig. 81) auf der ganzen Höhe des Materialträgers dadurch gleichmäßig gestaltet wird, daß sie durch in den perforierten hohlen Materialzylinder eingebaute, sich konzentrisch umgebende, von innen nach außen kürzer werdende Rohre rrr... erfolgt.

C. Schaumfärberei.

Erfinder des Verfahrens, im Schaume der Flotte zu färben, ist der Färbereibesitzer Conrad Wanke in Zwickau in Böhmen. Dasselbe wird heute in ziemlich ausgedehntem Umfange ausgeübt.

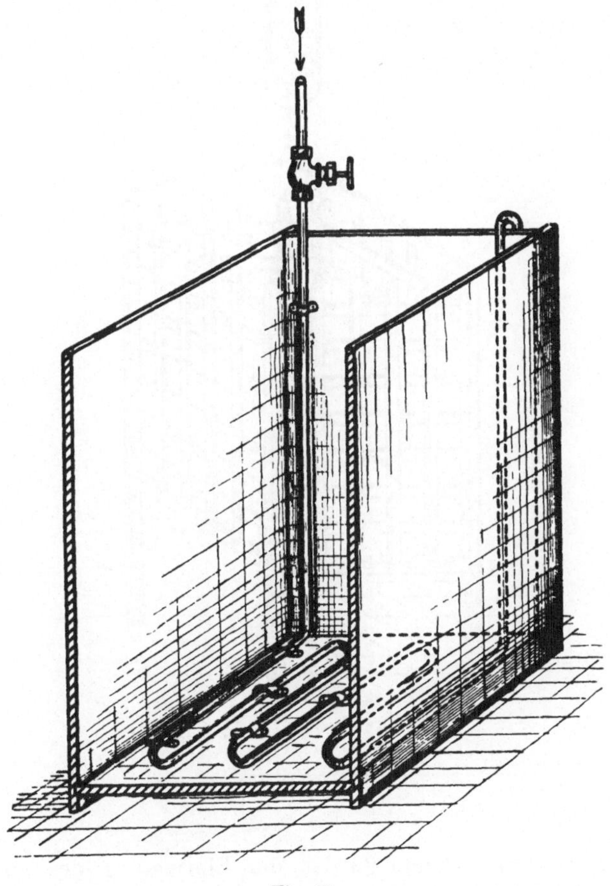

Fig. 82.

Wanke hat sein Verfahren durch Patente nicht geschützt und ist dadurch wohl um die Früchte seiner Erfindung gekommen, die jetzt Gemeingut geworden ist, ja sogar nach ihm durch andere

Firmen, z. B. durch Von der Lookeren Compagnie Almelo in Holland, in England patentiert wurde (Engl. Pat. 14 849/1900).

Das Färben im Schaume der Flotte wird besonders für Kreuzspulen stark benützt, die nur nicht zu fest gewickelt sein dürfen.

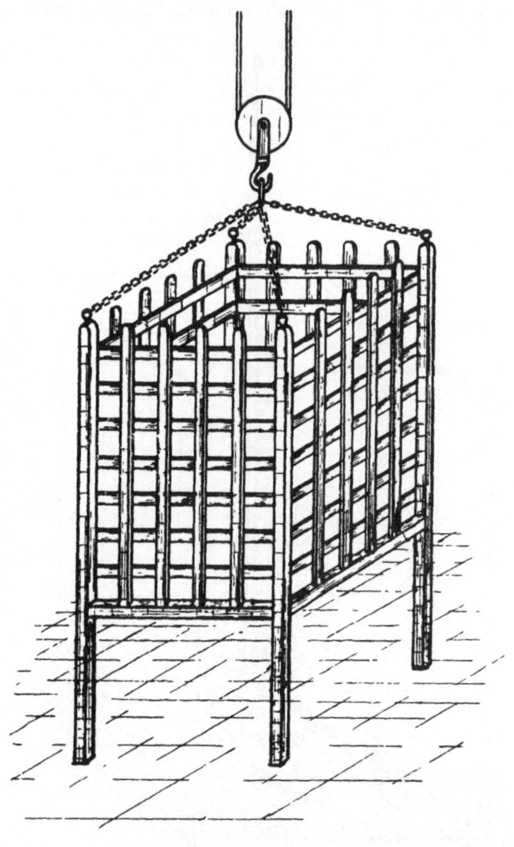

Fig. 83.

Aus den Fig. 82 und 83 ist die Einrichtung des einfachen Apparates ersichtlich. Er besteht aus einem viereckigen Holzkasten von ca. 1,60—1,80 m Höhe und 1 qm Querschnitt, in welchem ein starkes Dampfrohr von 4—5 cm Durchmesser und 8—11 m Gesamtlänge liegt. Dieses geht am Rande nach unten und verläuft am Boden des Kastens in einigen Windungen. Es kann unten durchlocht sein, damit sich das verdampfende Wasser durch den kondensierenden Dampf ersetzt. Dagegen ist bei sehr feuchtem Dampf, der das Flüssigkeitsquantum zu stark vermehren würde, mit geschlossener Heizschlange zu arbeiten, und es muß dann die Flotte von Zeit zu Zeit durch Zugabe von Wasser auf ihre ursprüngliche Länge gebracht werden.

Der zweite Teil des Apparates besteht aus einem Lattenkasten zur Aufnahme der Kreuzspulen, welcher mittelst eines Flaschenzuges in den Flottenkasten eingesenkt wird. Der Lattenkasten hat unten kurze Holzfüße. Die Wassermenge beträgt für 100 kg Kreuzspulen ca. 400 Liter, denn die Flotte soll nicht höher stehen, als die Holzfüße hoch sind. Man verwende Kondenswasser, das mit etwas Türkischrotöl oder Schmierseife und dem gelösten Farbstoff versetzt wird, wobei erstere Zugaben dazu bestimmt sind, das Schäumen zu ermöglichen. Salzzusatz ist tunlichst zu vermeiden.

Nach Einsetzen des Korbes wird das Dampfventil geöffnet und die ganze Flotte dadurch in Schaum verwandelt, der den Kasten erfüllt und in dem sich die Spulen durchfärben. Die Färbedauer beträgt ungefähr zwei Stunden. Dann hebt man den Kasten etwas an, spült mit Hilfe einer Brause am besten so lange, bis die für die nächste Partie erforderliche Flottenmenge wieder erreicht ist, wirft schließlich die Kreuzspulen in eine bereitstehende Wanne mit Wasser, schleudert hierauf aus und spült eventuell in der Schleuder auf bekannte Weise. —

Einmal muß der Färbeprozeß unterbrochen werden, um die Kreuzspulen umzulegen, da sonst die Berührungsstellen leicht schlecht gefärbt werden.

Die Firma C. Roesch & Co. in Mülheim am Rhein hat laut D.R.P. 15 620 einige unwesentliche Veränderungen an dem Apparat angebracht. Der Materialkorb wird auf einem Wagen vor den Kasten gefahren, eine Wand desselben wie eine Tür aufgeklappt, der Korb eingeschoben und die Tür wieder geschlossen, sodaß sich ein Flaschenzug ersparen läßt. Außerdem ist der Färbebottich mit einer Haube zum Abzug der Dämpfe versehen.

Einige Erfinder haben sich auch die Aufgabe gestellt, dem Schaume in allen Teilen des Materials gleichmäßig und leicht Zutritt zu verschaffen, indem sie besonders eingerichtete Materialträger verwenden, sodaß man den Färbeprozeß zwecks Umpackens nicht mehr unterbrechen muß.

Friedrich Schüle in Kirchheim u. T. verwendet laut Engl. Patent 12 976/1900 z. B. Gewebe- oder Kettenbäume oder Gitterkörbe, die in Zapfen wagrecht gelagert sind; Cops werden auf Spindeln aufgeschoben, welche frei drehbar in einem in dem Bottich feststehenden oder in einem um wagrechte Zapfen drehbaren Rahmen gelagert sind[1]).

Nach dem D.R.P. 135 697 von Rudolf Fischer in Bocholt werden Cops ebenfalls einzelstehend dem Schaume dargeboten. Die Cops werden (Fig. 84) auf perforierte Hohlspindeln gesteckt und in einer mit trichterförmigen Öffnungen versehenen Platte derart befestigt, daß sie sich gegenseitig nicht berühren und durch ein Gitter gehalten werden. Diese Aufsteckplatte wird in einen Farbbottich derart eingehängt, daß die trichterförmigen Öffnungen der Platte nach oben und die Spitzen der Cops nach unten zeigen, aber letztere soweit von der Farbflotte entfernt sind, daß sie mit derselben beim Kochen nicht in Berührung kommen können. Der beim Kochen der Flotte infolge des Zusatzes von Seife etc. sich bildende Schaum umhüllt die Cops, steigt über die Aufsteckplatte und gelangt durch die trichterförmigen Öffnungen derselben in das Innere der Cops. Der höher über die Aufsteckplatte steigende Schaum wird im Kondensator kondensiert und zur Farbflotte zurückgeleitet. Die Aufsteckplatten können auch in mehreren Etagen übereinander angeordnet werden. Der Apparat ist für eine Aufnahme von verschiedenen Mengen Cops bis zu 2500 Stück eingerichtet.

Rudolf Fischer hat auch eine Einrichtung zum Schaumfärben von Kreuzspulen getroffen, die durch D.R.P. 151 229 geschützt ist. Dieselbe wird dadurch gekennzeichnet, daß man die auf Spindeln gesteckten Spulen während des Färbens drehen kann, sodaß die Berührungsstellen immer wechseln und dadurch Fleckenbildung vermieden wird.

Die Frage, wieso sich Wickel im Schaume der Flotte färben, während sie beim Einlegen in kochend heiße Bäder nicht durchgefärbt werden, ist von großem physikalischen Interesse. Herr Geheimrat Dr. Georg Quincke, Professor der Physik an der

[1]) Lehnes Färber-Zeitung 1901, 85.

Universität Heidelberg, hatte die Güte, sich über die physikalischen Prinzipien der Schaumfärberei zu äußern, und gestattete

Fig. 84.

mir, seine Mitteilungen hier zum Ausdruck bringen zu dürfen, wofür ich ihm an dieser Stelle nochmals meinen herzlichsten Dank ausspreche.

„Die mit Luft gefüllten Schaumkammern der Farbstofflösung haben nur dann haltbare Schaumwände, wenn die Oberfläche der eigentlichen Grundflüssigkeit (wäßrige Lösung oder Pseudolösung oder eine wäßrige Flüssigkeit, in der sichtbare und unsichtbare ölartige Flüssigkeitsteilchen schweben) mit einer unsichtbaren sehr dünnen Schicht C einer fremden Flüssigkeit überzogen ist, deren Dicke 0,000 001 mm oder weniger betragen kann. Bei gewöhnlichem Seifenschaum besteht diese Schicht C aus Ölsäure, die sich durch Hydrolyse aus der Seifenlösung gebildet hat. Bei den Schaumwänden der Farbstofflösung kann sie aus Seifenlösung oder Türkischrotöl bestehen. Diese Schicht C verkleinert die Oberflächenspannung der reinen wäßrigen Lösung an der Grenze mit Luft und wird dadurch an der Oberfläche der reinen wäßrigen Lösung ausgebreitet und ausgebreitet festgehalten. Kommt nun eine Schaumwand mit der Grenze von wäßriger Flüssigkeit und Luft, die die Garnoberfläche bedeckt, in Berührung, so breitet sich die mit der Schmutzschicht C bekleidete Flüssigkeit auf dieser Grenze aus. Durch die Ausbreitung entstehen Wirbel im Inneren der Flüssigkeit, welche die Luftdecke des Garns abrollen und die Garnoberfläche mit der Farbstofflösung in Berührung bringen. Ohne diese durch Molekularkräfte der Oberflächenspannung bewirkte Ausbreitung wird die Luftdecke des Garns nicht entfernt, das Garn nicht mit der Farbstofflösung benetzt und so deren Einwirkung nicht ausgesetzt. Wenn man die Wickel in kochende, nicht in Schaum verwandelte Farbflüssigkeit einbringt, so werden dieselben nicht durchgefärbt. Es breitet sich dann die Farbstofflösung an der Grenze von Luft und Garn nicht aus, weil die Oberflächenspannung an der Grenze von Farbstofflösung und Luft zu groß ist, da die Schmutzschicht C fehlt, welche bei den Schaumwänden der Schaumfärberei diese Oberflächenspannung verkleinert[1]).“

Anschließend an die Schaumfärbeapparate sei ein Apparat besprochen, in welchem auch der Dampf dazu verwendet wird, um das Eindringen der Farbflotte in das Material zu bewirken. Praktische Verwendung dürfte der Apparat kaum gefunden haben, und

[1]) Uber die physikalischen Prinzipien dieser Ausbreitungserscheinungen s. Poggendorffs Annalen, 139, 1870, S. 1—89: „Uber Kapillaritätserscheinungen an der gemeinschaftlichen Oberfläche zweier Flüssigkeiten“ desselben Verfassers.

er sei nur seiner Eigenart wegen hier erwähnt. Der Apparat stammt von Adolf und Martin Koblenzer in Augsburg-Pfersee (D.R.P. 55 787). Die Cops werden auf stehende Stifte gesteckt. Mehrere solcher Stiftplatten werden dann in einem verschlossenen Behälter über einander in Etagen angeordnet. Nun wird von oben mit Hilfe einer Pumpe Flotte, von unten Dampf eingedrückt. Die Farbflüssigkeit soll dadurch laut Patentschrift den Dämpfen mitgeteilt und in feiner Verteilung dem Garn dargeboten werden, da dieses unter Einwirkung des Dampfes sich aufschließe und ein gleichmäßiges Eindringen der Farblösung in das Material gestatte. Dabei beträgt die Temperatur weit mehr als 100 Grad. Der Dampf wirkt also auf das Garn lockernd, auf die Flotte verteilend.

D. Verschiedene Apparate für Spinnbänder.

Die hier zu besprechenden Apparate erfüllen nicht die Forderung des Grundsatzes der Apparatefärberei, welche lautet, daß die Flotte durch das ruhende Material geführt werden muß. Es bewegt sich bei den Apparaten dieser Gruppe vielmehr das Material in der Flotte oder ist bei einigen der hierher gehörigen Maschinen doch nicht wesentlich anderer Behandlung ausgesetzt, als bei der alten Art des Färbens. Dennoch sollen diese Apparate besprochen werden, weil sie ebenfalls dem Färben von unversponnenem Material dienen und somit Konkurrenz-Apparate mancher in den früheren Kapiteln besprochenen Maschinen darstellen.

Zunächst seien zwei Apparate genannt, in denen das Material immerhin noch in lose aufgewickelter Form dem Färben ausgesetzt wird.

Dr. R. Lepetit beschreibt in Lehnes Färber-Zeitung 1901, S. 168 einen Apparat, der B. Cappio patentiert ist. Derselbe dient zum Färben von Baumwollketten, Kammzug, Baumwollvlies in Bändern u. s. w. Er besteht (Fig. 85) aus einer Färbekufe, in welcher eine große Trommel durch Zahnrad und Gewinde ohne Ende in Umdrehung versetzt wird. Die Mantelfläche der Trommel ist durch horizontale und vertikale Scheidewände in Fächer geteilt. Die horizontalen Scheidewände bilden eine Art Wasserrad, dessen Schaufeln bei der Rotation das Bad herausschöpfen und wieder ausgießen. Rechts und links ist die Trommel durch erhöhte Ränder abgegrenzt, sodaß eine Art Spule gebildet wird.

Das Material wird auf die Zylinderoberfläche in ebenmäßigen Lagen neben einander aufgewickelt, welche Manipulation die Abbildung näher veranschaulicht, dann wird über der bewickelten Zylinderoberfläche ein Drahtgewebe befestigt, das das Band schützt, und hierauf wird das Rad so langsam gedreht, daß eine halbe Umdrehung in der Minute ausgeführt wird. Das Flottenverhältnis beträgt 1 : 10, die erforderliche Kraft $^1/_4$ PS. und die Partienröße 50 kg.

Fig. 85.

Ähnlich ist ein Apparat von Jules Luffiez & Co. in Roubaix eingerichtet[1]). Das Spinnband wird auf dem Umfang eines rechteckigen Rahmens in Windungen und mehrere Lagen stark aufgerollt, in diesem Zustand gefärbt und dann wieder zurückgespult. —

Vorgespinst und Kardenband werden aber auch in kontinuierlicher Passage, also in nicht gewickelter Form, gefärbt. Das Färben geschieht dabei in ganz kurzen Passagen, weshalb die Färbebäder sehr konzentriert gewählt sein müssen. Man kann hier eigentlich nur von Imprägnation sprechen und das Material wird also dabei durch die Flotte bewegt.

Nach diesem Prinzip arbeitet ein Apparat von Stanislaus M. Silberstein, Albert Böhme und Jesaias Margulies in

[1]) Österreichs Wollen- und Leinen-Industrie **1894, 1033**

Lodz, auf welchem Vorgarn direkt auf der Spinnmaschine gefärbt wird (Schweizer Patent 16 274). Das Garn wird von den Vorgarnspulen abgewickelt, geht zum Färbebottich, wird abgepreßt, hierauf auf Trockenzylindern getrocknet und dann wieder auf Spindeln zum Fertigspinnen aufgespult.

Der wichtigste der hierher gehörenden Apparate stammt von Diego Mattei in Genua und ist durch viele Patente geschützt, so durch die D.R.P. 72 939, 87 388, 92 261, 94 239 etc. Er dient zum Färben von Kardenband.

Herr Färbereidirektor C. Weingärtner, der seit Jahren mit diesem Apparat arbeitet, hatte die Liebenswürdigkeit, über meine Bitte den Apparat und seine Arbeitsweise zu beschreiben und mir den Abdruck seiner Ausführungen an dieser Stelle freundlichst zu gestatten, wofür ich ihm auch hier meinen herzlichsten Dank ausspreche.

„Ganz abweichend von dem aufgestellten Grundsatz des ruhenden Materials und der kreisenden Flotte der bisher beschriebenen Färbeapparate arbeitet die Kardenband-Färbemaschine von Diego Mattei, Genua. Die Grundidee dieser Maschine ist vielmehr die Übertragung des Prinzipes der in der Stückfärberei längst bekannten Kontinuefärbe-Maschine auf die Kardenbandfärberei, und es war eine glückliche Idee des Erfinders, dieses Prinzip zu verwerten. Nachdem es ihm gelungen war, aus den einlaufenden Kardenbändern vermittelst eines Injektors ein einziges, breites, fest zusammenhaltendes Band zu erzeugen, war auch die brennende Frage der Kardenbandfärberei nach dem Prinzip des Kontinueverfahrens gelöst. Der Unterschied, daß nach dem System Mattei das Material nach Passieren eines Färbetroges nicht sogleich wieder in den zweiten Färbetrog geführt wird, wie bei der Kontinuemaschine, sondern ca. 10 Minuten aufeinandergelegt liegen bleibt, hat, neben noch später zu beschreibenden Zwecken, den Vorteil, daß der Faser dadurch Zeit geboten wird, den Farbstoff besser aufzuziehen.

Die Färbung selbst findet hier nach dem Prinzip der Imprägnation statt. Ebenso, wie die Kontinuefärbemaschine aus 4—5 hintereinanderliegenden Abteilungen zusammengesetzt ist, so besteht der Matteische Bänderfärbeapparat aus einzelnen Abteilungen oder Elementen, wie sie der Erfinder nennt, die aber parallel neben einander stehen und deren Anzahl einzig davon abhängt, wieviel Bäder eine Farbe zu ihrer Fertigstellung bedarf. So genügen für substantive Farbstoffe 1—2 elementige Maschinen, ebenso für Schwefelfarbstoffe, wenn keine Nachbehandlung stattfindet; für basische, diazotierbare, kuppelbare oder nachzubehandelnde Farbstoffe, besonders wenn noch unterbleicht wird, bedarf es dagegen 3—4 elementiger Apparate. Das letzte Element dient lediglich zum Waschen und Aufrollen des Bandes, welches dann in Form einer Rolle von ca. 450 mm Durchmesser und 60 mm Breite die Maschine verläßt, um dann eventuell noch zentrifugiert zu werden oder direkt die Trockenkammer aufzusuchen, von wo es getrocknet der Vorstrecke vorgelegt wird, um den weiteren Spinnprozeß durchzumachen.

Die Maschine hat entschieden verschiedene Vorteile, so ist es z. B. mit Bezug auf Produktion und Bedienung ganz gleichgültig, ob man ein- oder vierbadige Farben herzustellen hat, ein in die Augen springender Vorteil, den keiner der bisher betrachteten Färbeapparate aufzuweisen vermag.

Ebenso liegt immer ein Teil des gefärbten Bandes zu Tage, sodaß jeder Zeit die Farbe oder das gute, egale Durchfärben des Bandes kontrolliert werden kann.

Die Farbflotte selbst wird über der Maschine in einem meist 500 oder 1000 Liter haltenden Bottich aus Holz, resp. Eisen fertiggestellt und mittelst eines Schlauches in den ca. 50 Liter haltenden, heizbaren Vorratskessel geleitet, welcher direkt auf der Maschine steht, und von welchem die Flotte mittelst eines kleinen Schlauches durch den Schwimmer in den eigentlichen Färbetrog geleitet wird; der Schwimmer sorgt automatisch dafür, daß stets gleichviel Farbflotte im Färbetrog enthalten ist, oder aber, daß bei Stillstand der Zufluß unterbrochen wird.

Die ausgequetschte Farbflotte, welche ca. 75—80% der Gesamtflotte beträgt, wird vermittelst einer Pumpe in den Reservebottich zurückgepumpt und tritt nach Zusatz der nötigen Menge von Farbstoff, event. Wasser den Rundgang von neuem an.

Bei diesem Vorgang ist es daher möglich, die Farbflotte bis auf wenige Liter abzuarbeiten, d. h. man gibt der zurückgepumpten Farbflotte wohl den nötigen Farbstoffzusatz, aber kein Wasser zu, sodaß die zurückgepumpte Flotte immer mehr und mehr an Volumen einbüßt, bis endlich nur noch eine kleine Quantität übrig bleibt, welche ohne finanzielle Einbuße weggegossen werden kann. Man erspart dadurch im Laufe des Jahres immerhin eine ziemliche Summe, was bei der heutigen Konkurrenz auf dem Gebiet der Färberei gewiß in Betracht gezogen werden muß.

Bei Schwefelfarbstoffen verzichtet man gewöhnlich auf die Mitbenutzung des Vorratkessels und arbeitet direkt vom Farbbottich auf den Schwimmer, um jede unnütze Berührung der Farbflotte mit der Luft zu vermeiden.

Es ist nun klar, daß bei Herstellung von dunklen Farben und bei einem so raschen Färben, wie es auf der Mattei-Maschine stattfindet, konzentriertere Farbflotten angewendet werden müssen, genau wie auf der Kontinuemaschine, denn Färbezeit und Flottenkonzentration stehen eben im umgekehrten Verhältnis zu einander; doch macht sich dies hauptsächlich beim Ansatzbad geltend und es ist daher von großem Vorteil, wenn sogenannte „lange Farben" gefärbt werden können, wobei sich der höhere Wert des Ansatzbades auf eine große Quantität gefärbten Materials verteilen kann. Das Verhältnis zwischen Material und Flotte beträgt 1 : 5.

Diese konzentrierten Flotten haben andererseits aber auch das Gute für sich, daß sie die unreife oder sogenannte tote Baumwolle ebenso dunkel anfärben, wie die reife Baumwolle, was ein Vorteil ist, den die andern Färbemaschinen, welche nicht mit so konzentrierten Flotten arbeiten, nicht aufweisen können.

Zur Bedienung der Matteischen Färbemaschine genügen zwei Männer; einer überwacht hauptsächlich das Einlaufen der 6, event. 7 Kardenbänder, um das rechtzeitige Andrehen der abgelaufenen oder abgerissenen Bänder vornehmen zu können; außerdem ist die Maschine mit selbsttätiger Abstellvorrichtung versehen, welche beim Fehlen eines Bandes das Element außer Gang setzt. Der zweite Mann besorgt vor allem die Abnahme der vollen Walzen, wenn ihm ein Läutwerk die Fertigstellung eines Wickels anzeigt, was ca. alle 4 Minuten stattfindet; er hat aber dabei noch Zeit genug, seine Aufmerksamkeit der ganzen übrigen Maschine zu widmen, um allfällig auftretende Inkorrektheiten zu verhüten oder auszubessern. Die tägliche Produktion beträgt bis 500 kg.

Ein weiterer Mann wird zur Fertigstellung der Farbflotten gebraucht, doch kann dieser gleichzeitig 2—3 Maschinen bedienen, sodaß man zur vollständigen Bedienung einer Matteischen Färbemaschine $2^1/_2$ Mann rechnet. Ja, Mattei selbst hat, wenn ich mich nicht irre, nur 3 Mann Bedienung für 2 Färbemaschinen, indem 1 Mann die Wickelabnahme für 2 Maschinen besorgt. Was nun die Bedienung sonst anbetrifft, so ist es allerdings wünschenswert, wenn dieselbe von intelligenten Leuten versehen wird, die zu denken verstehen und sich auch zu helfen wissen. Die Bedingung eines guten Laufens der Bänder ist nämlich das Einhalten eines bestimmten Zuges zwischen Preßwalzen und Färbetrog; ist das Band zu wenig gespannt, so legen sich seine einzelnen Teile über einander und diese Stelle färbt schlecht durch, oder es fasert gerne ab, was zum Wickeln Veranlassung gibt. Ist die Spannung wieder zu groß, so findet ein Verziehen des Bandes statt, sodaß es beim nächsten Element reißt. Eine Änderung der Farbe bedingt meist auch eine Änderung des Zuges.

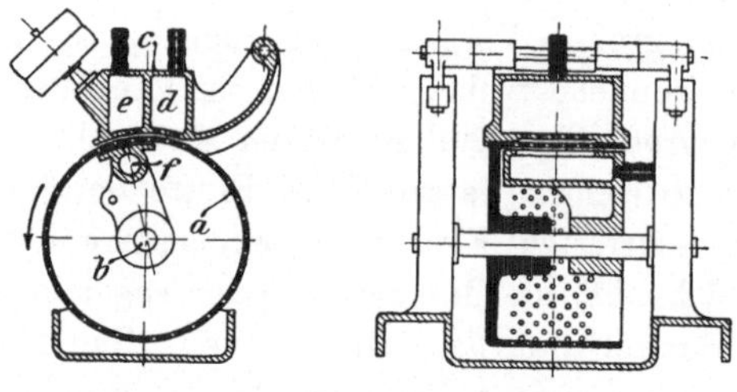

Fig. 86.

Ist der Zug einmal richtig gestellt und die Maschine überhaupt reinlich gehalten, so kann dieselbe stundenlang arbeiten, ohne daß ein Bandbruch vorkommt, und sie gibt dann auch eine reichliche Produktion. Schade nur, daß diese gute Bänderfärbemaschine sich auf einen so hohen Einstandspreis stellt, was wohl auch die Ursache sein dürfte, daß sich die meisten Interessenten von der Anschaffung derselben abschrecken lassen, und in der Tat ist ja die Maschine verhältnismäßig wenig in der Praxis verbreitet, obschon diese Type die beste Art der Maschinen für Kardenbandfärberei repräsentiert.

Zum besseren Verständnis der Matteischen Maschine soll dieselbe hier noch kurz beschrieben werden. 6 oder 7 Kardenbänder werden durch eine Pressionswalze über ein Leitblech und die entsprechende Anzahl Abstellöffel in den Injekteur (Fig. 86) gezogen, wo die Bänder entlüftet und zugleich naß gemacht werden, sodaß sich ein fest zusammenhängendes Band bildet. Der Injekteur besteht aus einem perforierten Zylinder a, welcher sich um eine Achse b dreht. Auf dem Zylinder sitzt eine Büchse c, welche in zwei Abteilungen d und e geteilt ist und deren Boden mit der Zylinderoberfläche so korrespondiert, daß eine in derselben liegende Leitnut sich bis auf ca. $1^1/_2$ mm

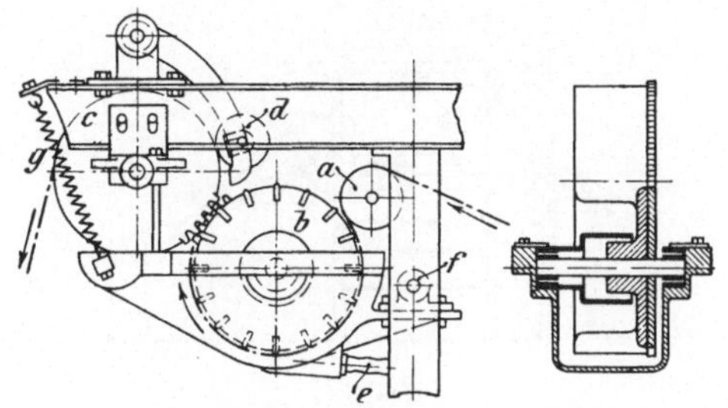

Fig. 87.

der Zylinderoberfläche nähert. Die Abteilung d der Büchse c ist am Boden teilweise perforiert und ist mit dem Dampfrohr verbunden. In dem Boden der Abteilung e, welche mit der Wasserleitung im Kontakt steht, befindet sich dagegen ein Spalt von

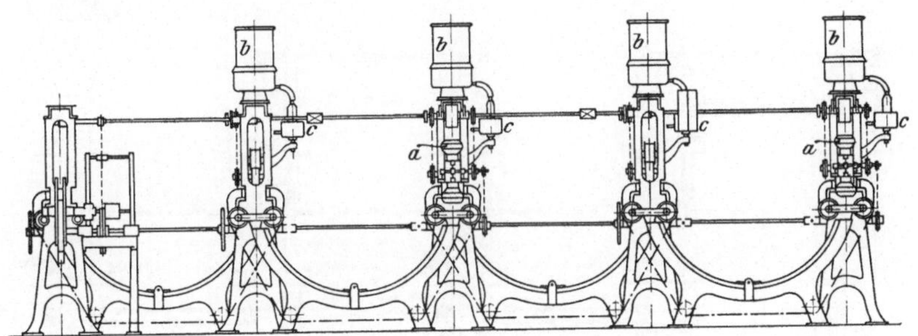

Fig. 88.

1 mm Breite. Auf der Achse b sitzt ein Rohr f, welches in eine Art Brause endet und im Innern des Zylinders bis dicht an den Zylindermantel heranreicht, der Abteilung e gegenüber steht und ebenfalls mit der Wasserleitung, in welcher das Wasser unter Druck steht, verbunden ist. Passiert nun das Band die Abteilung d, so vertreibt der ausströmende Dampf die Luft aus der Faser, die in der nächsten Abteilung e vom Wasserdruck durchnäßt wird.

Das Band passiert darauf eine Presse, welche das Wasser ausquetscht, und steigt dann direkt hinauf zum Färbetrog (Fig. 87), um über die Leitrolle a sich auf den Zylinder b zu legen, welcher an Stelle eines Zylindermantels gleich weit von einander entfernte

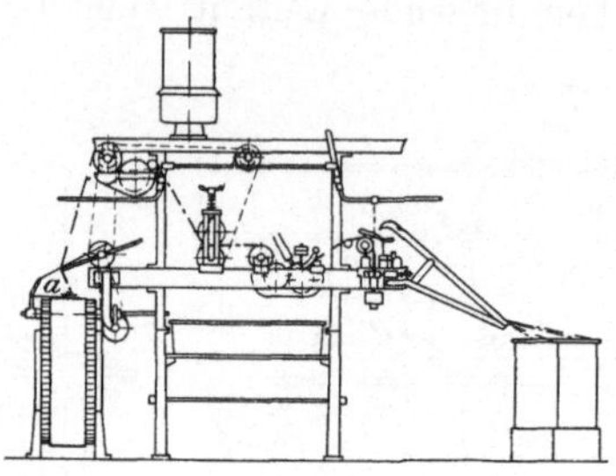

Fig. 89.

Stäbchen trägt, so als Träger des Bandes funktioniert und dasselbe durch die Farbflotte trägt, wo die Imprägnation mit Farbstoff stattfindet. Ein zweiter perforierter Zylinder c derselben Größe, mit dem ersten durch ein Zahnrad verbunden, übernimmt nun das

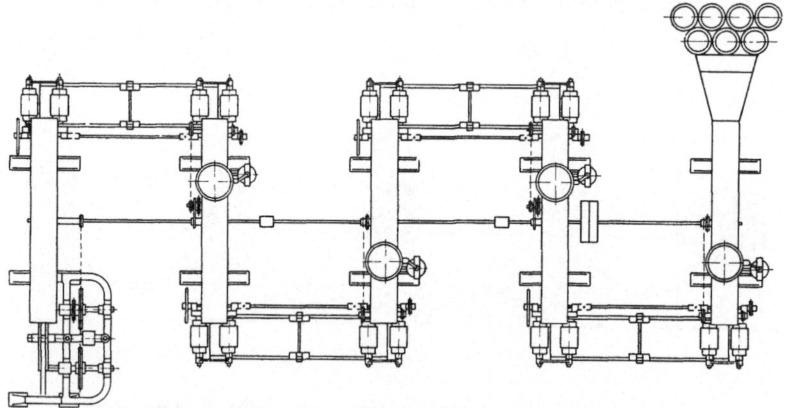

Fig. 90.

mit Farbstoff gesättigte Band und führt es unter einer Quetschwalze d durch, wo der Überschuß der Farbflotte abgepreßt wird. Von diesem zweiten Zylinder wird nun das Band mittelst eines Legapparates (Fig. 88) gleichmäßig zwischen die 2 Lattentücher des heizbaren Transporteurs (Fig. 89 und 91), in welchem dann die weitere Verbindung des Farbstoffes mit der Faser stattfinden kann, aufeinander geschichtet.

Der Farbstoffzufluß findet aus dem Vorratkessel b (Fig. 88) durch den Schwimmer c statt, welcher mittelst eines Schlauches mit dem Färbetrog verbunden ist. Der Vorratkessel b erhält seinerseits seine Füllung aus dem Farbflottenbottich. Der Farbetrog ist um eine Achse f (Fig. 87) drehbar und wird mit Hilfe von Federn g fest an die Oberkante der Maschine hinaufgezogen; es hat dies den Zweck, daß, wenn sich das Band um einen Zylinder

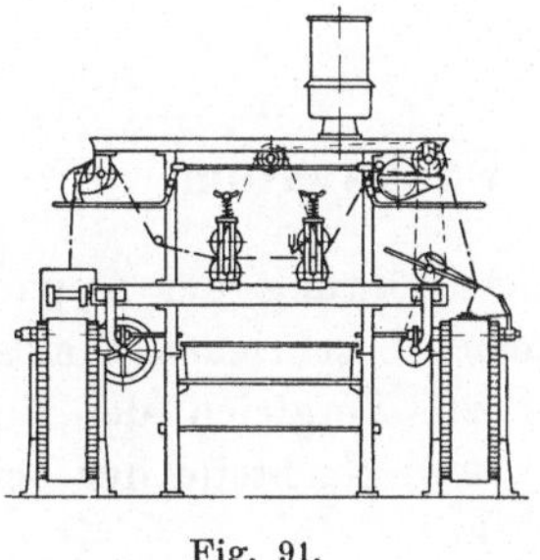

Fig. 91.

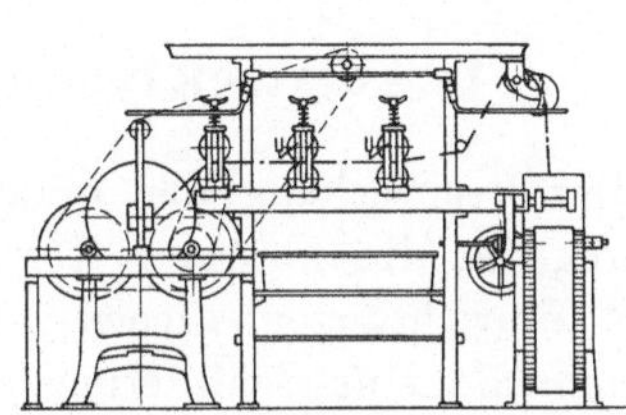

Fig. 92.

wickeln sollte, der Färbetrog nachgibt und also keinen Bruch entstehen läßt. Die Lattentücher des Transporteurs werden selbsttätig in dem Maße, als die frischgelegten Bänder Platz einnehmen, vorwärtsgeschoben, sodaß sie das zweite Element passieren können, wo sich dieselben Operationen, mit Ausnahme des Entlüftens und Naßmachens, wiederholen, und dies findet je nach der Anzahl der Elemente 2—4mal statt. Auf dem 5. Element (Fig. 92) wird das Band dann noch tüchtig gequetscht und gewaschen und zu einer Rolle aufgerollt, und damit sind die ganzen Färbe- und Waschoperationen beendet. Fig. 90 zeigt eine komplette Maschinenanlage mit 5 Elementen."

Zweiter Teil.

Die Ausführung der Apparatefärberei.

---

1. Aufstecksystem und Packsystem.

Der Besprechung der praktischen Ausführung der Apparatefärberei, der die im ersten Teil des Buches beschriebenen maschinellen Einrichtungen dienen, sei hier ein Vergleich der Eigenschaften und eine Schilderung der Vor- und Nachteile der beiden Haupttypen von Apparaten vorangeschickt.

Es bedarf zunächst nicht mehr eines besonderen Hinweises darauf, daß das Packsystem das universellere ist, weil es zum Färben von gewickeltem und ungewickeltem Material geeignet ist, während das Aufstecksystem nur zum Färben von Wickeln mit zentralem Kanal dienen kann.

Welcher Type soll man aber für Materialien den Vorzug geben, die man auf beiden Systemen färben kann?

Unstreitig sind die Aufstecksysteme nach dem näher liegenden Prinzip eingerichtet und sie scheinen auch sicherer zu sein. Die Cops stehen einzeln, es ist deshalb ihre Deformation durch Aneinanderpressen ausgeschlossen. Die Anwendung von Ausfüllmaterial ist überflüssig, was als ein Hauptvorzug angesehen werden kann. Auch färberisch bieten die Aufsteckapparate manche Vorteile. So kann man leicht mustern, denn die Flottenbassins, in denen sich das Material beim Färben befindet, sind ja meist offen und die Cops dadurch bequem zugänglich, sodaß sich ohne jede Störung von einer Spule ein Muster abhaspeln und darnach über den Gang des Färbens ein Urteil bilden läßt. Die Cops, die hier nicht über die Härte des einzelnen hinaus zu einem Block zusammengedrückt werden, bieten dem Durchdringen der Flotte weniger Widerstand und der Kraftbedarf ist hier ein geringerer. Die dünne Schicht des Materials hat ferner zur Folge, daß sich das Nuancieren mit kleinen Farbstoffmengen egaler ausführen läßt als bei dem dicken Materialblock der Packsysteme. Auch ist das Durchnetzen hier nicht schwierig, und es kann bei Aufstecksystemen das Auskochen eher unterbleiben als bei Packsystemen.

Ein großer Vorteil der Apparate dieser Type besteht weiter darin, daß auf den Spindeln entwässert werden kann, und zwar durch Abdrücken oder, was noch besser ist, durch Absaugen mittels Vakuums, wodurch nicht nur die Wickel sofort vom Apparat weg getrocknet werden können, sondern womit auch die für manche Farbstoffe (Indigo, Schwefelfarben) unerläßliche Oxydation verbunden ist. Nur wenige Packsysteme können in der Packung derart entwässern, daß man das ausgepackte Material sogleich zum Trocknen bringen kann, und eine in ähnlicher Weise verlaufende Oxydation gestattet überhaupt nur die durch Schleudern in der Luftleere entwässernde Färbemaschine der Textilmaschinenfabrik B. Cohnen in Grevenbroich (S. 59).

So böten die Aufstecksysteme große Vorteile, wenn nicht ihr ordnungsmäßiges Funktionieren viel zu wünschen übrig ließe. Die Ursachen für ihre Mängel liegen teils im Apparat, teils im Material. Die empfindlichsten Teile der Maschinen sind die perforierten Spindeln, deren Durchlochungen sich nur zu leicht verstopfen und dann natürlich die Flotte nicht mehr durchlassen.

Nicht nur, daß die Cops mit einer Vorsicht aufgesteckt werden müssen (S. 159), die vom Arbeitspersonal nicht leicht beobachtet wird, verdirbt ferner auch z. B. jeder Spinnfehler die Färbung. Außerdem ist man bei den Aufstecksystemen an ganz bestimmte Formate der Wickel in Bezug auf Länge, Dicke und Kanalweite gebunden, die Hülse muß im Kanal eine ganz bestimmte Stellung haben, sie darf für Cops nur kurz und muß dazu noch perforiert sein, Anforderungen, die ein lästiges Abhängigkeitsverhältnis zu den wenigen solche Wickel erzeugenden Spinnereien zur Folge haben, was sich diese auch in der Preisbemessung zu nutze machen. Daß der Abfall schon beim Aufstecken ein großer ist, wird nicht wundernehmen.

Die Flotte ist bei den Aufstecksystemen meist ziemlich lang, was sich schon daraus erklärt, daß die einzelnen Wickel auseinandergerückt sind und daß ferner bei den meisten Apparaten außer dem Flottenbassin auch noch Windkessel zur Aufnahme der Flotte nötig sind, wodurch diese natürlich verlängert wird. Aus dem Umstande, daß die Cops einzeln stehen, ergibt sich auch, daß die einzelne Partie bei den Aufstecksystemen, besonders den modernen Packsystemen mit ihrem großen Fassungsraum gegenüber, nicht groß sein kann, und daß daher auch die Produktion eine verhältnismäßig geringe sein muß. Aus der geringen Partiengröße allein ergibt sich das Streben, das Imprägnationsprinzip auch für solche Farben anzuwenden, für die es sich nicht empfiehlt. Man will eben größere Tagesleistungen erreichen.

Die Arbeitskosten für Pack- und Aufstecksysteme sind ziemlich die gleichen. Es kommt zwar bei den Packsystemen neben dem Aufstecken auf Spindeln noch das Einpacken als Arbeit in Betracht, doch geht dies rasch vor sich, und dann ist bei vielen Aufstecksystemen eine ständige Bedienung während des Färbens erforderlich, die bei Packsystemen meist wegfällt.

Den Packsystemen bleibt also neben ihrer universelleren Anwendbarkeit der Vorteil weit kürzerer Flotte und der sich daraus ergebenden Ersparnisse an Dampf, Farbstoff, Wasser etc., ferner eine höhere Produktion, weiter der Vorzug, Wickel auf durchlaufenden, unperforierten Hülsen färben zu können, die jetzt in den Webereien ungemein gern verarbeitet werden, weil sie nur wenig Abfall geben, außerdem leichteres Arbeiten, da zunächst bei durchlaufender Hülse das Aufspindeln weit rascher vor sich geht und Fehler beim Aufspindeln das Färben nicht derart stören wie bei den Aufstecksystemen; es werden schließlich auch Spinnfehler durch die Pressung derart ausgeglichen, daß ein schlechtes Durchfärben nicht zu befürchten ist.

Die Deformation der Wickel durch das Packen wieder auszugleichen, ist durch geeignetes Trocknen und Konditionieren möglich. Als Nachteil und eventuelle Verteuerung bleibt ferner bestehen, daß man Packmaterial anwenden muß, mit dem sich oft nichts anfangen läßt.

Schließlich sei noch einmal auf die Schwierigkeiten des Entwässerns und Oxydierens hingewiesen, die bei den Aufstecksystemen nicht bestehen und nur von wenigen Packsystemen vermieden werden. Auch das Mustern und Nuancieren ist bei Packsystemen schwerer als bei Aufstecksystemen (s. o.).

Packsysteme sind gewöhnlich billiger als Aufstecksysteme, was sich aus ihrer weit einfacheren Konstruktion und aus den billigeren Betriebsmitteln erklärt. Sie sind als betriebssicherer zu bezeichnen, weil sie nicht die gleich minutiöse Sorgfalt verlangen wie Aufstecksysteme.

Den Aufstecksystemen gebührt aber trotzdem bei gewissen schwierigen Farben, besonders solchen, die egales Entwässern und Oxydieren unbedingt verlangen, wie Indigo und einige blaue Schwefelfarbstoffe, ferner bei anderen Farben, für die das Imprägnationsprinzip das einzig richtige ist, so Türkischrot etc., außerdem überall dort, wo tadellose Erhaltung des Cops- oder Kreuzspulenformates unerläßlich ist, der Vorzug.

2. Das zu färbende Material.

Baumwolle wird gefärbt:

1. Als Flocke, und zwar meist im gereinigten und geöffneten Zustande, zuweilen aber auch direkt aus dem Ballen.

An jenen Stellen, an denen die Ballenreifen anliegen, ist oft Rost auf der Baumwolle abgelagert. Man muß daher, besonders wenn in der Flocke gebleicht werden soll, diese rostigen Stellen sorgfältig auslesen und darf sie erst nach einer Reinigung mit verdünnter Salzsäure und nach gutem Abspülen der übrigen Partie zugeben; besser aber schließe man diese kleine Menge rostiger Baumwolle einer Farbpartie bei.

In großen Mengen wird Abfallbaumwolle gefärbt. Sie ist je nach dem Spinnprozeß, aus dem sie stammt, verschieden in Qualität. „Deckelputz“ oder „Deckel“ wird in bedeutenden Quantitäten verarbeitet. Abfall von den Strecken und vom Vorgarn ist weit reiner und wertvoller. An Verunreinigungen enthält besonders die erstgenannte Sorte außer Staub und Unreinlichkeiten aus der Baumwolle noch Mineralölflecken. Sie kommt geklopft und geöffnet zum Färben.

Abfallbaumwolle muß für hellere Nuancen vor dem Färben, z. B. durch ein schwaches warmes Sodabad, tunlichst von den Verunreinigungen befreit werden. Sie wird hauptsächlich von den Vigognespinnereien verwendet und bildet dann das Material für Unterkette und Unterschuß in Doppelgeweben.

Geöffnete Baumwolle, die natürlich einen größeren Raum einnimmt, kann schon in einem Übergußapparat gefärbt werden. Die gepreßte Baumwolle wird zwar beim Packen etwas gelockert, bedarf aber trotzdem eines Apparates, der auf das Durchfärben von unter Pressung gepacktem Material eingerichtet ist.

2. Kardenbänder und Streckbänder werden ebenfalls in großen Mengen gefärbt, und es sei auf das über die Form derselben an früherer Stelle (S. 22) Gesagte verwiesen.

3. Als Vorgarnspule.

4. In Cops, und zwar in Kettencops (Warpcops) oder in Schußcops (Pincops).

Die Cops sind meist auf Hülsen aufgesponnen. Abfallbaumwolle liegt auch in Form von Schlauchcops vor.

Die Hülsen sind entweder aus Papier oder — seltener — aus Stoff, Holz oder Metall u. ä. Für Aufsteckapparate müssen die Hülsen kurz und perforiert sein; durchlaufende perforierte Hülsen bieten beim Abarbeiten Schwierigkeiten. Packapparate verlangen perforierten Hülsen nicht und können Cops entweder auf kurzen oder auch auf durchlaufenden unperforierten Hülsen verarbeiten. Besonders letztere Hülsen sind beliebt, weil ihre Anwendung den Abfall sehr verringert und weil auch das Aufspindeln sicherer und doppelt so flink von statten geht als bei der Verwendung kurzer Hülsen.

Das Hülsenpapier soll ungefärbt und unbeschwert sein, ein besonders für helle Farben und für Bleiche dringendes Erfordernis. Wenn man unbedingt farbige Hülsen verwenden muß, dann sollen dieselben mit einem leicht zerstörbaren Anilinfarbstoff gefärbt sein. Oft wird zum Beschweren und Färben von Hülsenpapier Oker verwendet, der bei hellen Farben und Bleiche dann schmutzige Streifen verursacht. Das Hülsenpapier soll auch möglichst wenig Klebestoff enthalten und nur solchen, der sich leicht löst und daher schon beim Auskochen weggeschwemmt wird. Die Hülsen sind dann freilich nach dem Färben immer weich und der Cop entbehrt einer festen Stütze. Jedoch macht dies nur erhöhte Vorsicht beim Einpacken der gefärbten Cops und eine gut sitzende Schützenspindel erforderlich; dann wird sich in der Weberei kein Abfall ergeben. Wenn zu viel Klebestoff in der Hülse ist, dann kommt es vor, daß dieser die an der Hülse anliegenden Fäden mit einer Schutzschicht überzieht und der Farbe den Zutritt verwehrt, also wie eine Pappreserve wirkt, sodaß die Fäden weiß oder heller gefärbt bleiben. Für helle Farben und Bleiche ist auch reines Zellulosepapier erforderlich[1]). Stoffhülsen werden nur in beschränktem Maßstabe verwendet. Sie geben dem Cop ja nicht den gleich festen Halt wie Papierhülsen, sind jedoch leicht durchlässig. Bedenklich scheint die Verwendung von Stoffhülsen nach dem Engl. Patent 4898 von Eli Jagger in Wernath. Diese bestehen aus einem weitmaschigen Gewebe, das durch Stärke gesteift wird. Die Stärke löst sich aber während des Färbens und kann, wie oben geschildert, reservierend wirken[2]). Dieselbe Schwierigkeit dürften die aus England kommenden Cops bieten, da bei denselben die Hülsen durch Tränken der ersten Fadenlagen mit Stärkekleister ersetzt wird.

Ferdinand Sicker in Leipzig-Lindenau hat durch D.R.G.M. 107 830 eine Hülse geschützt, die aus Garn von Pflanzen- oder Tierfasern geflochten und an den Enden mit Kautschuk getränkt ist. Sie soll durch das Färben gar nicht leiden und daher sowohl ein leichtes Abspulen als auch ein mehrmaliges Verwenden gestatten.

Der Zustand, in dem die Spinnerei die Cops liefert, gibt oft zu Ausstellungen seitens des Färbers Anlaß. In erster Linie eignet sich nicht jede Form für die Copsfärberei; man muß immer daran denken, daß der Cop in der Färberei oft in die Hand genommen und viel bewegt werden muß, und soll ihm daher eine Form geben, die ihn dies leichter ertragen läßt. Cops mit langen

---

[1]) Die K. K. priv. Mechanische Papierhülsen- und Spulenfabrik M Pam's Söhne in Neunkirchen (N.-Österreich) teilt mir mit, daß das Beschweren der Hülsen eine Folge der ungemein gedrückten Preise für Hülsen ist und daß die meisten Spinner nur die billigsten Sorten nehmen. Die Firma erzeugt auch imprägnierte Hülsen, die nach ihrer Angabe gegen Wasser und Dampf immun sein und daher beim Färben derart wenig hergenommen werden sollen, daß man sie immer wieder verwenden kann. Interessieren werden auch die Preise, die für perforierte Hülsen der geringen Produktion halber (die Hülsen sind auch um 30% Abfall leichter als gewöhnliche) und wegen der teuren Stanzvorrichtungen wesentlich höher sind. Selfaktorhülsen kosten Kr. 44 unperforiert, Kr. 100 perforiert; lange Hülsen unperforiert Kr. 45—46, Kreuzspulhülsen Kr. 80 unperforiert und Kr. 150 perforiert.

[2]) Lehnes Färber-Zeitung 1895, 155.

Konussen sind ebenfalls ungeeignet. Den meisten Abfall verursachen Cops mit leicht verletzbaren Spitzen. So sollen übersponnene Cops mit hängender Spitze überhaupt nicht in Arbeit genommen werden, da sie ja doch nur Abfall geben. Sorgfältig muß darauf gesehen werden, daß bei auf perforierten Hülsen aufgesponnenen Cops nicht auch der unterste unperforierte und zur Abdichtung der Cops auf der Spindel dienende Hülsenteil übersponnen ist, da ja die anliegenden Garnstellen von Flotte nicht durchdrungen würden. Das Herausragen der Hülse an dem unteren Copende ist sehr wesentlich für das richtige Einführen und für das gefahrlose Herausnehmen der Copspindel, schließlich auch für das sichere Einführen der Schützennadel.

Oft gehen die Cops daran zu Grunde, daß sie von der Spinnerei aus schlecht verpackt sind und daher, wenn sie beim Transport geschüttelt werden, Schaden leiden. Man kann nicht selten bemerken, daß die oberste und unterste Lage in einer Kiste auch die meisten unbrauchbaren Cops enthält.

Cops werden zuweilen auch in kreuzgeweifter Form geliefert, sie sind dann vor Beschädigung sicher und gewähren auch der Flotte leichteren Durchgang.

Schließlich sei noch daran erinnert, daß auch die Papierhülsen durch das beim Färben unvermeidliche Auskochen ziemlich an Gewicht verlieren, sodaß man besonders bei Verkaufsgarn gut tut, sich über die Größe dieses Verlustes zu orientieren.

5. Kreuzspulen werden auf perforierten oder unperforierten, jedoch stets durchlaufenden Papier- oder auch auf Metallhülsen geliefert.

Bei den perforierten Papierhülsen, die auf die perforierte Spindel aufgeschoben werden müssen, achte man darauf, daß zwischen der Größe der Perforationen von Hülse und Spindel ein richtiges Verhältnis herrsche, um zu verhindern, daß sich etwa die Perforationen durch die unperforierten Teile verlegen, wodurch der Flotteneinlaufsquerschnitt eine wesentliche Verkleinerung erleiden würde.

Metallhülsen sind trotz ihres hohen Preises für Kreuzspulen bestens geeignet, weil man nur wenige braucht und sie immer wieder verwenden kann. Wenn die Hülsen genügend stark sind, wird bei Packsystemen sogar die Spindel und die gesamte mit deren Verwendung zusammenhängende Arbeit erspart.

6. Baumwolle wird auch in der Form von gebündelten und aufgebäumten Ketten gefärbt.

7. Garne werden in großen Mengen auf Apparaten gefärbt. Die Unterbindschnur darf nicht zu dick sein, da sie sonst der Flotte unnötigen Widerstand entgegensetzt. Was die Farbe der Unterbindschnüre anbetrifft, so ergibt es sich von selbst, daß diese entweder sofort beim Kochen verschwinden oder daß sie echt sein muß.

Wolle wird gefärbt:

1. In der Flocke für Streichgarnspinnerei.

2. Im Kammzug für Kammgarnspinnerei aus den auf S. 22 angegebenen Gründen.

3. Kammgarn in Cops, als Kreuzspule, selten auf der Pfeife, wenn auch noch nicht in großem Maßstabe. Denn die lange Dauer der Wollfärbungen drückt die Produktion und bietet bei den teuren Apparaten, die für das Färben in Cops etc. erforderlich sind, nur geringe Rentabilität.

4. In größten Mengen in Garn, das vollständig weich und offen bleibt und ungemein geschont wird.

An Tierfasern wird außer Wolle noch Kaschmir und Kamelhaar auf Apparaten gefärbt, von Pflanzenfasern noch Jute, und zwar als Garn, Schlauchcops und als Kreuzspulen, letztere meist sehr groß und hart. Schließlich werden auch Lumpen gefärbt.

3. Die Spindeln für die Pack- und Aufstecksysteme.

Den Spindeln fällt bei Aufsteck- und Packsystemen eine verschiedene Rolle zu. Bei letzteren haben sie nur den Zweck, den Spulenkanal auszufüllen, ihn für die weitere Verarbeitung der Spule offen zu halten und diese selbst vor Deformation zu bewahren, indem sie einen festen Kern im Spuleninneren bilden. Bei ersteren haben sie aber außer dieser Aufgabe noch die weitere, der Zu- und Abführung der Flotte zu dienen. Demnach sind die beiden Spindelarten auch ganz verschieden in ihrer Ausführung.

Die Copsspindeln für Packsysteme verjüngen sich entsprechend der Copskanalform nach einer Richtung. Sie sollen eine glatte Oberfläche, eine glatte runde Spitze und an dem Unterende zweckmäßig eine griffartige Verstärkung haben, um ihr Hineinfallen in den Copskanal zu verhüten und ihr Herausziehen aus den Cops zu erleichtern.

Ihr Querschnitt zeigt verschiedene Formen, rund, viereckig und gerippt. Sie gleichen demnach Kegeln oder vierseitigen oder sich über einer Basis mit gekrümmten Begrenzungslinien erhebenden Pyramiden.

Die Form des Querschnittes der Spindel ist von wesentlichem Einfluß auf ihre Verwendbarkeit. Die kurze oder durchlaufende Papierhülse der Cops umschließt, wie Fig. 93 zeigt, eine runde Spindel vollständig und legt sich an deren ganze Oberfläche dicht an. Die Berührungsfläche zwischen Papierhülse und Spindel ist also sehr groß. Enthält nun das Hülsenpapier eine auch nur halbwegs größere Menge von Klebestoff, dann pickt die Spindel am Papier,

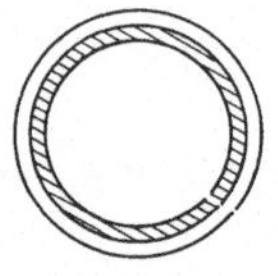

Fig. 93.

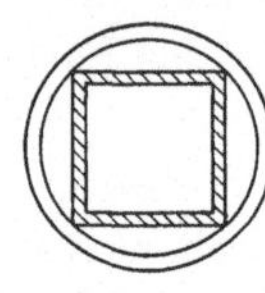

Fig 94.

Fig. 95.

das beim Färben zusammensinkt und sich dicht an die Spindel angelegt hat, fest. Beim Herausziehen der Spindel geht dann das Papier mit, die Hülse, welche Stütze des Cop sein soll, wird mit herausgezogen oder ist beschädigt und die leichte Einführung der Schützenspindel in den Cop ist nicht mehr möglich.

Der viereckige Querschnitt der Spindel hat den Vorteil, daß sich die Papierhülse nicht mehr so egal anlegen und dadurch ein Ankleben an der ganzen Fläche nicht stattfinden kann und daß ferner die nach außen drückenden Kanten dem Einsinken der Papierhülse entgegenarbeiten (Fig. 94). Es kommt aber hier immerhin besonders in der Richtung der Pressung flächenförmige Berührung zustande.

Am allerbesten bewähren sich die Spindeln mit der dritten Querschnittsform (Fig. 95). Eine flächenförmige Berührung kann nie mehr vorkommen, sondern nur eine lineare. Denn der Umfang der Spindel ist viel größer als der der Hülse und diese kann sich nicht in die Vertiefungen unter Berührung einlegen, sondern berührt nur die nach auswärts drückenden Rillen der Spindel.

Die Hülse hat nach dem sehr leichten Herausziehen der Spindel die gleiche Querschnittsform wie die Spindel und ist für das leichte Einführen der Schützennadel bestgeeignet. Diese Spindelform, auch mit 2 oder 3 Rillen, ist der Firma Ernst Papst in Aue i. S. durch D.R.G.M. geschützt.

Die Spindel soll ganz fest im Copkanal sitzen und diesen möglichst ausfüllen, sodaß sie weder ihre Lage im Cop verändert noch herausfallen kann. Ihre Länge sei so bemessen, daß sie mit beiden Enden etwas aus dem Cop herausragt. Dadurch wird der Kanal ganz rein erhalten und Abfall in der Weberei vermieden. Für verschiedene Copsformate und Kanalweiten empfehlen sich daher verschiedene Spindeln, was sich aber in einer Lohnfärberei natürlich schwer ermöglichen läßt, da hier Copsgarne verschiedenster Größen zusammenzukommen pflegen. Man hilft sich dann mit zwei Spindelsorten, einer für Pincops und einer für Warpcops.

Mit den herausragenden Teilen liegt die Spindel im gepackten Block wieder auf Material auf. Es ist sehr darauf zu achten, daß dadurch keine Flecken entstehen. Im nassen Zustand scheinen oft nur die durch dieses Aufliegen gedrückten und etwas glänzenden Stellen heller zu sein. Im abgeweiften trockenen Cop ist davon aber nichts mehr zu bemerken. Doch kommt Fleckenbildung an diesen Auflagestellen dennoch vor, wenn z. B. die Spindeln nicht genügend gereinigt sind oder wenn sie direkt Anlaß zur Bildung von Flecken geben.

Letzterer Fall soll durch ein Beispiel näher erläutert werden. Wenn bei der Verwendung von Bleispindeln und bei kurzer Flotte mit Soda ausgekocht und hierauf mit Benzopurpurin, eventuell auch unter Sodazusatz, gefärbt wird, dann entstehen an allen Aufliegestellen braune Flecken von Farbstoff, der durch die Salzschicht auf den Spindeln lokal gefällt wurde. Diese Flecken können nur durch Verwendung anderer Salze als Soda verhindert werden.

Das Material, aus dem die Spindel besteht, ist also nicht ohne Einfluß auf die Färbung. Man verwendet Spindeln aus Gummi, Holz und verschiedenen Metallen und Legierungen, so Eisen, Blei, Hartblei, Nickel, Messing, Bronze und Nickelin etc. Max Fischer in Bobingen bei Augsburg bereitet nach D.R.P. 71740 seine Spindeln aus einer Legierung von Blei, Kupfer und

Antimon, die gegen Abnutzung und Verbiegen besonders widerstandsfähig sein soll.

Spindeln aus Gummi sind allgemein verwendbar, da sie chemisch ganz indifferent sind und sich auch unschwer reinigen lassen. Man erzeugt sie mit rundem und viereckigem Querschnitt. Ihr Preis ist, wenn sie aus gutem Gummi bestehen, ziemlich hoch und sie stellen sich auch im Gebrauch ziemlich teuer.

Je besser das Gummimaterial ist, desto elastischer sind sie. Schlechte Sorten sind in der Kälte sehr spröde und leicht zerbrechlich. Besonders leicht gehen solche Spindeln beim offenen Schleudern von Cops in einer Zentrifuge zu Grunde. Die Spindeln können sich dann nicht der Schleuderkraft entsprechend ausbiegen und brechen. Dabei bleibt dann meist ein Stück der Spindel im Cop zurück und daher ist Spindel und Cop verloren. Wird auf eine zu Boden gefallene Spindel dieser Qualität getreten, dann bricht sie ebenfalls. Wenn man daher schon Gummispindeln verwendet, dann lieber solche aus bestem Material, die auf die Dauer doch billiger kommen.

Die Gummispindeln werden durch Einlegen in starke Chlorkalklösung gereinigt. Wenn sie sich etwas verbogen haben, so können sie dadurch gerade gerichtet werden, daß man sie in heißes Wasser einlegt, das sie erweicht; hierauf lassen sie sich leicht von Hand aus oder mittelst Durchziehens durch eine entsprechende Form wieder gerade richten. Man achte sorgfältig darauf, daß nur ganze gerade Spindeln zum Einstecken in Cops verwendet werden, um Beschädigungen dieser zu verhindern.

Holzspindeln sind billiger als Gummi. Die ganz billigen Holzsorten sind aber für unseren Zweck nicht brauchbar, weil sie zu leicht rauh und rissig werden und dann die Cops etc. beschädigen. Man muß ganz harte und nicht leicht rauh werdende Holzarten benutzen. Spindeln aus weichem Holz fasern auch und werden an dem dünneren Ende pinselartig, sind also ungeeignet, weil sie beim Aufstecken Schwierigkeiten machen und weil sich die leicht abgeschwemmten Holzfasern in die Ware setzen. Die Spindel muß am oberen Ende kuppenartig und darf nicht zugespitzt sein. Da sich die Holzspindeln anfärben und von der Farbe nicht reinigen lassen, braucht man für jede Farbe separate Spindeln, und es ist daher nur Kalkulationssache, ob man nicht, besonders bei starkem Farbenwechsel, mit Gummispindeln dennoch billiger arbeitet. Besser eignen sich die Holzspindeln für Kreuzspulen (s. u.), besonders für Kreuzspulenbleiche. Für diesen Zweck sind sie vorteilhaft aus Pitchpineholz.

Die allgemeine Verwendung der Metallspindeln ist hie und da durch den Charakter des Farbstoffes und der Färbeweise beschränkt. So sind Messing- und Bronzespindeln bei Schwefelfarben, Eisenspindeln bei Baumwollbleiche, beim Arbeiten mit sauren Flotten, bei basischen Farben etc. ausgeschlossen. Von einer Einschränkung für Blei wurde bereits oben gesprochen.

Metallspindeln sind meist Hohlspindeln, um Material zu sparen und das Gewicht der Garnladung nicht unnötig zu erhöhen. Die Metallstärke muß aber dann so bemessen werden, daß die Spindel sich weder beim Pressen zusammendrückt noch beim Schleudern außer Packung ausbiegt. Eisenspindeln sind nicht teuer und finden bei Schwefelfarben Verwendung, eiserne Nägel auch für Kreuzspulen. Erstere sind nach meinen Erfahrungen nur für Cops mit durchlaufenden Hülsen zu empfehlen. Denn das Eisen rostet immerhin und kann Flecken verursachen, bei langen Hülsen aber liegt die Spindel hauptsächlich am Papier und nicht am Garn auf.

Die eisernen wie auch die aus anderem Metallblech angefertigten Spindeln werden meist aus einem trapezartig geschnittenen Blech zusammengerollt. An der Stelle, an der die beiden Längsseiten zusammenfallen, entstehen oft scharfe Kanten; deshalb gibt man den Spindeln durch Einwärtsdrehen des Blechflächenrandes die durch Fig. 96 dargestellte Querschnittsform. Die Reinigung der Eisenspindeln erfolgt durch Abreiben (event. mit Sand), hierauf werden sie in eine schwache Soda- oder Natronlaugenlösung getaucht und dann an einem trockenen Orte aufbewahrt. Die entstehende Sodaschicht verhütet das Rosten.

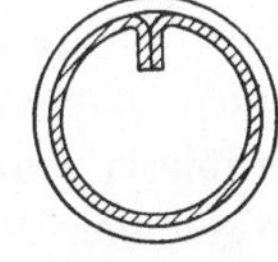

Fig. 96.

Messing- und Bronzespindeln verwendet man für helle, basische und Wollfarben; für Bleiche wähle man, wenn schon Metall-, dann am besten Bronzespindeln, obzwar Gummi oder Holz sich für diesen Zweck besser eignen. Hinderlich für Bleiche sind die grünen Kupfersalzflecken, die sich immer zeigen. Für Schwefelfarben sind die Spindeln aus Bronze und Messing nicht geeignet (s. o.).

Ziemlich allgemein sind Nickel-, Nickelin- und Bleispindeln verwendbar. Für Schwefelfarben werden außer diesen und Eisenspindeln oft auch vernickelte Eisenspindeln gebraucht. Bleispindeln sind wohl für dunkle Farben, aber für Bleiche und helle Farben nicht sehr zu empfehlen, weil sich nämlich Blei mit einer Salzschicht bedeckt, die grauweiß abschmiert.

Bleispindeln haben sehr große Vorteile. Zunächst behält Blei immer seinen Wert. Wird eine Spindel beschädigt, so hat sie noch den vollen Bleiwert und nur die ganz geringen Façonkosten sind verloren. Man gießt sie, was der Färber selbst ausführen kann, leicht wieder in die richtige Form um. Diese Werterhaltung trifft für kein anderes Spindelmaterial zu. Außerdem ist die Spindel nicht teuer. Man verwendet entweder Blei allein oder auch in Mischung mit 5 % oder 10 % Antimon, also zu Hartblei legiert, damit sich die Spindeln nicht zu leicht biegen. Die Biegsamkeit der Spindeln hat ferner einen weiteren großen Vorteil. Wenn man auf Bleispindeln aufgesteckte Cops offen in einer Zentrifuge schleudert, dann gibt im Gegensatz zu anderen die Bleispindel nach und schmiegt sich mit dem Cop an die Zentrifugenwand. Kommt dann auch der Cop wie ein Hörnchen gekrümmt aus der Zentrifuge, so kann man ihn leicht auf einem Brett mit der Hand wieder gerade „nudeln“. Dann wird die Spindel mit Hilfe einer Zange durch eine leichte Drehung von der Hülse gelöst und herausgezogen. Ist die Spindel verbogen, so wird sie gerade gewalzt, was sehr flink von Hand aus geschieht, event. auch mit Hilfe eines Brettes in Form eines Segments mit erhöhten peripherischen Randleisten zur Führung und zum Schutz gegen das Herausfallen; die kegelförmige Spindel hat beim Walzen an dem dicken Ende eine größere Umfangsgeschwindigkeit und führt eine Kreisbewegung aus, daher die Segmentform. Die Einrichtung ist aus Fig. 97 leicht zu ersehen.

Wird aber in Packung geschleudert, dann ist bei den Bleispindeln das Geraderichten der Cops an den Spindeln unnötig und das Richten der Spindeln allein auch weit seltener erforderlich, besonders wenn Hartbleispindeln verwendet werden. Man bedenke aber, daß die Bleispindel meist mehr wiegt als der Cop und daß dadurch eine nicht unbedeutende Gewichtserhöhung des gepackten Materialbehälters eintritt, sodaß auch die Schleuder beim Zentrifugieren in der Packung hier weit mehr belastet ist.

Einer der größten Vorteile der Bleispindeln besteht darin, daß sie sich durch Einlegen in starke Schwefelsäure auf die leichteste Weise reinigen lassen.

Das Einführen der Spindeln in die Cops läßt sich bei durchlaufenden Papierhülsen so einfach und rasch ausführen, daß es sich empfiehlt, diese Arbeit im Akkordlohn zu vergeben. Die Spindel kann ja nicht fehlgehen. Weit schwieriger ist die Arbeit bei den nur wenige Zentimeter langen kurzen Copshülsen. Dort, wo die meist zylindrische Papierhülse endet, nähern sich die durch die Hülse zurückgedrängten Copskanalwände. Die Spindel soll nun so eingeführt werden, daß sie sich genau in die Mitte einschiebt und nicht die plötzlich vordringende Garnschicht durch-

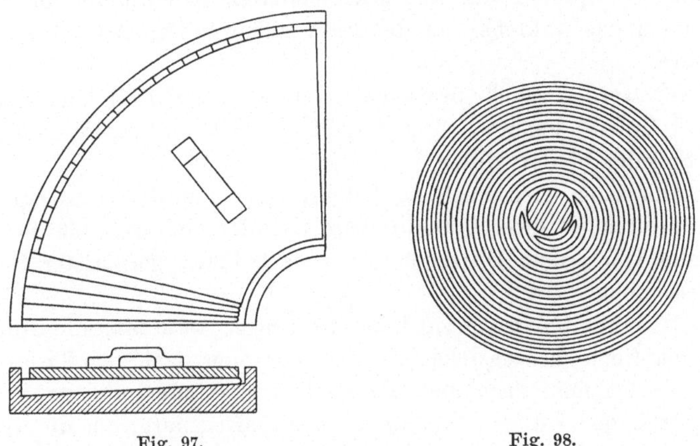

Fig. 97. Fig. 98.

sticht, wie dies die Fig. 98 zeigt. Dann entsteht nämlich auf der einen Seite eine Verdichtung und daher eine härtere Stelle, der die Flotte gern ausweicht. Freilich werden bei Packsystemen diese Unegalitäten durch Pressung meist wieder ausgeglichen, viel schwerere Folgen hat dieses schlechte Aufstecken bei den Aufstecksystemen (s. u.). Das Aufstecken der Cops muß langsam und vorsichtig erfolgen. Man hat sich den richtigen Weg mit der Spindel herauszufühlen und jede Gewaltanwendung zu unterlassen. Alle Cops, die man nur mit Gewalt aufspindeln könnte, sollen zurückbleiben. Die von der Spinnerei aus verstopften Cops lasse man von vornherein ungefärbt. An der Spitze des Cop ist der Kanal gewöhnlich ganz eng und gerade an dieser Stelle wird der Cop am leichtesten beschädigt. Die Schützenspindel wird dann auch in den falsch gebohrten Kanal eingeführt und der Cop läuft gleich am Anfang schlecht ab, sodaß die Weber nicht selten die ganze Spule wegwerfen und den Abfall unerhört erhöhen. Bei richtiger, dem Copkanal angemessener Länge und Dicke der Spindel lassen sich solche Fehler leicht vermeiden.

Für Kreuzspulen verwendet man, wie bereits oben erwähnt, mit Vorliebe Holzspindeln. Diese können ziemlich stark sein, da der Kreuzspulenkanal weit ist, gehen daher nicht so leicht zu Grunde, verbiegen sich nicht, und da man verhältnismäßig wenige braucht, ist die Ausgabe auch bei vielen Nuancen, von denen jede ihre eigenen Holzspindeln verlangt, keine große. Man entnehme die Spindel der gut geschleuderten Kreuzspule, um beim Trocknen das Ankleben an die stark geleimte Papierhülse zu verhindern.

Oft werden auch bronzene oder eiserne Nägel mit flacher runder Spitze benutzt. Der Nagelkopf verhütet das Verschieben der Spindel in der Hülse.

Man kann sich auch so helfen, daß man den Kreuzspulenkanal durch je zwei Copsspindeln ausfüllt, derart, daß je eine Spindel von jedem Hülsenende mit nach innen gerichteter Spitze eingeschoben wird.

Es handelt sich nun noch um die Frage, wann man die Spindel aus den Cops herausziehen soll, ob vor oder nach dem Trocknen. Dies richtet sich nach dem Material der Spindel und nach dem Klebestoff der Hülse. Im allgemeinen haftet natürlich die Hülse an rauheren Spindeln stärker, und diese lassen sich daher, solange die Hülse noch feucht ist, leichter entnehmen, als nach dem Trocknen, nach dem die Hülse festklebt. Es ist dies natürlich auch eine ökonomische Frage, da man einen weit größeren Spindelbesitz haben muß, wenn die Spindel erst aus dem trockenen Cop herausgezogen werden soll. Trotzdem empfiehlt sich letzteres hie und da, und zwar bei ganz weichen Cops auf kurzen Hülsen, die also der Stütze der langen durchlaufenden Hülse entbehren und ohne diese nicht gerade bleiben, sowie dann, wenn die Cops direkt von den Spindeln ablaufen können.

Holzspindeln lassen sich leichter aus dem trockenen Cop entnehmen, Gummispindeln sollen aus dem nassen Cop herausgezogen werden, weil im anderen Fall, wenn die Gummispindel verbogen ist, auch der Cop verbogen bleibt, während er sich ohne Spindel noch beim Trocknen gerade richten kann. Metallspindel entnehme man der nassen Spule.

Beim Herausziehen der Spindel, das auch sehr vorsichtig geschehen soll, kann man dadurch viel für die Reinhaltung des Copkanals tun, daß dabei der Cop mit der einen Hand festgehalten wird, während die andere Hand die Spindel zunächst etwas herauszieht, sie dann nochmals in den Kanal zurück einstößt oder eindreht und sie hierauf erst entnimmt. Man wird dadurch erreichen, daß der Kanal ganz offen bleibt und daß man auch nach dem Trocknen durch den Kanal durchsehen kann. Die Schützennadel geht dann ohne jede Schwierigkeit in richtiger Lage in den Copkanal, und Abfall wird tunlichst vermieden.

Es hat nicht an Versuchen gefehlt, bei gewissen Apparaten des Packsystems die Cops überhaupt nicht an Spindeln zu behandeln. Soweit mir bekannt, ist der Erfolg ausgeblieben.

Die Spindel im Aufstecksystem hat nicht allein den Zweck, den Copkanal rein zu halten, sondern ihr fällt die weit wichtigere Rolle zu, die Flotte dem sie umgebenden Material zuzuführen oder von ihm abzuleiten. Die Spindeln müssen daher hohl und perforiert sein. Der Hohlraum einer Spindel spielt also dieselbe Rolle wie die Flottenkammer, resp. der Flottensammelraum in einem Apparat nach dem Packsystem mit ringförmigem Materialraum. Jede Spindel ist ein Apparat für sich, und unbedingt muß schlechte Einrichtung und schlechter Zustand derselben den Färbevorgang ungünstigst beeinflussen. Es muß daher nicht nur über das Material und die Querschnittsform, sondern auch über die Konstruktion und über die Befestigung der Spindeln, mit der gemeinsamen Trägervorrichtung, sowie über ihre Instandhaltung, besonders Reinigung, ausführlich gesprochen werden.

Bezüglich des Materials gilt dasselbe wie für die Spindeln des Packsystems, nur daß die Verwendung von Gummi und Holz hier natürlich ausgeschlossen ist. Die Beanspruchung der Spindeln gegen Zusammenpressen kommt nicht in Frage, wohl aber die Widerstandsfähigkeit gegen das Verbiegen. Die Spindeln sind sehr teuer und müssen schon aus diesem Grunde tunlichst geschont werden. Sehr wichtig ist es, daß die Oberfläche glatt bleibt, und daher sind die leicht rauh werdenden Eisenspindeln trotz ihrer Billigkeit im Gebrauch gar nicht vorteilhaft.

Nach den Querschnittsformen kann man zwei Gruppen von Spindeln unterscheiden, runde, bei denen die Spindel mit ihrer ganzen Fläche am Garn anliegt, bei denen also flächenförmige Berührung stattfindet, und solche, bei denen lineare Berührung zwischen Garn und Spindel herrscht. Im ersteren Fall ist die Spindel von einem perforierten Kegelmantel gebildet, in letzterem Fall hat man keine Perforationen nötig und darin liegt der Vorteil dieser Spindelart. Denn die Perforationen sind die Ursache von allerhand Unfällen.

Durch die Perforationen strömt die Flotte in die Cops ein, und es ist daher erste Bedingung, daß sie immer rein bleiben, was allerdings schwer zu erreichen ist. Denn die Flotte reibt sich an den Rändern der Perforationen und macht sie dadurch schartig. Nun wird das Garn bei der meist in raschem Wechsel erfolgenden doppelseitigen Flottenbewegung immer in die Perforationen hineingezogen und dann wieder herausgedrückt und wetzt sich dabei an den Scharten. Diese Schwächung ist am Garn zwar praktisch nicht bemerkbar, doch der losgeschabte Faserflaum setzt sich nebst anderen festen Körperchen, so Rost, Niederschlägen aus dem Wasser und aus der Flotte etc., in das Spindelinnere und verstopft langsam die Perforationen, sodaß durch dieselben die Flotte nicht mehr ins Material dringen kann, wodurch undurchgefärbte Stellen entstehen müssen.

An Versuchen, diesem Übel zu steuern, das am meisten gegen die Aufstecksysteme spricht, fehlt es nicht. In erster Linie hat dabei die Erwägung vorgeschwebt, die Perforationen möglichst groß zu halten, wodurch auch der Durchlaufsquerschnitt vergrößert wird. Doch ist die Grenze für die Größe und die Zahl der Perforationen, diese beiden den Durchlaufsquerschnitt bestimmenden Faktoren, durch die Rücksicht auf die Blechstärke und Stabilität der Spindeln gegeben.

Die Perforationen macht man heute meist nicht mehr rund, sondern schlitzförmig und gegen die Spitze hin größer, weil sich durch die konische Form die Spindel verjüngt und der an der Spitze weniger geräumige Spindelkanal um so leichter verstopft werden kann.

Die einfachste Methode, Verstopfungen vorzubeugen, wäre die öftere Reinigung der Spindeln. Diese ist aber durchaus nicht leicht ausführbar, besonders nicht bei jenen Spindeln, die in die

Spindelträgervorrichtung fest eingeschraubt sind und nicht gut zum Reinigen losgelöst werden können. Die Spindeln setzen sich nämlich mit der Zeit so fest, daß man sie nur mit Mühe herauszuschrauben vermag. Die Reinigung jener Spindeln, die von der gemeinsamen Trägervorrichtung leicht lösbar sind und die jedesmal aus der Trägervorrichtung zum Ab- und Wiederaufspindeln entnommen werden, ist viel leichter; sie wird meist so vorgenommen, daß man die Spindel zunächst auskocht, dann erhitzt, dadurch die Verunreinigungen verbrennt und die Asche herausklopft.

Auf Seite 122 ist ein sehr sinnreiches Verfahren zur Spindelreinigung während des Betriebes nach Bernhard Schubert in Zittau erwähnt (D.R.P. 127239).

Die Spindeln jener Art, welche mit der Materialträgervorrichtung starr verbunden sind, werden (s. o.) meist eingeschraubt, derart, daß man sie losschrauben und durch neue ersetzen kann, wenn sie Schaden gelitten haben. Um die Dichtung gegen die Trägervorrichtung ganz sicher zu machen, wird nach D.R.P. 63949 von George Hahlo in Manchester durch die besondere Anordnung einer Gummidichtung nachgeholfen. Als weitere Vorrichtung zur sicheren Abdichtung der Spindeln sei hier die durch das D.R.P. 70670 von Robert Shaw in Manchester geschützte Einrichtung nur genannt.

Jene Spindeln, die jedesmal zum Färben mit der Spindelträgervorrichtung zu verbinden sind, haben besondere Einrichtungen, um diese Verbindung absolut dicht zu machen. Es seien hier einige derartige Spindeln beschrieben, wie sie mir von der bekannten Blechspulenfabrik Ernst Papst in Aue i. S. bemustert wurden.

So verwendet Carl Wolf in Schweinsburg für seinen Apparat (S. 108) Spindeln, deren Einrichtung aus der Fig. 99 zu ersehen ist. Auf die Trägerplatten sind Nippel n aufgenietet. Die Spindeln sind an ihrem unteren unperforierten Ende f aufgeschnitten und federn dadurch, sodaß sie sich dicht auf die Nippel n aufschieben.

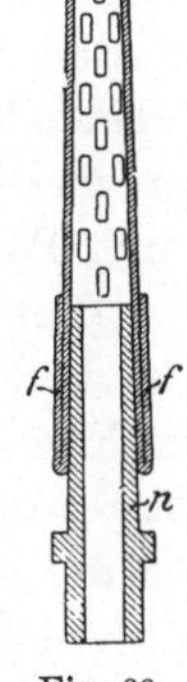

Fig. 99.

Um Garnkörper mit verschiedenem Spulendurchmesser, z. B. Pincops g und Warpcops f, auf ein und derselben Platte färben zu können, erhalten nach dem D.R.P. 128068 der Firma Carl Wolf in Schweinsburg (Fig. 100) die als Hohlzapfen in die Garnträgerplatte eingesetzten Spulenträger e a zwei oder mehr die Spulen aufnehmende ringförmige Naben c, bezw. d.

Die Firma Colell & Beutner in Neunkirchen i. S. hat Spindeln geschützt, die, wie Fig. 101 zeigt, in einen Gewindenippel g gesteckt werden. Die Spindeln haben einen kleinen angelöteten Teller t, der dazu dient, um sie aus dem Gewindenippel leicht entfernen zu können. Hinter dem Teller ist der kurze Schaft der Spindeln ein wenig konisch und steckt sich deshalb gut in den Nippel ein.

Eine von Papst in den Handel gebrachte Spindel hat einen schon in der Figur 101 gezeichneten Konus c angesetzt, auf den 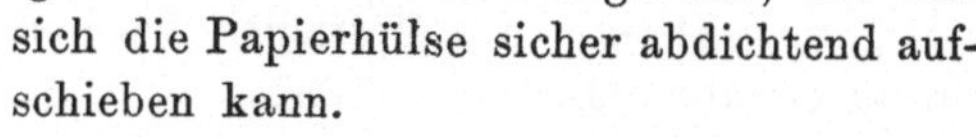 sich die Papierhülse sicher abdichtend aufschieben kann.

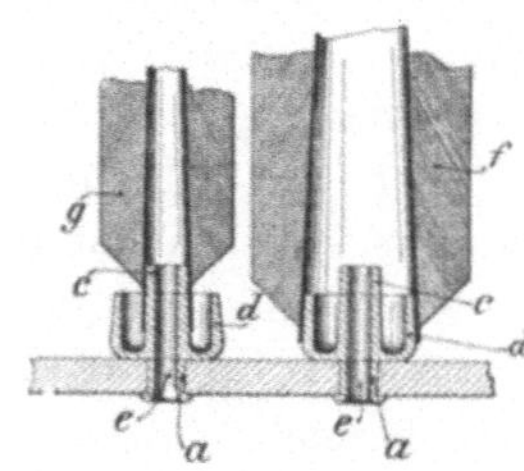

Fig. 100.

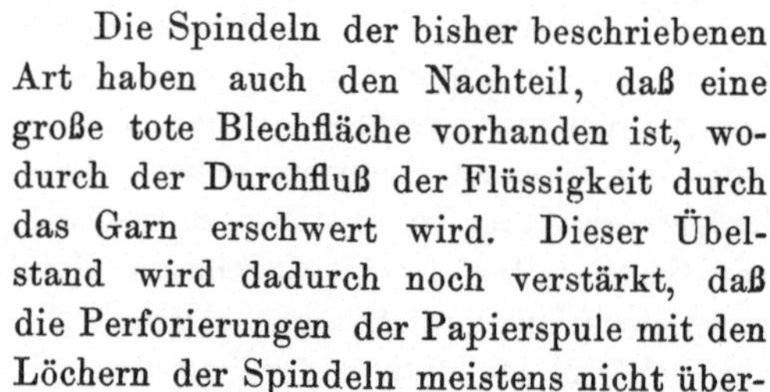
Die Spindeln der bisher beschriebenen Art haben auch den Nachteil, daß eine große tote Blechfläche vorhanden ist, wodurch der Durchfluß der Flüssigkeit durch das Garn erschwert wird. Dieser Übelstand wird dadurch noch verstärkt, daß die Perforierungen der Papierspule mit den Löchern der Spindeln meistens nicht über-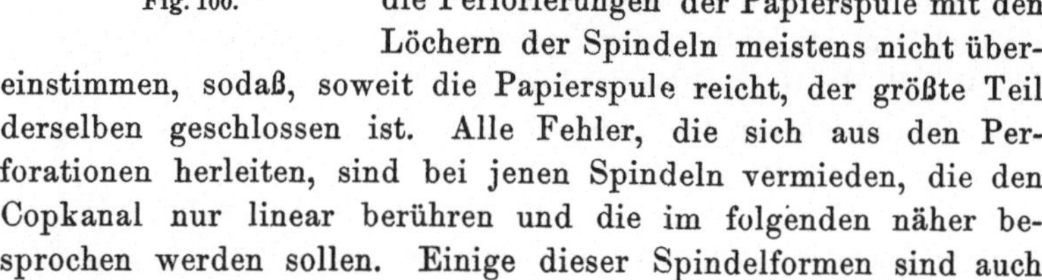einstimmen, sodaß, soweit die Papierspule reicht, der größte Teil derselben geschlossen ist. Alle Fehler, die sich aus den Perforationen herleiten, sind bei jenen Spindeln vermieden, die den Copkanal nur linear berühren und die im folgenden näher besprochen werden sollen. Einige dieser Spindelformen sind auch durch Patente geschützt.

Hierher gehören die Drahtspindeln. Eine solche ist z. B. in dem D.R.P. 57 542 von Dr. A. Waldbaur in Stuttgart (Fig. 102) beschrieben. An einen Ansatz 2, mit dem die Spindel in die Trägervorrichtung 1 hineinragt, schließen sich drei oder mehr in einer aus der Abbildung ersichtlichen Weise gebogene federnde Drähte 3 an, welche sich in der Spitze in einem Kopf 4 vereinigen. Auf das Drahtbündel wird der Kötzer aufgesteckt, welcher mit seinem hinteren Ende an den Ansatz 2 und vorne an den Kopf 4 anschließt, wobei die innere Höhlung durch die federnden Drähte auseinandergehalten wird.

Bei der Spindel nach Waldbaur zeigt sich nach dem D.R.P. 97 293 von Eduard Schröter in Oberlangenbielau der

Nachteil, daß das Garn nicht genügend Anlagefläche findet und dabei Garn oder Papierhülse zwischen die Drähte gepreßt wird. Dadurch wird beim Saugen der Durchlaufquerschnitt durch die eingepreßte Hülse stark verkleinert und das Papier beim Abziehen der Cops von der Spindel beschädigt. Gemäß der Erfindung Schröters wird nun zwar auch ein aus Drähten zusammengesetzter Copsträger verwendet, die Nachteile der Waldbaurschen Ausführung sollen aber dadurch vermieden werden, daß der Träger aus einem Gitterwerk von Drähten zusammengesetzt

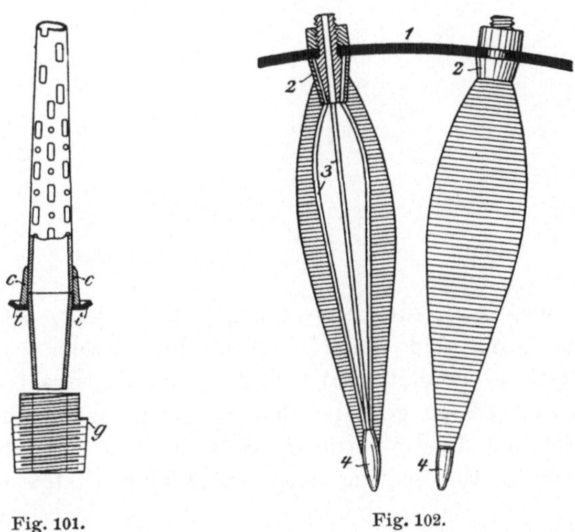

Fig. 101. Fig. 102.

ist. Die Stäbe im unteren Teil des Trägers sind enger gestellt als im oberen Teile, und zwar besonders dort, wo die Papierspule hinkommt, sodaß die Spule vollständig unberührt bleiben und der Durchfluß der Farbflüssigkeit auch durch die unteren Teile der Spule ungehindert von statten gehen soll.

Nach den D.R.P. 127 313 und 131 703 von J. Major wird die Spindel statt aus vier Tragstäben nur aus zwei Metallschienchen von U- oder V-förmigem Querschnitt gebildet. Diese Schienchen sind mit ihren Scheitellinien einander zugekehrt, dann in bekannter Weise in ihrer Mitte zur Federung ausgebogen und an den zusammenlaufenden Enden zusammengelötet und werden an den anderen Enden von einem Einsatzstück getragen.

Die Vorteile dieser Gattung von Spindeln liegen, abgesehen von dem Fehlen der Perforationen und von der großen Berührungsfläche zwischen Material und Flotte, auch in der ungemein leichten Reinigung und in der Elastizität, die sie für verschiedene Kanalweiten brauchbar macht. Doch springen die Drähte, die an beiden Enden gelötet sein müssen, leicht aus der Lötung heraus, wodurch dann natürlich die Spindeln unbrauchbar werden. Sie verlieren auch mit der Zeit ihre Elastizität und sind außerdem sehr teuer.

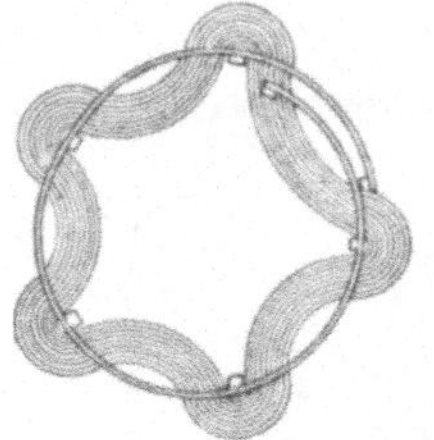

Fig. 103.

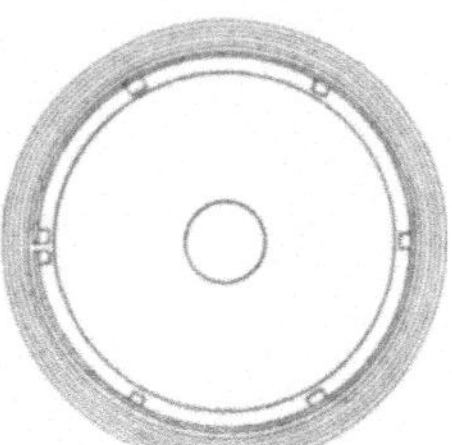

Fig. 104.

Hier sei auch die Einrichtung des D.R.P. 70284 von G. W. Holzborn und Charles Slater in Grohn bei Bremen (Fig. 103 u. 104) erwähnt. Garn wird in Kreuzform auf ein zylindrisches Drahtgerippe gespult, das der Länge nach einmal zerschnitten ist und dessen peripherische Stäbe aus federndem Stahldraht bestehen. Um bequem aufspulen zu können, stößt man einen

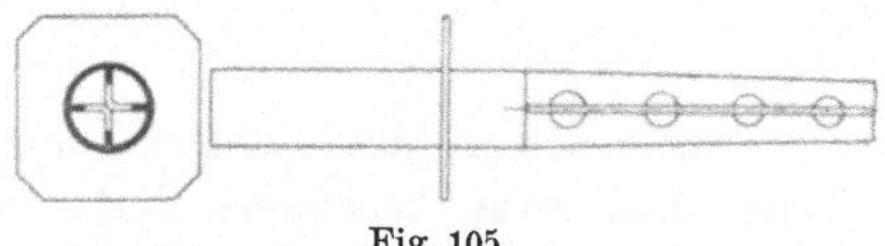

Fig. 105.

Holzzylinder in die Mitte, der dann nach vollendetem Spulen wieder herausgestoßen wird. Durch einen gelinden Druck federt das Drahtgerippe zusammen und das Material wird dann lose auf den Stäben liegen.

Eine weitere Art von Spindeln, die lineare Berührung bieten, ist in einer Ansicht und einem horizontalem Querschnitt (Fig. 105) dargestellt. Sie bestehen in der Hauptsache aus zwei rechtwinklig gebogenen, konisch zulaufenden Blechstreifen, welche, wie aus der Figur ersichtlich, zusammengelötet sind. Das Garn wird also nur linear von den vier äußeren Kanten berührt und die Flottenzuleitung erfolgt durch die gebildeten Rinnen, die von den Flächen begrenzt werden. Am oberen Ende ist ein volles konisches Stück als Spitze angeschmolzen, unten sind die Bleche im Ansatz vereint. Diese Spindel kann als sehr geeignet bezeichnet werden, sie verbindet die Vorteile der Drahtspindeln mit der Stabilität der perforierten Spindeln.

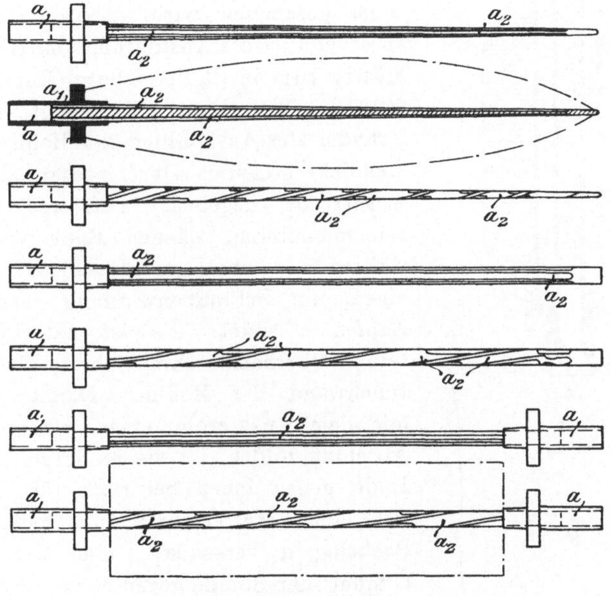

Fig. 106 bis 112.

Zwischen den Spindeln mit flächenförmiger und linearer Berührung stehen solche mit teilweise flächenförmiger Berührung und Zu- und Ableitung der Flotte durch auf der Oberfläche angeordnete Kanäle. Solche Spindeln sind z. B. von Walter Coventry, Bautirka, Moskau, in Vorschlag gebracht worden und sind nach dem Engl. Patent 11491/1897 auf folgende Weise eingerichtet: Die Fig. 106—108 zeigen kegelförmig gestaltete Spindeln für Cops, die Fig. 109—112 zylindrische für Kreuzspulen. Von den ersteren sind diejenigen nach Fig. 106 und 107 mit parallel zur Spindelachse verlaufenden Rillen oder Kanälen a_2 versehen, während die Spindel Fig. 108 schraubengangförmig gewundene Flottenleitungskanäle aufweist. Desgleichen zeigt die Spindel Fig. 109 u. 111 parallel zur Achse verlaufende, die Fig. 110 u. 112 schraubenförmig gewundene Kanäle.

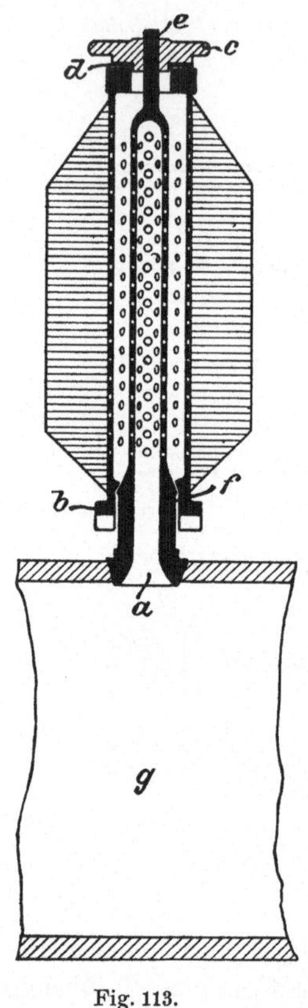

Fig. 113.

Eine weitere Art Spindel vermeidet jede Berührung zwischen Garnkörper und Spindel, indem zwischen Spindel und Papierhülse ein flottenerfüllter Zwischenraum geschaffen wird. Dieser Idee entsprechend ist die Ausführung von Leopold König jun. in St. Petersburg (Engl. Patent 9011)[1]. Wie die Fig. 113 zeigt, hat der Erfinder der Aushöhlung der Bobine einen ziemlich größeren Durchmesser als dem Ansatzrohr gegeben. Letzteres ist an seinem unteren, offenen Ende verstärkt, während es oben geschlossen ist und in einem mit Schraubenwindung versehenen Zapfen e endet. Es ist natürlich auf seiner Oberfläche durchlöchert, gleich der Innenwand der Bobine. Damit letztere mit dem Ansatzrohr einen wasserdichten Abschluß bildet, ist sie an ihrem unteren Ende gegen innen bei f verstärkt, oben mit einer Mutterschraube c und einem Packring d versehen, sodaß die innere Öffnung der Bobine gegen oben geschlossen ist und die Bobine mittels der Schraubenvorrichtung mit ihrem unteren, inneren Vorsprung f dicht und fest auf den äußeren Vorsprung des Ansatzrohres a gepreßt wird. Die Flüssigkeit tritt also aus dem Ansatzrohre durch die Öffnungen zunächst in den Zwischenraum zwischen dem Ansatzrohr und der durchlochten Innenwand der Bobine und von hier aus erst in das Garn über. Selbstverständlich gilt dieselbe Anordnung auch für den entgegengesetzten Fall, daß die Bobine von der Farb- oder Bleichflüssigkeit umgeben ist und das

[1]) Lehnes Färber-Zeitung 1899, 58.

Rohr g als Saugrohr wirkt, um die Flüssigkeit auf dem umgekehrten Weg zuerst durch das Garn, dann durch die Höhlung der Bobine und das Ansatzrohr hindurchzuziehen.

Ähnlich ist die Spindel von Max Köhn in Leubnitz bei Werdau i. S. (D.R.P. 106 597) eingerichtet (Fig. 114). Die das Gespinst nach oben und unten überragende Copshülse a wird zum Zwecke der Abdichtung der Copshülse gegenüber dem Flottenbehälter mittelst einer an der ebenfalls durchlässigen, zur Ableitung nach unten offenen Aufsteckspindel b sitzenden Führung c angebracht, auf eine am Fuß der Aufsteckspindel befindliche Dichtungsscheibe d geleitet und so durch das Eigengewicht des Cops und den Druck der Flüssigkeit die Trennung zwischen Flottenzufuhr- und Ablaufseite herbeigeführt[1]).

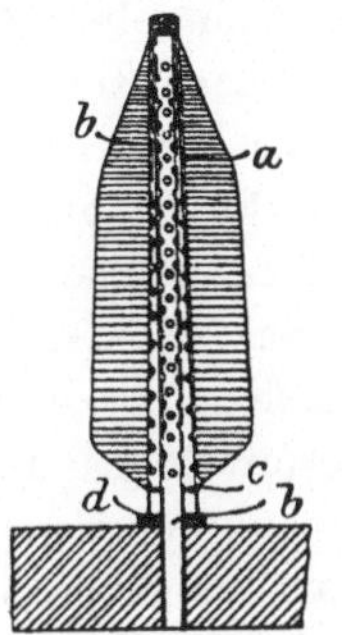

Fig. 114.

Genannt sei hier auch die Spindeleinrichtung von Curt Theuerkorn (D.R.P. 119 138).

Für die Arbeit des Aufsteckens sind jene Spindeln angenehmer und sicherer, die zu dieser Arbeit aus der Spindelträgervorrichtung losgelöst werden. Man kann sich bei diesen den Weg in der Spule ebenso heranfühlen, wie dies bei Spindeln für das Packsystem der Fall ist. Diese Sicherheit beim Aufspindeln ist um so wertvoller, als beim Aufstecksystem von der richtigen Stellung der Spindel im Cop auch die gute Durchfärbung abhängt. Bei den Spindeln, die starr mit der Trägervorrichtung verbunden sind, ist dieses leichte Treffen des richtigen Weges für die Spindel weit schwieriger.

Schon auf Seite 159 wurde der Fall erwähnt, daß beim unvorsichtigen Aufspindeln die Garnschichten durchstochen werden, und daß dadurch an gewissen Stellen eine Verdichtung eintritt. Beim Packsystem hat dies nicht unbedingt zur Folge, daß die Cops nicht durchgefärbt werden, weil die Pressung und die Vereinigung so vieler Garnkörper zu einem Block solche Härteunterschiede wieder ausgleicht. Anders bei Aufstecksystemen. Die dünne zu durchdringende Schicht läßt auch kleine Verdichtungen einen schädlichen Einfluß üben. Die Flotte sucht sich

[1]) Lehnes Färber-Zeitung 1900, 82.

den leichtesten Weg und durchdringt die verdickte Stelle nicht, sodaß der Cop nicht gleichmäßig durchgefärbt wird. Es gilt bei den Spindeln der letzteren Form in erhöhtestem Maße der Grundsatz, keine Gewalt anzuwenden und alle ungeeigneten Cops von der Färbung auszuschließen. Bei den fest eingeschraubten Spindeln lasse man den Cop in die Spindel hineinfallen und schiebe ihn durch einen sanften Druck auf dem oberen Konus an der Spindel fest, sodaß die vorstehende Hülse den unperforierten Spindelfuß umgibt. Wenn der Copkanal etwas weiter ist, als unbedingt für die Spindeln nötig, dann eignen sich die Cops nur für die Apparate, in denen sie horizontal oder senkrecht stehen, daher nicht abfallen können.

Es ist nun von größter Wichtigkeit, daß der Cop auch richtig auf der Hülse sitzt. Der Flüssigkeitsablauf muß vom Flüssigkeitszulauf vollständig abgetrennt sein, doch darf diese Dichtung nur durch das zu färbende Material erfolgen. Es müssen also alle Perforationen der Spindel von Material überdeckt, es dürfen hingegen die unperforierten Spindelteile, Spitze und Fuß, nicht von Garn umgeben sein. Die herausragende Papierhülse muß sich auf den unperforierten Fuß abdichtend aufschieben. Die Spitze der Spindel darf keine Öffnung haben, doch löst sich das Lot, das diese Spitzenöffnung verschließt, leicht ab; dann entferne man die Spindel oder verlöte die Spitze wieder. Man sieht also, daß die Cops genau den Spindeln entsprechen müssen in Bezug auf Länge, Kanalweite, Stellung der Hülse, Größe der Perforationen der Papierhülse, die die Spindelperforationen nicht verdecken dürfen. Man ist dann auch wegen der Copdicke gebunden, da sich die Cops nicht berühren dürfen. Aus allen diesen Bemerkungen ergibt sich, wie schwierig das Aufstecken ist. Es soll daher immer von den zuverlässigsten Arbeitern und nie im Akkordlohn ausgeführt werden.

Kopf und Fuß der Cops, die konisch geformt sind, zeigen gegenüber der zylindrischen Mitte eine geringere Schichtendicke, daher kann die Flotte diese Stellen leichter passieren. Man bemerkt bei helleren Farben und bei Cops mit langen Konussen ein Dunklerwerden dieser Stellen.

Je größer der Unterschied in der Schichtendicke, desto mehr muß sich dieser Farbunterschied zeigen, so bei dicken Vorgarnspulen. Diesem Übelstand sucht Jean Schmidt in Danjoutin-

Belfort (D.R.P. 138893) abzuhelfen, indem er beim Färben von Banc-à-broches-Spulen die Menge und den Sättigungsgrad der durch die Garnschichten ziehenden Flotte dadurch regelt, daß die perforierten Hülsen der Spulen auf jenem Teil ihrer Länge, welcher dem zylindrischen Spulenteil entspricht, mit Durchlochungen von gleichem Durchmesser versehen sind, während die den kegelförmigen Spulenenden entsprechenden Teile der Hülse Lochungen enthalten, deren Durchmesser nach den Spulenenden hin abnimmt[1]).

Das Abnehmen von den Spindeln geschieht am besten in nassem Zustand, weil sich da die Hülse noch nicht festgeklebt hat. Das Hülsenpapier ist oft überreich an Klebestoff, um dem Papier mehr Steife zu geben, da es ja durch die Lochungen geschwächt wird. Man fasse den Cop möglichst tief, um ihn abzuziehen. Nach dem Absaugen soll womöglich der Cop noch einmal von der Spindel abgedrückt werden, damit er sich nicht an den Spindelperforationen festsetzt. Um die Papierhülse von der Spindel loszumachen, kann man sich auch eines kleinen Gäbelchens bedienen. Das Abnehmen der Cops von nicht perforierten Spindeln mit linearer oder nicht ganz voller Berührung ist leichter.

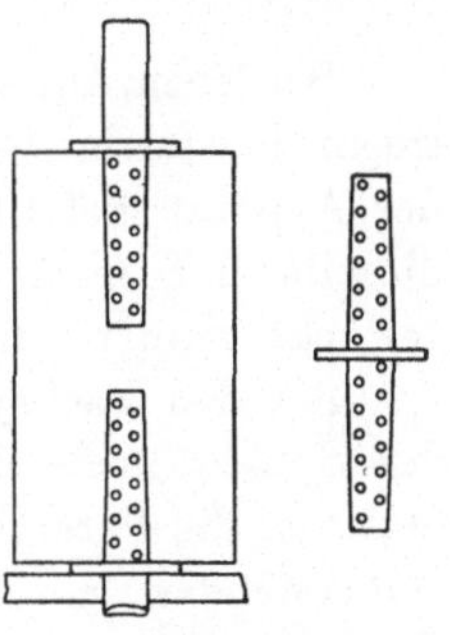

Fig. 115.

Über Kreuzspulenspindeln ist das Meiste bereits im vorstehenden gesagt worden. Die auf perforierte Papierhülsen aufgewickelten Spulen werden auf perforierte Spindeln gesteckt; dabei ist darauf zu achten, daß sich die Perforationen der Spindel nicht durch die festen Papierteile verlegen. Die Papierhülsen enthalten gewöhnlich sehr viel Klebemittel und sind deshalb zum Ankleben an die Spindel sehr geneigt. Auf die besondere Konstruktion der Vorgarn- und Kreuzspulen-Spindeln, die ein Ineinanderschieben der Spindeln und dadurch die Anordnung mehrerer Spulen über einer einzigen Materialträgerperforation gestatten, ist schon früher (S. 93 u. 94) hingewiesen worden. Dem gleichen Prinzip entspricht auch eine neue Spindelanordnung nach den D.R.G.M. 228569 und 228660 der Firma

[1]) Lehnes Färber-Zeitung 1903, 355.

Ernst Papst in Aue (Fig. 115). Nach der vorliegenden Neuerung wird eine Zwischenhülse geschaffen, welche mit zwei gelochten, zu beiden Seiten eines Dichtungsbundes liegenden Aufsteckenden versehen ist. Auf die unterste Aufsteckhülse wird die Papierspule gesteckt, sodann kommt in das obere Spulenende die Zwischenhülse mit einem Ende eingesteckt, und auf ihr anderes Ende wird eine zweite Spule gesetzt. Diese wird durch ein Verschlußstück in bekannter Weise geschlossen.

4. Das Packen.

Bei jenen Aufstecksystemen, deren Spindeln mit dem Materialträger in starrer Verbindung stehen, ist mit dem Aufstecken auch der Apparat gefüllt. Ist die Aufsteckspindel lösbar, dann muß dieselbe nur noch in die vorgesehenen Nippel etc. dichtend eingesteckt werden, damit der Materialträger zum Färben bereit ist.

Bei den Packsystemen aber schließt sich an das Aufstecken der Spulen noch die wichtige und schwierige Arbeit des Einpackens, die Vereinigung der Einzelkörper zu einem Block gleichen Widerstandes, an. Auch lose Materialien und Garne etc., die ebenfalls in Apparaten nach dem Packsystem gefärbt werden, müssen gleichmäßig in die Materialbehälter eingelegt werden. Diese Arbeit erfordert große Übung und Aufmerksamkeit, da vom richtigen Packen der gute Ausfall der Färbung abhängt.

Die Packsysteme sind bei ihrer Besprechung im ersten Teil nach ihrer Eignung für loses oder gewickeltes Material in Gruppen geteilt worden. Dort ist auch auseinandergesetzt, warum runde oder ringförmige Materialräume zur Aufnahme fest gewickelten Materials sich nicht eignen und warum für dieses die Materialkammern am besten prismatische Räume mit quadratischem, also gleichgroß bleibendem Querschnitt sein sollen, die von der Flotte in parallelen Strahlen durchströmt werden.

Da das Packen von Cops die schwierigste Aufgabe darstellt, sei es ausführlich besprochen und das Packen der sonstigen Textilmaterialien, auch in anderen als Materialbehältern von prismatischer Form, hierauf in Kürze damit verglichen.

Die Materialkästen zur Aufnahme von Cops können fest mit dem Apparat verbunden oder lösbar sein. Im ersteren Fall ist die Materialkammer meist sehr groß und geräumig, im letzteren Fall dienen mehrere kleinere und leicht transportable Kästen der Materialaufnahme. Zwei gegenüberliegende Seiten sind aus perforiertem Blech gebildet, von denen mindestens die eine, das Deckelsieb, abnehmbar sein muß. Diese Siebseiten liegen in der Richtung des Flottenweges.

Stets empfiehlt es sich, den Materialraum mit einem Tuch auszulegen, das das Material einzuhüllen hat und, als Filter wirkend, von demselben feste Partikelchen aus der Flotte oder dem Wasser fernhält. Ferner hindert es das Austreten von Partikeln des gepackten Materials in den Flottenkreislauf. Für diese Zwecke muß es auch entsprechend dicht genommen werden, bei Cops und Kreuzspulen des meist aus kleinen Teilchen bestehenden Ausfüllmaterials wegen dichter, als wenn z. B. Garn allein gepackt wird. Auch richtet sich die erforderliche Dichte und das Material des Tuches nach der Farbe. Ein dichteres Tuch ist z. B. auch ein Schutz gegen die Oxydationswirkung der Luft, deshalb bei Schwefelfarben zweckdienlich. Da das Tuch und nicht das Material direkt an den flottenerfüllten Raum grenzt, kommen im Material auch keine dunkleren Stellen vor, welche von der Flotte mehr berührt worden sind, wie dies bei den Randstöcken in der Strangfärberei auch der Fall ist.

Häufig verwendet man Jutetücher, die meist locker gewebt sind. Sie genügen bei direkten Farben gewöhnlich. Man hüte sich vor der Verwendung zu dicht eingestellter Baumwolltücher. Am besten bewähren sich für alle Farben Tücher aus Baumwolldeckenstoff, sg. Molton, die durch ihren dichten Pelz genügend filternd und schützend wirken und die nicht dicht eingestellt sind, daher der Flotte auch keinen großen Widerstand bieten.

Beim Färben von Wolle benützt man locker gewebte Baumwolltücher. Jutetücher fasern und sind daher nicht zu empfehlen. Aus demselben Grund sowohl als auch deshalb, weil sie das Bäuchen nicht vertragen, sind letztere auch für Baumwollbleiche ungeeignet, und man bedient sich hier ebenfalls am besten des Baumwolldeckenstoffs.

Sehr notwendig ist es, die Tücher vor der Verwendung gründlich zu reinigen. Jutetücher werden zu diesem Zweck in eine kochend heiße 5%ige Wasserglaslösung eingelegt und darin bis zum Erkalten der Lösung belassen, dann gespült und eventuell in einer Lösung von unterchlorigsaurem Natron (aus Chlorkalk- und Sodalösung dargestellt) abgebleicht, gesäuert und gewaschen. Baumwollene Gewebe müssen zunächst durch Einlegen in warme Malzlösung oder durch kurzes Tränken in ganz schwacher Schwefelsäure, Liegenlassen über Nacht und darauf folgendes gutes Spülen von Stärke befreit werden. Darnach erfolgt gründliches Auskochen, man läßt sie am besten den Bäuchprozeß oder den ganzen Stückbleichprozeß mitmachen. Nicht nur die Schlichte (Stärke etc.) kann gefährlich werden, wenn man sie nicht entfernt, noch vielmehr tritt eine Gefahr durch die Beschwerungsmittel (besonders Pfeifenton) ein, mit denen Baumwolldeckenstoff oft beladen ist. Wenn man nicht auskocht, dann wird der feine Ton auf das Material geschwemmt und bildet eine dicke angefärbte Schmiere, welche die Partie ruiniert und die Flotte zur Aufbewahrung unbrauchbar macht.

Für jede Farbe braucht man natürlich ein eigenes Tuch, das so lange als möglich weiter benutzt wird. Zwischen den einzelnen Partien wird es durch Abbürsten mit Seife und Soda und folgendes gründliches Auswaschen gereinigt. Vor dem Einlegen in den Kasten netzt man die Tücher zweckmäßig gut durch, schleudert sie und nimmt sie in diesem feuchten Zustand zum Auslegen der Kästen. Man verwende praktisch zwei Tücher, die kreuzweise gelegt werden, sodaß die Boden- und Deckelsiebseite des Materialbehälters durch eine doppelte Tuchschicht geschützt ist. Die Tücher sind dann so lang, daß sie noch über den gepackten Kasten herübergeschlagen werden können, und es bedeckt also jedes außer der Boden- und Deckelsiebseite noch je ein gegenüberliegendes Seitenflächenpaar.

Um nun die Cops, diese vielen gewickelten Einzelkörper, zu einem gemeinsamen Körper zusammenzufügen, genügt das Pressen allein nicht. Je härter der Cop, desto geringer ist seine Deformation beim Pressen und desto besser seine Verwendbarkeit beim Weben, destoweniger ist er aber auch geneigt, sich mit den an ihn angereihten Cops durch Pressen allein zu einem egalen Block zu vereinen. Wenn man nun die Cops aneinander reiht und übereinander legt, dann entstehen an den Rändern jeder Schichte und auch an den Copskonussen Lücken, die natürliche Kanäle für die Flotte böten. Deshalb muß bei Wickeln stets ein Ausfüllmaterial verwendet werden, um diese Lücken zu stopfen, indem es an die zu einem lückenlosen Block noch fehlenden Stellen tritt. Dieses Ausfüllmaterial ist nun das Schmerzenskind der Packsysteme, und keines der vorgeschlagenen und eingeführten Materialien entspricht den Anforderungen vollständig, die ein ideales Ausfüllmaterial erfüllen sollte und die man, wie folgt, zusammenfassen kann: Es soll ein egales Ausfüllen ermöglichen, indem es sich gut anschmiegt, es soll Flüssigkeit durchlassen, aber schwerer als das Material, es soll keine Farbe aufnehmen, damit es keinen Farbstoff verbraucht, es soll etwas elastisch sein, und zwar elastischer als die Spulen, es soll ferner keine Luft in sich einschließen und auch keine Flüssigkeit zurückhalten, darf also keine Hohlräume aufweisen, es soll nur wenig kosten oder fortwährendes gefahrloses Weiterverwenden gestatten, es soll sich nach dem Auspacken sehr leicht von den Wickeln entfernen lassen, also nicht daran haften und sich schließlich durch die Farbmaterialien und die Hitze etc. nicht nachteilig verändern (z. B. nicht klebrig werden, wie Gummischnitzel, oder nicht spröde werden etc.).

Die Begründung dieser Anforderungen ergibt sich von selbst. Es sei nur beigefügt, daß ein zu hartes, nicht schmiegsames oder ein aus Stäbchen bestehendes Ausfüllmaterial sich nicht eignet. Letzteres würde ein die Flotte zu leicht durchlassendes netz- oder gitterförmiges Wirrwarr geben.

Vorgeschlagen, aber nur zum Teil verwendbar, sind bis jetzt Flocken, Garn, zerrissene Cops und Trikotagenabfall, dann von Nichttextilmaterialien Sand, Porzellankügelchen oder -stäbchen, Glasperlen, Asbest, Sägespäne, Hobelspäne, Häcksel.

Flocken werden in vielen Betrieben zum Ausfüllen verwendet, wenn sie auch nicht ganz billig sind. Sie sind schmiegsam und können, wenn man sie nur zwischen den einzelnen Färbungen recht gut reinigt, ziemlich lange weiter verwendet werden. Durch das Färben wird der weiße Abfall, den man verwendet, freilich entwertet. Flocken verbrauchen beim ersten Färben Farbe, später nur noch wenig, und dies infolge der sich stets wiederholenden Tränkung mit der Flotte.

Die Pressung richtet sich in erster Linie auf das Ausfüllmaterial, das sich dabei in die Lücken einsetzt, nachher aber nicht mehr in sich einsinken darf. Nun nimmt lose Baumwolle nach dem unvermeidlichen Öffnen einen großen Raum ein, sie enthält Luft und ist dadurch nicht sofort zum Ausfüllen geeignet, weil sie beim

Netzen ihr Volumen verkleinert. Daher wird sie vor dem Verwenden heiß genetzt, eventuell abgespült, gründlichst ausgeschleudert und hierauf, ohne Lockerung, in der durch das Schleudern bewirkten Verdichtung benutzt. Zuweilen trifft es sich, daß man zum Ausfüllen Flocken gebrauchen kann, die nachher in einer Buntspinnerei direkte Verwendung finden, wodurch die Benutzung von loser Baumwolle wesentlich ökonomischer wird. Man muß dann mit dem Ausfüllmaterial auch nicht sparen.

Garn ist durch seine Drehung dichter als Flocken, und, wenn es zum Ausfüllen dient, ist daher die Gefahr des Einsinkens weit geringer. Es ist freilich sehr geschicktes Packen nötig, um jede Fleckenbildung am Garn zu verhindern. Dieses „Beilaggarn" findet leicht direkte Nehmer auf dem Markt, man kann es, als Kompensation für eventuell vorhandene kleine Flecken, ja auch etwas billiger geben als Kurantware. Lohnfärber finden Webereien, die für nicht heikle Waren ein billigeres Farbgarn gern nehmen, und die Fabriken, die das Garn aus der eigenen Färberei geliefert erhalten, werden einige daraus gewebte Stücke Sekundaware leicht verwerten können. Beilaggarn, das nicht ganz rein ist, eignet sich z. B. für gestreifte Flanelle und überhaupt für Rauhware noch ganz gut.

Oft werden freilich in Cops Nuancen verlangt, für die man in Garn keine Verwendung hat. Dann muß man auf das Ausfüllen mit Garn verzichten oder es auf eine gangbare Nuance umfärben. Hier sei gleich erwähnt, daß Cops und Ausfüllmaterial, wenn sie zusammen gefärbt werden, Nuancenunterschiede geben, auch bei gleicher Garnnummer und gleicher Garnqualität. Es liegt dies in der trotz vorsichtigster Packung dennoch unvermeidlichen verschiedenen Durchlässigkeit der beiden Garnzustände für die Flotte.

Zerrissene Cops, die man oft zur Verfügung hat, sind in ihrer Verwendung und in ihren Vorteilen vor Flocken den Garnen gleich.

Trikotagenabfälle sind etwas elastisch. Ein elastisches Ausfüllmaterial preßt sich zusammen, und, wenn die Cops etwas zusammensinken, dehnt es sich aus und verhindert dadurch das Lockern des Copsblockes.

Für Wollcops kann man auch baumwollenes Füllmaterial verwenden. Dasselbe färbt sich durch saure Farbstoffe nicht an, muß aber bei Beizenfarbstoffen, bezw. bei metallisch nachbehandelten Färbungen vor der Wiederverwendung gründlichst gereinigt werden.

Es ist auch nötig, die Säure sofort nach dem Auspacken zu neutralisieren, um die Zerstörung der Baumwolle beim Trocknen zu verhindern.

Die bis jetzt besprochenen Ausfüllmaterialien lassen sich leicht von den Wickeln entfernen. Dieser Vorteil fehlt den meisten Nichttextilmaterialien. Sägespäne und Asbest sind aus diesem Grunde gar nicht geeignet, Hobelspäne sind nicht genügend schmiegsam. Häcksel, eingeführt durch Herrn Josef Fischer, als Färbereileiter der Aktiengesellschaft Rotkosteletz in Böhmen, schmiegt sich nach vorangegangener heißer Netzung recht gut an, nimmt sehr wenig Farbstoff auf, läßt sich fortlaufend verwenden und ist auch sehr billig, haftet aber ebenfalls an den Wickeln, aber wenigstens in größeren Teilen, die sich deshalb auch leichter nach dem Trocknen entfernen lassen. Für Kreuzspulen scheint Häcksel der kleineren Oberfläche wegen besser geeignet.

Verbreitung hat das Ausfüllen mit Sand gefunden, das von Gustave De Keukelaere in Brüssel erfunden und demselben durch D.R.P. 134 397 geschützt ist. Man verwendet nicht zu grobkörnigen, aber auch nicht zu Pulver zusammendrückbaren Flußsand, der zunächst durch Waschen mit Salzsäure besonders von Eisenverunreinigungen befreit wird. Die Cops werden in den Kasten wie in eine Versandkiste eingelegt und alle Lücken in jeder Schichte durch Sand ausgefüllt, der mittels eines Wasserstrahls gleichmäßig an die erforderlichen Stellen geschwemmt wird. Das Wasser rinnt dann durch das Einlagtuch ab und saugt dabei den Sand nach unten; am Schlusse wird noch eine Sandschicht über das Material geschwemmt und das Auslegetuch über den Materialblock gedeckt. Jeder einzelne Cop liegt dann in einem Bett von Sand. Sand ist billig, nimmt keinen Farbstoff auf und das Packen geht ungemein rasch vor sich.

Der Nachteil seiner Verwendung liegt darin, daß er an dem Garn haftet und nur durch ziemlich langwieriges Waschen wieder abgeschwemmt werden kann. Schleudern in der Packung ist daher ausgeschlossen. Es muß auch darauf besonderes Augenmerk gerichtet werden, daß die Aufsteckspindel stramm die Cophülse schließt, damit der Sand nicht in den Copkanal eindringt, aus dem er nur schwer zu entfernen ist. Diese Schwierigkeiten lassen sich dadurch umgehen, daß man den Sand in Säcke von entsprechender Form einnäht, sodaß er also zwar ausfüllt, nicht aber in direkte Berührung mit den Cops kommt. Freilich dauert dann das Packen wieder länger.

Für Fabrikfärbereien wird sich das Ausfüllen mit Sand empfehlen, Lohnfärbereien hätten Unannehmlichkeiten mit ihren Kunden, wenn zuweilen sich noch etwas Sand im Material fände, und sollen daher von der Verwendung des Sandes besser absehen.

Porzellankügelchen, Glasperlen, Stifte aus Glas und Metall sind unglückliche und unbrauchbare Nachahmungen der Keukelaereschen Erfindung.

Es sei nun das Packen eines Kastens mit Cops und mit Garn als Ausfüllmaterial näher beschrieben, wie es sich mir als praktisch erwies. Die gefährlichsten Stellen sind die seitlichen Kastenränder. Dort bilden sich am leichtesten Kanäle. Die Flotte schiebt sich an den Seitenwänden vorbei und drückt nach allen Richtungen. An den Wänden selbst findet sie unüberwindlichen Widerstand und sie stemmt sich förmlich, wenn das Bild erlaubt ist, mit dem Rücken gegen die feste Kastenwand und drückt den Copsblock nach einwärts, sodaß ein seitlicher Kanal entsteht, durch den sie dann leichter und daher eher fließt, als durch das gepackte Material, das den Weg des größeren Widerstandes bildet. Wenn man den Kasten öffnet, zeigt sich an den Wänden ein mehr oder weniger breiter Spalt. Das Resultat der Färbung wird dann immer zu wünschen übrig lassen. Entweder es sind im Garn weiße Stellen oder, wenn der Block schon durchgefärbt ist, die Randschichten wesentlich dunkler, wie sich dies ebenso auch an den intensiver von Flotte umspülten „Randstöcken“ in der Kufenfärberei von Garn zeigt.

Der Bildung dieser Kanäle kann man dadurch entgegenarbeiten, daß entweder beim Packen an den Rändern das Material gehäuft wird, wodurch es sich beim Pressen dort verdichtet, oder dadurch, daß man an den Rändern der Flotte die Vorwärtsbewegung durch eine besondere rahmenförmige Pressung jener gegenüber der Mitte erschwert, wie weiter unten näher beschrieben.

Der Kasten wird zunächst mit dem genetzten Tuch derart ausgelegt, daß es straff an den Wänden anliegt. Dann kommt eine Unterlage von Ausfüllmaterial als Bett für die unterste Lage Cops. Das Garn soll unterbunden sein. Bei großen Materialkammern, wie sie beim Apparat De Keukelaeres z. B. vorhanden sind, kann man direkt halbe Pfund oder die Strähne, wie sie im Garnbündel gelegt sind, nehmen. Man unterbinde nicht mit dicken Schnüren, sondern am besten mit nicht hart gedrehtem Material, damit keine Verdichtungen entstehen. Bei kleinen Materialkammern tut man ebenfalls gut, mehrere kleinere Strähne mit einander zu vereinen. Die Unterbindschnüre sollen immer nach oben gerichtet sein, damit man das Garn, ohne es zu verwirren, beim Auspacken herausnehmen kann.

Das Ausfüllgarn wird, um möglichst dünne Schichten zu erhalten, so gelegt, daß alle Fäden nebeneinander sind, und zwar senkrecht auf die Copachsenrichtung und ganz locker, sodaß es sich beim Pressen fest in die Vertiefungen zwischen den Cops einschmiegt. Es erhält dadurch eine Wellenform, wie aus der Fig. 116 entnehmbar ist. Die härteren Knickstellen des Garnes müssen

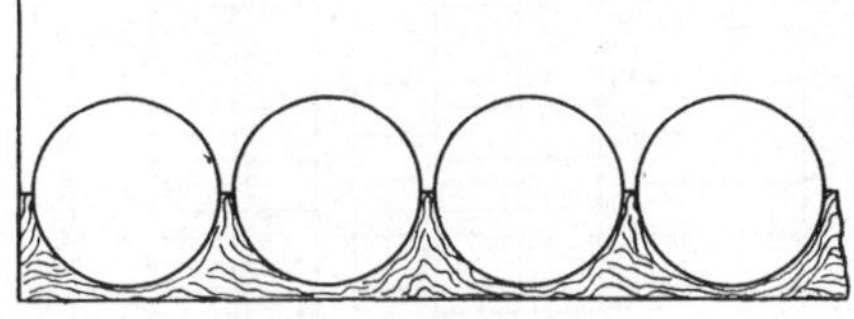

Fig. 116.

sorgfältig aufgedreht werden. An den Rändern legt man dichter und derart, daß sich zwischen Cops und Kastenwand eine Garnschicht befindet, da die Cops deshalb, weil sie sich nicht anschmiegen können, niemals direkt an der Kastenwand anliegen dürfen. Man ordnet die Cops ein wie in einer Versandkiste, neben einander, soweit Platz ist, wobei die einzelnen Reihen einer Schichte um eine halbe Copbreite gegen einander verschoben sind. Die Fig. 117 veranschaulicht eine Draufsicht auf 3 Schichten. Wie ersichtlich, fehlt in jeder Copsreihe immer an wechselnder Seite eine halbe Copbreite. Man hat diese fehlenden Halbcops durch Halbholzcops zu ersetzen gesucht. Doch braucht man fast für jedes Copformat eigene Hölzer, und es ist daher vorzuziehen, an diesen Stellen ebenfalls Ausfüllmaterial zu legen. Die Coplänge ist am günstigsten so zu bemessen, daß bei jeder Schichte noch ein Raum in der Kastenlänge frei bleibt. Hier wird Ausfüllmaterial bis zum Ausgleich der Schichtenhöhe gelegt; dann macht man ein erhöhtes Polster und fängt mit dem Legen der nächsten

Schichte dicht an die Kastenwand anschließend an. Diese aus der Fig. 117 ersichtliche Verschiebung der einzelnen Schichten in der Achsenrichtung hat den Zweck, zu verhindern, daß in allen Schichten die Konusse übereinanderkommen, was die Gleichmäßigkeit der Blockdichte erschweren würde. Immer wird bei den Randlagen zwecks Schonung die Copspitze nach innen gerichtet. Die zweite Schichte legt man ferner so, daß sie gegen die unterste um eine halbe Copbreite in der Kastenbreite verschoben erscheint, sodaß also die Buchten der einen Schichte von den Erhebungen der unteren und oberen ausgefüllt werden.

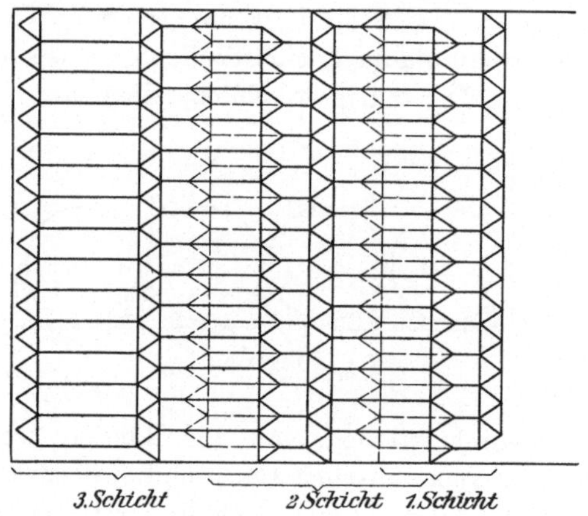

Fig. 117.

Wenn der Kasten derart mit Cops gefüllt ist, wird noch eine Lage Garn aufgelegt und dann der Kasten zugepreßt. Kommt der Deckel so zu liegen, daß er mit dem oberen Kastenrand eben abschneidet, dann wird, um die nötige Pressung zu erreichen, der Kasten eventuell mit Hilfe eines Aufsatzes etwas mit Material überhäuft und dieses in den Kastenraum hineingepreßt. Wenn nicht, dann packt man den Kasten eben voll; dies geschieht bei der hier gezeichneten Kastenform, die sich mir sehr gut bewährte. Der Deckel wird eingepreßt und dann (Fig. 118) zwischen Deckel und dem überragenden Kastenrand ein Stab bis dicht an die Seitenwand eingeschoben. Eine ähnliche Konstruktion wurde von Obermaier schon bei seinen ersten Maschinen angewendet.

Man kann auch Winkeleisenrahmen im Kasten legen und diese dann mittelst des Deckels herabpressen. Dadurch wird also der Flotte am Rand der Austritt verlegt und sie muß durch das Blockinnere austreten.

Das Packen von Cops mit Flocken und mit Häcksel ist analog auszuführen, das Packen mit Sand ist oben (S. 177) ausführlich beschrieben.

Kreuzspulen werden auf ähnliche Weise gepackt. Hier braucht man bei harten Spulen viel mehr Ausfüllmaterial als bei Cops, bei weichen Spulen, die leicht gegeneinander abdichten, solches nur an den Rändern. Die Spindel ragt mit der Hülse etwas aus der Spule heraus und drückt sich dann in die vorhergehende Spule ein. Man tut gut, besonders bei hellen Farben und Bleiche, die Hülse und Spindel immer mit etwas Ausfüllmaterial zu verdecken, damit sich der Schmutz daran ablagert. Kreuzspulen neben Garn werden oft gepackt. Meist so, daß zwischen den Kreuzspulreihen immer ein Streifen Garn gelegt wird. Man packt die Kreuzspulen auch so, daß sie in der ersten Schichte liegen, in der nächst höheren stehen, etc.

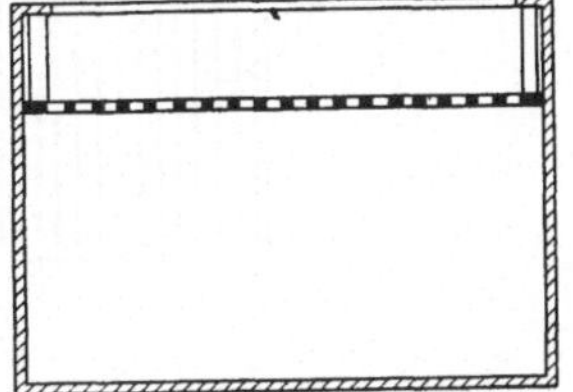

Fig. 118.

Garn allein zu packen ist für viele Farben ganz einfach, für manche Farben sehr schwierig, viel schwieriger als das Packen von Cops. Wenn die Packung der Cops auch locker wird, so wird immer nur die Oberfläche der Cops leiden und bronzig oder fleckig werden, im Inneren kann aber der Cop egaler sein, als dies bei Garn auf der Wanne erreicht werden kann, z. B. bei Schwefelblau. Bei Garn lagert sich aber der die Flecken verursachende ausgefällte Farbstoff ganz unregelmäßig ab und bedeckt meist eine größere Fläche als bei Cops.

Das Einpacken ganzer Garnbündel, nur nach Wegnehmen des Packpapiers, ist daher nur bei dunklen, gut egalisierenden Farben möglich, eventuell auch bei Bleiche. Bei heiklen Farben ist dies aber ganz ausgeschlossen. Für die Pression bestimmte Gesetze aufzustellen, ist hier nicht so leicht möglich wie für Cops, wo es heißt, „so stark pressen, daß das Ausfüllmaterial mindestens so hart ist, wie die Wickel“. Immer soll man die Köpfe und Knickstellen der Garne aufdrehen, um zu verhüten, daß der Block verschieden harte Stellen enthält. Bei hellen und besonders bei den schwer egal zu färbenden blauen Schwefelfarben ist aber möglichst starke Pression anzuempfehlen. Es ist auch gut, das Garn in ein Bett von Flocken einzulegen, die an den Rändern, eventuell in Polster eingenäht, anzuordnen sind.

Auch für Garn gilt die Regel, den Rand höher zu packen. Die Unterbindschnüre sollen oben liegen. Man packe derart, daß die Köpfe nicht übereinander kommen, sondern im Block verteilt sind. Die Fig. 119 zeigt drei Schichten Garn, dessen Anordnung durch die gezeichneten Mittellinien angedeutet ist.

Es ist zweckmäßig, das Garn bei heiklen Farben entweder naß zu packen oder nach dem Netzen nachzupressen oder eventuell auch während des Packens die einzelnen Schichten mit heißem Wasser anzunetzen und dann weiter zu packen.

Fig. 119.

Flocken von Baumwolle werden beim Einpacken von Hand aus verteilt und dann wieder gepreßt. Das Pressen hat hier hauptsächlich den Zweck, die Flocken zu verdichten, um möglichst viel Material in die Kästen zu bringen. Dazu ist es zweckmäßig, die Flocken besser vor als während des Einlegens zu netzen. Wenn man sie vorher netzt, dann kann man sie ausschleudern oder zwischen zwei Quetschwalzen ausringen, wodurch sie einsinken und größere Partien ermöglichen.

Lose Wolle darf nicht fest gepreßt werden. Wolle quillt auch während des Färbens auf. Ein starkes Pressen der Wolle erschwert die Verspinnbarkeit.

Wollcops werden am besten mit Flocken von Baumwolle ausgefüllt. Bänder werden selten anders als in Bobinenform gefärbt, die je in eigenen Behältern untergebracht werden. Wenn sie aber dennoch gemeinsam eingepackt werden sollen, dann tut man gut, die einzelnen Bündel in Säcke einzunähen. Auf jeden Fall legt man die Bündel so, daß die Flotte senkrecht auf die Wickelachse strömen muß (Seite 23).

Besitzt die Materialkammer zylindrische Form, dann ist sie für das Einpacken harter Wickel schlecht geeignet, wohl aber für Flocken, Garn und für ganz weiche Spulen.

Bei ringförmigem Materialbehälter werden die Kreuzspulen meist in Ringen um den zentralen Siebzylinder angeordnet, und zwar stehend. Bei den ganz weichen Kreuzspulen, für die sich diese Systeme deshalb eignen, weil sie dem Durchdringen der Flotte keinen großen Widerstand entgegensetzen, muß man nur am Boden und unter dem Preßdeckel Ausfüllmaterial legen, eventuell auch an den beiden Siebzylinderwänden. Die Art des Verschlusses des gefüllten Materialbehälters ist aus den Maschinenbeschreibungen im ersten Teil zu ersehen. Man pflegt bei heikleren Farben das Färben zu unterbrechen und die Spulen umzulegen.

In den Übergußapparaten wird das Material von Hand aus möglichst egal angeordnet. Der Deckel dient hier nur zum gelinden Pressen, um das Material am Schwimmen zu verhindern.

Am Schlusse sei noch erwähnt, daß Cops hie und da auch so gepackt werden, daß die Flotte nicht senkrecht auf die Achse durch die Wickel strömt, sondern parallel dazu. Die Resultate sind sehr gut. Manche Apparate beabsichtigen eine Vereinigung beider Flottenrichtungen, z. B. der Apparat nach dem D.R.P. 132015 von Franz Scharmann in Bocholt.

5. Das Wasser für die Apparatefärberei.

Die Qualität des Wassers spielt in der Apparatefärberei eine besonders wichtige Rolle. Da das Material immer als Filter wirkt, müssen sich alle Verunreinigungen des Wassers auf und in der Ware festsetzen und können dann kaum mehr weggespült werden. Außer Schlamm aus dem Wasser gehören zu diesen Verunreinigungen in erster Linie die Kalk-, Magnesia- und Eisensalze, die teils durch das Kochen, teils durch die alkalischen Zusätze zu den Bädern sowie durch Seife und Öle niedergeschlagen werden und ihrerseits manche Farbstoffe zu fällen vermögen. Je kürzer die Flotte, desto mehr machen sich die üblen Folgen der Unreinheit des Wassers bemerkbar, und so gilt die Forderung reinsten Wassers wesentlich für die mit engem Flottenverhältnis arbeitenden Packsysteme und mehr als für das Färben losen Materials für das von Wickeln, da dieselben auf ihrer Oberfläche allen Schmutz auffangen.

Sobald nur irgend möglich, soll man Kondenswasser verwenden, wie es sich aus den Dampfleitungen um so leichter in genügenden Mengen gewinnen läßt, als im allgemeinen auch für hohe Produktionen durch das meistens durchgeführte Arbeiten auf alter Flotte wenig Wasser gebraucht wird. Man leite das Kondenswasser von den verschiedenen Stellen, an denen es sich abscheidet, in ein Bassin, muß es aber, wenn nötig, durch Filtration durch Baumwolle etc. von Öl, auch von etwa mitgeführtem Rost befreien. Über dem Färberaum bringe man dann ein Reservoir an, in dem das Kondenswasser erkalten kann. Doch sorge man dafür, daß auch heißes Kondenswasser direkt aus dem Bassin in den Flottenbehälter gefördert wird, um Dampf zu sparen, wenn heißes Wasser gebraucht wird. Genügt die Lieferung von Kondenswasser aus der vorhandenen Fabrikanlage nicht, dann ist es sogar zuweilen zweckmäßig, sich Kondenswasser direkt aus Dampf durch Kondensation zu bereiten. Man kann z. B. den Dampf in Röhren durch Umspülen mit kaltem Wasser verflüssigen und das angewärmte Kühlungswasser, beladen mit einem Teil der Dampfwärme, in den Kessel bringen. Bei größerem Wasserbedarf bediene man sich eines Wasserreinigers. Auch Regenwasser kann gute Verwendung finden, muß aber von seinen mechanischen Verunreinigungen durch Filtration getrennt werden.

Natürlich richten sich die Ansprüche an die Qualität des Wassers nach dem Zweck, dem es dienen soll. So ist z. B. für Bleicherei der Eisengehalt sehr schädlich, ein Gehalt an Kalksalzen jedoch für das Chloren z. B. weniger, da man ja ein-, resp. zweimal absäuert; wohl aber ist reines Wasser wieder für das Kochen empfehlenswert. Die größte Bedeutung für die Bleiche hat die Schlammfreiheit des Wassers. Anscheinend reines Wasser hinterläßt oft beim Filtern durch Baumwolle eine Unmenge brauner Schlammsubstanz, welche sich, wenn man nicht vorher filtriert, auf der Faser absetzt und die an den Cops etc. oft bemerkbaren Schmutzstreifen hervorruft.

Eine gute und einfache Filteranlage ist in einem sehr beachtenswerten Artikel über „Copsbleicherei“ von Direktor R. in den Nummern 11 und 12 des Jahrganges 1903 der „Leipziger Monatsschrift für Textil-Industrie“ geschildert, und mit freundlicher Erlaubnis der Redaktion dieser Zeitschrift wird das Filter auch hier beschrieben.

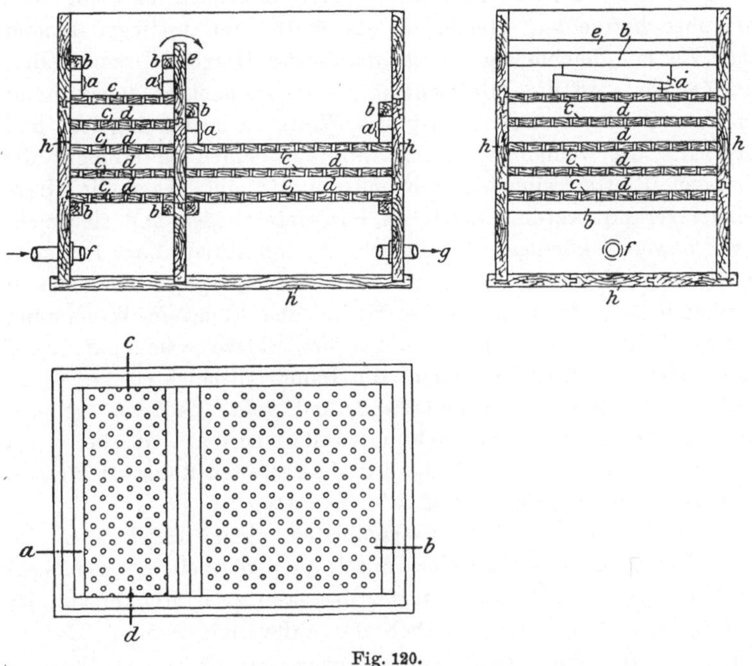

Fig. 120.

Direktor R. läßt das Wasser durch einen ausrangierten, mit reinem sogenanntem Gartenkies gefüllten Bottich von ca. 1 cbm Inhalt und $1^1/_2$ m Höhe von unten nach oben durchtreten und führt es dann in das Hauptfilter, in welchem es den durch die Pfeile (Fig. 120) angedeuteten Weg macht, um schließlich in ein zweites Reservoir abzufließen. Es bedeuten in der Skizze a Holzkeile, b Holzleisten als Stützpunkte, c den Überlauf, f den Einfluß und g den Ausfluß. Der Bottich h ist aus Lärchenholz angefertigt. Der größere Raum besitzt 1 qm Querschnitt, der kleinere die Hälfte davon. Das Einlegen der Baumwollwatte erfordert eine größere Übung. Die Watte muß gleichmäßig aufliegen, damit das Wasser überall bei seinem Durchgang einen sich gleichbleibenden Widerstand trifft. Ist die Watte ungleichmäßig verteilt, so wird das Wasser leicht diejenige Stelle finden, an der die Watte in dünner Schicht aufliegt, da diese dem Durchgang einen kleineren Widerstand entgegensetzt. Ist das Filter fertig gestellt und läßt man das Wasser einfließen, so sieht man, von oben betrachtet, gleich, ob die Watte gut aufliegt; kommt das Wasser gleichmäßig durch das obere Holzbrett, so ist dies ein Zeichen, daß die Filterschicht gut ist, kommt es dagegen nur an einer Stelle heraus, so ist die Watte schlecht eingelegt und das Filter ist weniger wirksam. Sind in beiden Abteilungen die obersten Bretter eingelegt, so müssen sie gut gegen die Holzleisten verkeilt werden, damit sie horizontal liegen und sich nicht mehr bewegen können. Würden sie in eine schiefe Lage kommen, so würde das Wasser nur noch der höheren Lage zuströmen und dort abfließen, da es an dieser Stelle den kleinsten Widerstand findet. Das Wasser tritt, wie aus der Skizze erkennbar, bei f unter kleinem Druck ein, muß die Baumwollschichten passieren, fließt oben über die Scheidewand und geht, nachdem es den zweiten Raum von oben nach unten durchströmt hat, bei g ins Bassin. Die Anzahl der Schichten in dem zweiten Raum ist kleiner, doch sind sie doppelt so groß wie im ersten.

Die Erneuerung der Filterschichten nimmt Direktor R. im Frühling, wenn das Erdreich durch den Wurzeltrieb gelockert wird und das Wasser daher trüber ist, alle zwei Monate vor, im Herbst und Winter bleibt aber die Filterschicht 5—6 Monate wirksam. Das wird sich jeweilig nach der Natur des Wassers richten müssen.

Manchmal wird auch so verfahren, daß man das Wasser vor der Verwendung in einem am besten hochstehenden Bassin mit Soda abkocht und dann stehen läßt, wobei sich die ausgefällten Kalk-, etc. Salze am Boden und an den Wänden absetzen, worauf man das gereinigte Wasser durch einen Heber abziehen kann. Auch das nicht billige Abkochen mit Seife und Abschöpfen der sich bildenden Kalk- und Magnesiaseifen kann in kleineren Betrieben zuweilen Zweck haben. Hie und da versetzt man eine Portion Wasser mit jenen Präparaten, welche in der späteren Flotte enthalten und die die Verunreinigungen des Wassers auszufällen imstande sind, und treibt hierauf in der Maschine das Wasser durch Baumwollabfall, der die gefällten Verunreinigungen aufnimmt. Dann kann das so gereinigte Wasser ohne Gefahr verwendet werden. Das erste Spülwasser muß bei stark alkalischer Flotte auch rein sein, so in der Schwefelfarbenfärberei, weil die nach dem Ablassen noch zurückbleibende Flotte durch ihre Zusätze sonst die Verunreinigungen ausfällt.

An dieser Stelle sei auf die gute Verwendbarkeit der Monopolseife der Krefelder Seifenfabrik Stockhausen & Traiser hingewiesen, die die Vorzüge des Türkischrotöls für die Apparatefärberei mit der sehr wertvollen Eigenschaft verbindet, ein lösliches Kalksalz zu bilden. Bei hartem Wasser und großem Wasserverbrauch ist eine Wasserreinigung zweckmäßigst und gar nicht zu teuer.

Besondere Aufmerksamkeit wende man der Beobachtung zu, ob der Dampf auch rein ist und nicht etwa, was bei unzweckmäßiger Legung der Dampfröhren vorkommen kann, Unreinlichkeiten aus dem Kessel mit sich führt.

Für Wollfärbungen muß zuweilen der Kalk des Wassers unbedingt entfernt werden, wenn die Farbstoffe kalkempfindlich sind. Auf jeden Fall ist insoweit auf den Gehalt des Färbewassers an Kalk- und Magnesiasalzen Rücksicht zu nehmen, als bei der Bestimmung des Säurezusatzes der Säureverbrauch dieser Salze in Rechnung gezogen werden muß. Für das Schmelzen auf dem Apparat ist natürlich ganz kalkfreies Wasser erforderlich, wie auch für zarte Farben und für das Färben von harten Wickeln, in erster Linie von Cops, Kondenswasser besonders empfehlenswert ist.

6. Das Färben und Bleichen.

Die Ausführung des Färbe- und Bleichprozesses weicht ziemlich von der gewohnten Arbeitsweise in der offenen Kufe ab: die Maschine ist eben ein neues Element, auf das Rücksicht genommen werden muß und das viele Abänderungen der Verfahren erheischt.

Von den Farbstoffen wird unbedingt verlangt, daß sie klare Lösungen geben, eine selbstverständliche Forderung, da das Material als Filter wirkt und die zuerst getroffenen Schichten alle festen Körper zurückhalten, sie freilich am Eindringen ins Innere verhindern, aber dabei selbst dunkler, resp. schmutzig werden. Auch müssen die Farbstoffe sehr leicht löslich sein. Die Farbenfabriken liefern deshalb für Apparatefärberei Spezialmarken, die erstens wenig und zweitens unschädliche Einstellungsmittel enthalten. Von den Farbstoffen verlangt man ferner, daß sie hervorragend gutes Egalisierungsvermögen besitzen, damit nicht die zuerst getroffenen Schichten mehr Farbstoff an sich ziehen und denselben dem Innern vorenthalten.

Sorgsamstes Lösen der Farbstoffe in Kondenswasser und Filtern durch ein sehr dichtes Tuch ist auf das dringendste zu empfehlen, auch für alle anderen Materialien. So enthält das Schwefelnatrium des Handels immer unlösliche Bestandteile, besonders Eisenverbindungen. Bei manchen Apparaten ist auch ein Filter im Kreislauf vorgesehen. Es sei hier verwiesen auf den Gadtschen Apparat (D.R.P. 106594, S. 32), ferner auf das Fischersche Patent 71936, nach welchem die Flotte durch einen dichten Gazezylinder gefiltert wird (S. 75). Auch Obermaier schlägt bei seinem Apparat nach D.R.P. 23117 vor, den kleinen Zylinder mit Filtermaterial auszulegen (S. 67). Robert Weiss in Kingersheim i. E. läßt nach D.R.P. a 20104, Kl. 8, bei Hochdruckkochkesseln die Flotte durch eine zwischen zwei Sieben untergebrachte Filterschicht durchziehen. Als Filtermaterial dient nach seiner Angabe Baumwolle, Wolle, Leinen- und Jutegewebe, Knochenkohle, Holzkohle, Graphit, Sand, Glaswolle, Asbest, von welchen Materialien wohl manche auszuschließen sind.

Man verwendet besonders bei kurzen Flotten meist indirekten Dampf, um das Flüssigkeitsvolumen nicht zu vergrößern.

Die Färbungen können einbadig oder mehrbadig sein. Je mehr Bäder aber erforderlich sind, desto mehr schwindet die Aussicht auf Rentabilität, da die Produktion durch die längere Färbedauer der Partie gedrückt wird. Die auf die einzelnen Farben entfallende Quote für Amortisation etc. erhöht sich mit der Zahl der erforderlichen Bäder. Wesentlich verteuert sich die Arbeit, wenn zwischen den einzelnen Operationen getrocknet werden muß, wie z. B. bei Türkischrot, Paranitralinrot etc. Bei Aufstecksystemen ist aber immerhin das Trocknen auf dem Copsträger möglich, sodaß dieser zwar während des Trocknens stillgesetzt ist, jedoch nach vollendeter Trocknung wieder ohne weiteren Aufenthalt und, ohne daß die Cops berührt werden, in die Maschine eingesetzt werden kann. Bei Packsystemen ist ein rationelles Trocknen im Block aber ausgeschlossen und ein Auspacken zur Trocknung und ein Wiedereinpacken nötig, eine viel zu teure Operation. Dazu kommt noch bei jenen Apparaten, die nicht in Packung schleudern können, daß dies in einer offenen Zentrifuge ausgeführt werden muß. Aus diesen und anderen Gründen, welche mit dem Farbstoffcharakter und der Färbeweise mehrbadiger Färbungen zusammenhängen, ist es leicht begreiflich, daß die direkten Farbstoffe für Apparatefärberei die erste Rolle spielen und deren Entwicklung günstigst beeinflußt haben.

Die Flotte ist gewöhnlich kürzer als beim Färben ohne Apparat, bei Packsystemen noch kürzer als bei Aufstecksystemen. Bei letzteren beträgt das Flottenverhältnis im günstigsten Fall 1 : 10, bei ersteren zuweilen nur 1 : 3. Kurze Flotte hat bedeutende Ersparnis an Dampf, Wasser und auch Farbmaterial im Gefolge. Ihr wesentlichster Vorzug besteht darin, daß sie die tote Baumwolle anfärbt und dadurch deckt. Doch verbietet die Kürze der Flotte, also die Konzentration, die Anwendung von viel Fällungsmittel, verlangt aber ihre tunlichste Rückgewinnung, wenn man auf altem Bade färbt, und macht auch die vom Spülwasser weggeschwemmte Farbstoffmenge, wenn möglich, der Ausnützung wert.

Die Anwendung reinen Wassers ist schon wegen der Kürze der Flotte unbedingt erforderlich und schließlich nicht zu teuer, da man verhältnismäßig geringe Mengen von Wasser benötigt.

Das Mustern der Färbungen ist bei Packsystemen eine schwierigere Arbeit als bei den Aufstecksystemen. Bei ersterem wird entweder einer verschließbaren Öffnung nach Stillsetzung der Maschine eine Probe entnommen, oder der Apparat muß vollständig geöffnet werden. In die verschließbare Öffnung lege man immer dasselbe Material und dieses in der gleichen Form wie im ganzen Materialraum. Cops sollen daher nicht abgeweift werden, sondern in Scheiben geschnitten zu Musterungszwecken dienen. Nach einem franz. Patent No. 333678 von L. Détré in Reims ist mit dem Färbeapparat ein kleiner Apparat aus Glas (Fig. 121), in dem eine Bobine eingeschlossen ist, verbunden. Seine Konstruktion ist derart, daß sich die Flottenzirkulation in dem kleinen Apparat auf die gleiche Weise vollzieht wie in dem großen. Um nun die einzelnen Phasen des Färbeprozesses im kleinen Apparat zu verfolgen, kann man durch Hähne, welche an dem aus der Figur ohne weiteres verständlichen Apparat angebracht sind, den kleinen Apparat unabhängig vom großen von der Flotte absperren. Der Deckel wird abgeschraubt, die Bobine herausgenommen und abgemustert[1]).

Wenn auf diesem Wege wirklich ein verläßliches Resultat erzielt werden sollte, dann müssen die Flottenrohre im kleinen Apparat im Querschnitt so gewählt sein, daß die eingeschlossene Bobine der gleichen Flotteneinwirkung ausgesetzt ist, wie das ganze Material. Dann wäre der Apparat nur zu begrüßen. Eine rheinische Maschinenfabrik hat übrigens diesen Apparat schon früher geliefert, nach meinen Erfahrungen war das Resultat damit aber nicht zuverlässig. Im allgemeinen ist eine Färbung, die

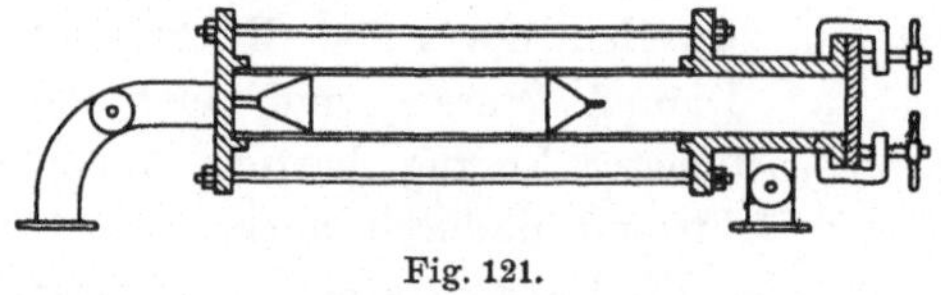

Fig. 121.

peinliches Mustern erfordert, für Apparatefärberei überhaupt nicht rationell, da diese auf Massenproduktion ausgeht und daher jeder Aufenthalt vermieden werden soll.

Bei Aufstecksystemen sind die Cops meist zugänglich; es ist ganz leicht ausführbar, einige Fäden während des Betriebes abzuweifen und daran zu mustern.

Das Zugeben kleiner Farbstoffmengen, die beim Mustern als noch nötig gefunden werden, ist bei Packsystemen auch eine heikle Aufgabe, weniger gefährlich bei Aufstecksystemen. Man kann nur die allerbest egalisierenden Farbstoffe zu diesem Zweck benützen und muß alle Vorsichtsmaßregeln anwenden, um gleichmäßiges Aufziehen zu erreichen. Auch die kleinste Menge Farbstoff soll in mehreren Portionen zugegeben werden.

In der Reihenfolge der Operationen steht das Auskochen, resp. Entfetten des Textilmaterials an der Spitze. Dasselbe kann unterbleiben bei dunklen, leicht egalisierenden Farbstoffen, auch bei

---

[1]) Osterreichs Wollen- und Leinen-Industrie 1904, 431.

langen Flotten, aus diesem Grunde und der geringeren Schichtendicke wegen bei den Aufstecksystemen eher als bei den Packsystemen. Das Auskochen ist aber immer dann erforderlich, wenn man mit nicht kochenden Flotten zu arbeiten hat, und es dient dabei der gründlichen Vornetzung. Bei hellen Farben ist es auch nicht gut entbehrlich, da diese nur auf gereinigtes Material egal aufgehen. Bei ganz kurzer Flotte ist das Auskochen sehr zu empfehlen, besonders aber, wenn man auf altem Bade arbeitet, das dadurch von den Verunreinigungen des Materials nicht getrübt wird und sich deshalb länger brauchbar erhält. Das Auskochen wird verschieden intensiv ausgeführt, bei gewickelten Materialien stärker und länger. Man verwendet hierzu Ätznatron und Soda, ferner auch Ammoniak, das nach Ansicht mancher Färber am besten das Baumwollwachs weglösen soll (Baumwolle hat freilich auch noch andere Verunreinigungen und Ammoniak verflüchtigt sich viel zu leicht). Man gibt der Kochlösung oft Türkischrotöl bei, um das Netzen zu erleichtern, dann auch Seife, die gut reinigt, besonders die Monopolseife der Firma Stockhausen & Traiser in Krefeld, deren Kalksalz löslich ist. In gewissen Fällen verwendet man auch Borax, Wasserglas, phosphorsaures Natron allein oder als Zusätze. Jute wird mit Wasserglas ausgekocht, Wolle bei ca. 40 bis 50 Grad durch Ammoniak, kohlensaures Ammoniak oder auch durch schwache Pottaschelösungen entfettet.

Nach dem Auskochen wird meist klargespült, bei Baumwolle, wenn man das Material ganz rein haben und besonders auch das Eisen entfernen will, nach dem Auskochen und Spülen mit wenig Salzsäure kalt gesäuert und dann wieder gespült.

Auch für das Auskochen empfiehlt sich der alkalischen Zutaten wegen, die die Verunreinigungen zu fällen vermögen, die Verwendung des reinsten Wassers. Ein halbstündiges Auskochen genügt meistens.

Dem Auskochen folgt dann das Färben. Die Flotte wird am besten vorher in einem besonderen Gefäß bereits zurecht gemacht und auf den erforderlichen Wärmegrad gebracht, um jeden Aufenthalt zu vermeiden. Auf welche Weise der Zusatz von frischer Farbstoffmenge zu geschehen hat, und wie man das Aufgehen des Farbstoffes auf die Faser regulieren kann, ist später für die einzelnen Farbklassen beschrieben.

Manche Apparate arbeiten nach dem Imprägnationsprinzip. Man schließt dabei tunlichst die Affinität der Farbstoffe zu der Faser aus und färbt nach Volumen und nicht nach Zeit. Bei jedem Zug muß eine ganz genau bestimmte Menge Flüssigkeit durch das Material dringen und die Flotte soll immer gleich konzentriert bleiben und nur soviel an Gehalt verlieren, als ihr an Volumen entzogen wird. Dieses Prinzip ist natürlich färberisch das einzig richtige für Indigo, für Beizen etc., wo es darauf ankommt, der Faser eine gewisse Menge einer Lösung, die erst in folgenden Bädern oder Manipulationen eine Fixierung erfährt, einzuverleiben. Daß dieses Prinzip für andere als die genannten Farbstoffe und Beizen paßt, ist mehr als zweifelhaft. Die Adoptierung dieser Arbeitsweise auch für andere Farbklassen geschah trotzdem durch jene Aufstecksysteme, welche eine nur sehr geringe Partiengröße haben, und die deshalb, um halbwegs eine Tagesproduktion aufweisen zu können, die Färbedauer möglichst herabdrücken müssen.

Es ist außerdem durchaus nicht einfach, stets gleiche Bedingungen in Bezug auf Konzentration, Temperatur etc. zu erhalten. Dies wird geradezu zur Unmöglichkeit, wenn man nicht mit einem einzigen Farbstoff, sondern mit Gemischen von Farbstoffen, deren Lösungs- und Egalisierungsvermögen verschieden ist, arbeitet.

Es wird von seiten jener, die aus obigem Grunde auf diese Färbeweise angewiesen sind, behauptet, daß dadurch die einzelnen Partien untereinander vollständig egal werden. Und wenn auch diese Behauptung trotz der genannten Schwierigkeiten zuträfe, so muß man dem entgegensetzen, daß kleine Unterschiede großer Partien deshalb keine Rolle spielen, weil man mit großen Partien in der Weberei bereits etwas anfangen kann, mit den kleinen aber nicht. Bei letzteren ist man eben darauf angewiesen, die kleinen Partien zu vereinen, und muß daher die strengsten Anforderungen an die Gleichheit der Partien stellen.

Nach dem Färben wird die Flotte, wenn man sie weiter verwenden will, in ein Reservoir gebracht. Jene Systeme, welche direkt entwässern können, sei es durch Absaugen oder Abdrücken an den Spindeln oder durch Schleudern in der Packung, erhalten nicht nur soviel als möglich an unverdünnter alter Flotte zurück, sondern erleichtern auch wesentlich das Auswaschen. Die alte

Flotte wird meist in auf einer Galerie stehende Bottiche gefördert, die durch diese Anordnung den Arbeitsraum nicht verengen. Wenn man gleich weiter färbt, wird auch die alte Wärme ausgenützt und Dampf gespart. Steht die Flotte längere Zeit, so ist zeitweiliges Anwärmen, event. die Zugabe eines Konservierungsmittels von Vorteil, um Zersetzungen vorzubeugen.

Das Aufbewahren alter Flotte empfiehlt sich zuweilen auch bei Wollfärbungen, auch wenn die Flotte wasserklar ausgezogen wird. Denn man spart nicht nur Dampf, sondern auch Wasser, das, weil man am liebsten gereinigtes Wasser verwendet, auch einen höheren Wert hat; dann ist es ja bekannt, daß die beim kochenden Färben aus der Wolle herausgelöste Wollgelatine die Egalität der Färbungen wesentlich verbessert. Doch muß auf den Säuregehalt der Bäder Rücksicht genommen werden, indem man sie z. B. abstumpft.

An das Färben schließt sich das Spülen an, das auch mit reinem Wasser vorgenommen werden soll. Vor dem Spülen wäscht man zweckmäßig die Pumpe etc. und die Rohrleitungen sowie den äußeren Färbebottich womöglich für sich aus, eine besonders für Schwefelfarben empfehlenswerte Arbeitsweise. Bei letzteren Farben soll auch das anfangs am besten lauwarme Spülwasser nur einmal und nur in einer Richtung durch das Material laufen. Man spült also mit permanentem Zu- und Ablauf. Bei den gewöhnlichen direkten Farben ist dies nicht nötig. Nun wird bei manchen Farben das Spülwasser noch sehr stark angefärbt, besonders wenn die Flotte kurz ist, hauptsächlich aus dem Grunde, weil es sich am heißen Material stark anwärmt und daher als Abziehbad wirkt; bei Schwefelfarben enthält das Waschwasser je nach dem Apparat beträchtliche Mengen von noch nicht oxydiertem Farbstoff. Um daher Wärme und Farbstoff nicht verloren zu geben, — von letzterem ist z. B. bei Benzopurpurin und bei kurzer Flotte wie im Keukelaereschen Apparat bis zu $^3/_4$ % im Spülwasser enthalten —, hebt man dieses in ein Reservoir und kocht damit die nächste Partie aus, arbeitet also nach einer Art Gegenstrom. Der ganze Farbstoff wird dann von dem frischen Material ausgezogen.

Das Färben loser Materialien, die der Spinnerei geliefert werden, verlangt eine wichtige Nacharbeit. Trotzdem nämlich die Fasern im Apparat nicht verfilzt werden, zeigt sich dennoch, daß besonders jene Apparate, in denen stark gepreßt wird, ein Material liefern, das schwerer verspinnbar ist als auf dem Kessel gefärbte Flocken. Bei Wolle ist für am Apparat gefärbte Flocken ein weit intensiveres Schmelzen erforderlich. So wird z. B., wie mir Herr Direktor Schwarz der Spinnerei Schönbrunn & Peters in Aachen mitteilt, im Kessel gefärbte Wolle mit 10%, im Apparat gefärbte mit 14%, ja Kaschmir und Kamelhaar sogar mit 18% Fett geschmelzt. Dieser Übelstand hat darin seinen Grund, daß die Wolle am Apparat durch das Durchdrücken der Flotte sehr weitgehend entfettet wird. Schmelzt man wie gewöhnlich, dann haftet das Fett nur an der Oberfläche, und man muß daher die Menge des Schmelzmittels bedeutend erhöhen. Es kann nun durch eine einfache und nicht teure Operation dieser Nachteil beseitigt werden. Das Fett muß der Wolle mit derselben Kraftaufwendung neuerlich zugeführt werden, die es herausschwemmte, und das kann nur wieder im Apparat geschehen. Man gibt deshalb zuletzt ein Bad von einer ca. 3% Olivenöl- oder Olein-Ammoniak-Emulsion. Das Bad wird fortlaufend verwendet und dem von der Wolle aufgenommenen Volumen entsprechend verstärkt.

Auch die Baumwollfaser wird weitgehend entfettet und wird ganz trocken und spröde. Besonders ist dies bei gebleichten Flocken der Fall, und auch dann wird die Faser hart, wenn die Farbe eine metallische Nachbehandlung erfahren hat. Derartige Baumwolle läßt sich ungemein schwer verspinnen, denn es spielen sich dabei elektrische Vorgänge ab, die bewirken, daß der Flor an der Karde abfliegt und dadurch die Bandbildung und das Einfallen des Bandes in den Drehtopf erschwert wird, während bei den Streckwerken sich die umgekehrte Erscheinung zeigt; die Baumwolle bleibt hängen, sowie sie blanke Metallstreifen berührt, und man kann sie nicht von der Strecke bringen.

Man kann aber auch diesen Übelstand vollständig beheben, indem man ein letztes Spülbad gibt, welches 2–3% Kochsalz gelöst enthält. Weil das Kochsalz wasseranziehend wirkt, wird dann die Baumwolle beim Verspinnen immer feucht gehalten, was man durch noch so gute Luftbefeuchtung im Spinnsaal sonst nicht erreicht. Dieses Verfahren wurde zuerst von den Brüdern C. und E. Weingärtner in der Leipziger Baumwollspinnerei in Leipzig-Lindenau ausgeführt und von ersterem bei einer Fragebeantwortung in „Österreichs Wollen- und Leinen-Industrie" weiteren Kreisen bekannt gemacht.

Nach dem Färben muß, besonders vor Farbenwechsel, die Maschine gereinigt werden. Man kocht sie mit Natronlauge oder Soda, eventuell unter Zugabe von Türkischrotöl, bei Eisenapparaten mit sehr gutem Erfolg mit Schwefelnatrium, unter Zugabe von Seife oder Rotöl, aus oder chlort die Maschine gut ab. Hartbleirohre oder Pumpen können mit Schwefelsäure gereinigt werden; Holzteile sind sehr schwer rein zu erhalten, sodaß es sich bei öfterem Farbenwechsel empfiehlt, die Holzteile zu verbleien.

Im folgenden werden die Besonderheiten des Apparatefärbens der verschiedenen Fasern mit den einzelnen Farbstoffklassen besprochen.

A. Baumwolle.

1. Das Bleichen.

Für das Bleichen eignen sich eiserne Apparate nicht, außer sie sind stark und dicht verbleit. Blei, resp. Hartblei-Rohre, -Pumpen und -Hähne sind widerstandsfähig. Auch Phosphorbronze hält den Einflüssen der Bleichmittel stand, während Kupfer und Messing, Nickel und Nickelin leicht rote, resp. grüne Kupfer- und Nickelsalze auf der Faser ablagern, die schwer entfernbar sind. Holz und Ton sind leider bei geschlossenen Apparaten kaum anwendbar.

Die Spindeln wähle man aus Holz, Gummi oder event. Bronze. Blei schmiert bei der unvermeidlichen Berührung der Spindel mit dem Material.

Als Einhülltuch nehme man nie Jute. Sie fasert und geht leicht zugrunde, kommt daher auch gar nicht billig.

Das Wasser muß selbstredend eisen- und schlammfrei sein. Vom Schlamm kann es durch Filtration, wie z. B. auf Seite 185 geschildert, befreit werden. Bezüglich der Beschaffenheit der Hülsen aus Papier sei auf Seite 150 verwiesen.

Das Bleichen ist eine ziemlich langwierige Operation und wird deshalb zweckmäßig in Apparaten mit großem Fassungsraum vorgenommen, um zu Nutzen einer größeren Produktion die geringe mögliche Zahl der Partien durch deren Größe auszugleichen. Die

Dauer des Bleichprozesses schwankt zwischen 2 und 4 Stunden, je nach der Dauer und Intensität der einzelnen Operationen. Danach läßt sich die Produktion leicht berechnen.

Flocken werden auf einfachere Weise gebleicht als Cops, auch in einfachen Apparaten. So können sie in einem verbleiten Kochkessel unter Druck gebäucht und dann nach Kaltspülen und Hochheben des Deckels von der Chlorlösung und dann der Säure und dem Wasser mit Hilfe einer Pumpe durchtränkt werden. Dieser Arbeitsweise dient z. B. der Bleichapparat von Scharmann & Cie.

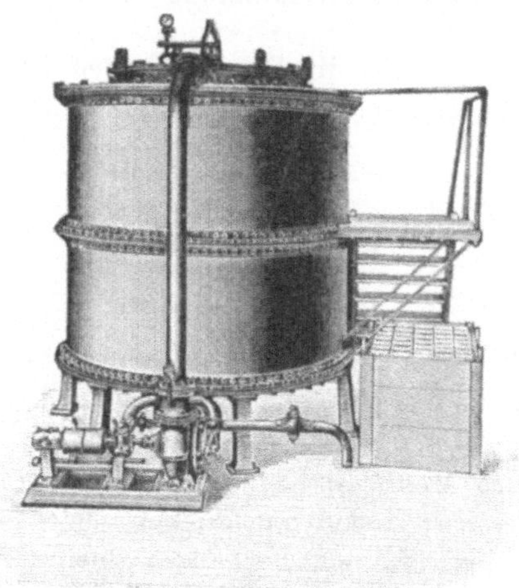

Fig. 122.

in Bocholt (D.R.G.M. 140101).. Er hat einen Fassungsraum von 2—7 cbm und eine Partiengröße von 500—3000 Pfund. Das Abkochen geschieht nach Scharmann bei 0,4 Atmosphärendruck. Die übrige Behandlung wird dann wie gesagt im offenen Behälter ohne Umpacken der Materialien vorgenommen. Der Apparat ist durch Fig. 122 veranschaulicht.

Für die Bleiche harter Wickel eignen sich die entsprechenden, im ersten Teil besprochenen Apparate, die natürlich dadurch teurer werden, daß sie aus einem der Bleiche widerstehendem Material gebaut sein müssen. (Über Vakuumbleichapparate s. S. 15.) Vorgarn- und Kreuzspulen werden oft auf Aufsteckapparaten gebleicht, Bandwickel in ihren Töpfen auf den früher beschriebenen Apparaten.

Die Flockenbleiche ist viel billiger als die Wickelbleiche, doch ist ganz reines Weiß schwer zu erreichen, weil die Baumwolle beim Verspinnen immer wieder trüb wird.

Die Bleiche zerfällt auch hier in das Bäuchen und das eigentliche Bleichen. Ersteres wird ausgeführt z. B. mit $1^1/_2$—3% Ätznatron oder Soda, eventuell unter Zusatz von Seife, Rotöl oder Wasserglas. $^3/_4$ Stunden Kochung genügen meist. Für ganz reines Weiß ist nach dem Kochen und Kaltspülen ein schwaches Salzsäurebad zweckmäßig.

August Schott in Nürtingen behandelt nach D.R.P. 88 945 Baumwollwickel nach dem Bäuchen mit schwefliger Säure, die die braunen Kochflecken in lösliche Sulfitdoppelverbindungen überführt, welche vor dem Chloren leicht weggewaschen werden können.

Der Grundsatz „gut gekocht ist halb gebleicht" gilt hier in erhöhtem Maße, weil man einerseits im Interesse einer größeren Produktion das Chloren tunlichst abkürzen muß, andererseits die Chlorlösung nicht zu stark nehmen darf, um die Faser nicht zu schwächen. Bei besonders feinem Garn wird deshalb intensiver gekocht, indem man die Ätznatron- und Seifenmenge steigert oder indem man in zwei Phasen kocht. In letzterem Fall läßt man die Kochbrühe nach einer halben Stunde ablaufen, spült ganz leicht und kocht mit frischer Brühe dann noch eine halbe Stunde, hebt diese auf und kocht damit die nächste Partie eine halbe Stunde lang vor. Das erste Spülwasser zur Entfernung der Kochbrühe soll warm sein.

Zum eigentlichen Bleichen wird fast nur Chlor verwendet, und zwar entweder Chlorkalklösung oder Lösungen von unterchlorigsaurem Natrium, dargestellt auf elektrolytischem Wege oder teurer durch Mischen von Chlorkalklösung mit Soda. Unterchlorigsaures Natrium hat mir immer auch bei gleichem Chlorgehalt reineres Weiß als Chlorkalk gegeben.

Die Stärke des Bades wird zweckmäßig so gewählt, daß im Liter fünf Gramm wirksames Chlor enthalten sind. Man arbeitet auf altem Bad. Das Reservoir für die alte Flotte besteht entweder aus einer mit Zement ausgekleideten Holzwanne oder einem Zementbottich. Als Material für Hähne eignet sich Hartblei oder Ton am besten. Ein Chloren von $^3/_4$ Stunden genügt meist. Man kann in der letzten Viertelstunde ohne Gefahr bis ca. 30 Grad anwärmen. Die Chlorstärke soll bei jeder Partie durch Titrieren nachkontrolliert werden. Nach dem Bleichen wird kurz gespült und dann gesäuert, entweder mit Schwefelsäure allein oder bei eisenhaltigem Wasser mit Salzsäure oder mit einem Gemisch beider Säuren. Dann folgt sehr gutes Spülen mit permanent zu- und ablaufendem Wasser. Hierauf wird, besonders bei starker Pressung, um das Zurückbleiben von Säure im Garn sicher zu verhüten, mit schwachen Bädern von Ammoniak oder essigsaurem Natrium neutralisiert. Auch kann man mit unterschwefligsaurem Natrium (Antichlor) nachspülen, um etwa unausgewaschenes Chlor unschädlich zu machen. Ein Neutralisieren mit anderem Alkali, als oben angegeben, ist streng zu vermeiden, weil alkalisches Garn mit einem gelben Schein antrocknet. Für ganz reines Weiß wird bei besonders feinen Nummern nach dem Säuern und Spülen noch heiß geseift, doch muß die Seife ebenfalls sorgfältig weggespült werden, damit sich beim Trocknen keine Flecken bilden. Das Trocknen nehme man bei höchstens 40—45 Grad Wärme vor.

Für Vorbleiche, die das Material zwecks folgender Färbung in lichten Nuancen nur aufhellen soll, kann man die Dauer der Operationen wesentlich kürzen. Man halte aber zweckmäßig die einzelnen Bleichpartien in der Färberei auch getrennt, da sich Verschiedenheiten im Ausfall zweier Bleichpartien in der Farbe deutlich zeigen.

Gebleichtes Material wird ziemlich hart und griffig und deshalb ist besonders bei Flocken die oben (S. 194) erwähnte Kochsalznachbehandlung dringend zu empfehlen. Für Flocken vermeide man tunlichst Seifenbänder, da die Seife sich nie ganz vollständig auswaschen läßt und beim Spinnen stört.

Das Bläuen kann mit Suspensionen fester Körper, so Ultramarin, nicht vorgenommen werden. Eine Lösung von Ultramarin in Oxalsäure soll sich nach einigen Mitteilungen bewähren. Doch scheint im Antrocknenlassen der nicht flüchtigen, starken Oxalsäure eine Gefahr für die Festigkeit der Baumwolle zu liegen.

Man bläut egal und gut mittelst saurer Wollfarbstoffe, die dem letzten Spülbade zugegeben werden und die, da sie auf Baumwolle nicht ziehen, mechanisch und proportional der zurückbleibenden Menge des letzten Spülwassers in der Baumwolle verbleiben. Es genügen z. B. 10 g Formylviolett 10 B (Cassella) für 200 kg Baumwolle. Sehr echt ist diese Bläuung ja nicht, aber jedenfalls einfacher als das Verfahren einiger Bleicher, die vor dem Chloren mit einem wenig chlorechten blauen Farbstoff anfärben und die sich dann mit dem blauen Stich begnügen, den das Chlor noch auf der Faser beläßt.

Eine echte und schöne, aber nur bei Vakuumbleichapparaten anwendbare Bläuung wird von A. Dubosc in einem in der Société Industrielle de Rouen niedergelegten Schreiben empfohlen; man treibt eine ganz schwache Hydrosulfitküpe durch die Ware und fällt den Indigo, noch während die Ware sich im Vakuumkessel befindet, mittelst Durchtreibens von saurem Wasser aus[1]).

Unvermeidlich ist der Gewichtsverlust der Ware durch das Bäuchen, der „Schwund", auf dessen ökonomische Bedeutung im letzten Kapitel näher eingegangen wird.

Verschiedene Verfahren versuchen daher, diese Verlustquelle zu vermeiden, meist durch den Versuch, das Kochen zu unterlassen. Doch wird das Weiß dann nur durch Erhöhung der Chlorstärke rein. Hierher gehören die in jüngster Zeit von verschiedenen Seiten als Geheimverfahren ausgebotenen Methoden der „kalten Bleiche". Dieselben werden meist so ausgeführt, daß dem Chloren ein Auslaugen mit sehr konzentrierten Lösungen von Ätzalkalien, Rotöl etc., die eventuell auch gewisse die Ablösung der Verunreinigungen fördernde Zusätze enthalten, vorangeht. Dadurch sollen die letzteren von der Faser abgehoben und diese dem Chlorangriff freigelegt werden. Die Verfahren haben gute Aussichten, sich einzuführen, da sie den großen, durch die Kochung verursachten Gewichtsverlust wesentlich mildern (auf ca. 2—3 % laut Angabe der Erfinder).

Ein älteres Verfahren dieser Art, das sich auch in die Industrie eingeführt hat, stammt von Leblois, Piceni & Co. in St. Aubin-Jouxie-Boulleng und besteht nach dem D.R.P. 36 962 darin, daß die gekratzten, gestreckten oder gekämmten Baumwollbänder vor dem Bleichen mit einer Lösung getränkt werden, die aus destilliertem Wasser unter Zusatz von 1 % Quillaja saponaria (Panamaseifenrinde) und $\frac{1}{2}$ % Oxalsäure besteht. Der zugehörige Apparat besteht aus einer in einem luftdicht verschließbaren Gehäuse um eine Horizontalachse drehbaren Trommel. Durch Rahmen sind in derselben Abteilungen geschaffen, in die Materialkästen mit Siebwänden eingeschoben werden, die sich dann an der Rotation beteiligen. Man erzeugt ein teilweises Vakuum und saugt dann Luft durch, welche die Flotte ebenfalls ins Material drückt. Zur Unterstützung der Flottenbewegung dient eine Pumpe.

---

[1]) Leipziger Färber-Zeitung 1903, 428.

Ferner sei hier das Verfahren von Ferdinand Breinl und Heinrich Karrer in Reichenberg in Böhmen erwähnt, das nach dem D.R.P. 69 733 gasförmiges Chlor zum Bleichen verwende. Die ausgekochten und geschleuderten Materialien werden in Gefäßen aus glasiertem Ton, Tonziegeln oder anderen chlorbeständigen Körpern der Einwirkung gasförmigen Chlors ausgesetzt, das in einem Chlorgasentwickler erzeugt wird. Das chlorierte Bleichgut wird neuerdings in einer Zentrifuge ausgeschleudert und eventuell unter Anwendung von unterschwefligsaurem Natron oder anderen chlorabsorbierenden Agentien vollständig entchlort. Nach der Patentschrift werden auf diese Weise aufgewickelte Baumwollgarne rasch und sicher durchgebleicht.

2. Die direkten Baumwollfarbstoffe.

Die Anwendung der substantiven Baumwollfarbstoffe ist das eigentliche Gebiet der Apparatefärberei, deren Entwicklung daher auch mit der Ausbildung dieser Farbstoffklasse gleichen Schritt hielt und noch hält. Der Grund dieser Abhängigkeit liegt darin, daß die direkten Baumwollfarbstoffe zunächst ein rasches Arbeiten und daher Massenproduktion ermöglichen und ferner an die Maschine selbst keine unerfüllbaren oder nur schwer erfüllbaren Anforderungen stellen.

Zu dieser Farbstoffgruppe gehören:

1. Direkte Farben, die nur eine Operation verlangen.
2. Direkte Färbungen, die behufs Erhöhung der Echtheit auf der Faser in einem eigenen Bade mit Metallsalzen, so Chrom-, Kupfer- und auch Tonerdesalzen, nachbehandelt werden. Die Nachbehandlung einiger gelber Farbstoffe mit Chlorkalk spielt nur geringe Rolle.
3. Direkte Farben, die auf der Faser mit Diazoverbindungen gekuppelt werden, teils zur Erhöhung der Echtheit unter geringer Nuancenänderung, teils auch zur Entwicklung der Farbe überhaupt.
4. Substantive Farben, die auf der Faser diazotiert und entwickelt werden, also drei Bäder — abgesehen von den Koch- und Spülbädern — verlangen.
5. Die Schwefelfarben, die ihrer großen Bedeutung wegen in einem eigenen Kapitel besprochen werden.

Für die unter 1. genannten Färbungen sind auch eiserne Apparate geeignet, für die übrigen Verfahren der zu verwendenden Säuren wegen aber nur solche aus Kupfer, Bronze, Nickelin, Nickel etc. Das Gleiche gilt auch für die Spindeln.

Kurzes Auskochen ist nur für helle und für solche Farben nötig, bei denen man nicht kochend arbeitet und die daher einer gründlichen Netzung bedürfen. Dunkle Färbungen werden bei Wahl geeigneter, leicht und klar löslicher Farbstoffe immer gleichmäßig. Das egale Färben heller Töne ist aber sehr schwierig, besonders dann, wenn man nicht mit einem einheitlichen Farbstoff, sondern mit einem Gemisch etwa gar nicht gleich ziehender Farbstoffe arbeitet.

Um helle gleichmäßige Färbungen zu erhalten, muß dafür gesorgt werden, daß der Farbstoff möglichst langsam auf die Faser geht, damit er nicht von den erstgetroffenen Schichten an sich gerissen wird und die inneren dadurch heller werden. Bei Packsystemen, die ein dichteres Filter bilden als die Aufstecksysteme, ist die Schwierigkeit noch größer als bei letzteren, und es ist ein möglichst festes Packen unerläßlich. Rasche Flottenbewegung, bei geringer Dicke der Materialschicht, womöglich doppelter Flottenweg und allmähliche Verstärkung der Flotte, wie sie bei vielen Apparaten durch eigene Vorrichtungen ermöglicht wird, erleichtern wesentlich den guten Ausfall.

Die Mittel, welche das Aufziehen der Farbstoffe auf die Faser verlangsamen und die dadurch zur höheren Egalität der Färbungen beitragen, sind:

1. Anwendung langer Flotte;
2. Eingehen bei niedriger Temperatur und allmähliche Steigerung derselben;
3. Verwendung möglichst geringer Mengen von Fällungsmitteln des Farbstoffes und deren Zugabe in der zweiten Hälfte der Färbeoperation.
4. Zusätze von Rotöl, Seife, Sirup, Glyzerin, Traubenzucker und anderer leicht wasserlöslicher und auswaschbarer Mittel, die teils die Faser rasch und gründlich durchnetzen, teils auch dieselbe förmlich einhüllen und dem Farbstoff auf diese mechanische Weise das rasche Aufgehen erschweren.

Man besetzt das Bad, das der alkalischen Zusätze halber am besten aus Kondenswasser angefertigt ist, zunächst nur mit diesen Verzögerungsmitteln und den alkalischen Lösungsmitteln der Farbstoffe und läßt es kalt durch das gut ausgekochte und rein gespülte Material zirkulieren. Dann wird nach und nach der Farbstoff in möglichst weitgehender Verdünnung und in mehreren Portionen zugegeben, hierauf nach und nach angewärmt und erst nach Erreichen der gewünschten Temperatur langsam möglichst wenig Salz oder Soda oder sonstiges Fällungsmittel eingetragen.

Gründliches und sparsames Tränken des Materials mit diesen Verzögerungsmitteln kann derart bewirkt werden, daß man ein eigenes mit diesen Mitteln besetztes Bad vorrätig hält, das vor jeder Benützung nur aufgefrischt und das nach dem Auskochen und vor dem Färben kurze Zeit durch das Material getrieben und hierauf aufgehoben wird. Dann schleudert man das Material gut aus oder drückt oder saugt es gründlich ab und sammelt auch die auf diese Weise gewonnene Flüssigkeitsmenge. Wenn nun das kalte Farbbad eingelassen wird, findet es die das rasche Aufziehen hindernden Zusätze am Material konzentriert, also gerade dort, wo sie nötig sind.

Bei dunklen Farben arbeitet man stets auf altem Bade. Man begnügt sich mit einem Zusatze von $^1/_2$ % Rotöl zum Ansatzbad und nur gelegentlicher Nachfütterung von Öl zur Erleichterung der Netzung. Das Mittel, alte Bäder lange benützen zu können, liegt einfach darin, daß man die Salzzusätze denkbarst beschränkt. Man kontrolliere die Dichte der Flotte durch zeitweiliges Abspindeln des kalten Bades und richte sich mit den Zusätzen danach. Wenn man auch durch die geringe Salzzugabe etwas Farbstoff mehr braucht, so ist derselbe nicht verloren. Er bleibt ja im Bade und wird durch gründliches Ausschleudern oder Absaugen oder Abdrücken vor dem Spülen oder, wo dies nicht möglich ist, durch Auffüllen des alten Bades mit dem ersten Spülwasser tunlichst zurückgewonnen. In allen Fällen kann man Wärme- und Farbstoffgehalt des ersten Spülwassers durch dessen Verwendung zum Auskochen der nächsten Partie gleicher Farbe voll ausnützen. Dies lohnt sich umsomehr, je kürzer die Flotte steht.

Bei losem Material wird nur bei hellen Farben abgekocht und nach dem Färben meist überhaupt nicht gespült. Man vermeide deshalb alle Zusätze zum Färbebad, die etwa beim Verspinnen

Schwierigkeiten bieten, umsomehr solche, die sich durch Auswaschen auch nicht leicht entfernen lassen, wie gewisse Schmierseifen, so auch die sonst so vortreffliche Monopolseife.

Das Nachbehandeln mit Metallsalzen, besonders mit denen des Kupfers, macht die Faser etwas spröder. Man spüle die Grundierung ausgezeichnet und lasse das Nachbehandlungsbad zuerst mit Essigsäure allein und erst nach einer gewissen Zeit mit den Metallsalzen laufen.

Die blauen und schwarzen Nachbehandlungsfarben waren früher als seif-, walk- und waschecht besonders für Halbwollwaren sehr geschätzt. Heute haben sie sehr viel Gebiet an die Schwefelfarben verloren, die auch die Anwendung der auf der Faser diazotierten und entwickelten Farbstoffe etwas einschränkten. Beide Farbstoffgruppen erfordern mehrere Bäder, die ersteren ganz abgesehen von den Auskoch- und Spülbädern zwei, die letzteren drei, und hindern dadurch große Tagesproduktionen, die von den einbadigen, dazu echteren Schwefelfarben geboten werden.

Das Diazotieren erfolgt nach sehr gutem Spülen der Grundierung am besten mit einer gegenüber der gewöhnlichen Arbeitsweise erhöhten Menge von Nitrit und Säure, die Gewähr für vollständige Diazotierung bietet. Es ist zweckmäßig, zuerst mit Nitrit allein laufen zu lassen und die Säure nur allmählich zuzugeben. Das Diazotieren und Entwickeln hindert das Verspinnen in keiner Weise. —

Es empfiehlt sich, die Nachbehandlungen auf einer zweiten, neben der ersten aufgestellten Maschine vorzunehmen, nicht nur, weil man dadurch das Reinigen nach dem Entwickeln der vorhergehenden und vor dem Grundieren der folgenden Partie erspart, sondern weil man auf einer eisernen Maschine anstandslos grundieren kann und dann nur zum sauren Entwickeln auf eine teurere kupferne etc. Maschine gehen muß.

Direkte Farben sind gut geeignet für die Schaumfärberei, wenn sie leichte Löslichkeit besitzen. Das Färben erfolgt unter Zusatz von Schmierseife oder Türkischrotöl zur Erleichterung der Schaumbildung. Es ist Kondenswasser erforderlich. Der Salzzusatz ist sehr einzuschränken, kann auch unterbleiben. Das Abspülen und Entwässern wird bei den Schwefelfarben näher besprochen. (Siehe auch Seite 209.)

3. Die Schwefelfarbstoffe.

Die Schwefelfarben haben die Apparatefärberei ungemein gefördert, indem sie deren Gebiet um die Erzeugung wirklich echter Töne, besonders in Schwarz, Blau und Braun, als oft vollständig genügenden Ersatz für Anilin- und Holzschwarz, Indigo, Catechu etc. bereicherten. Die Herstellung dieser echten Farben war bis dahin der Handarbeit vorbehalten geblieben. Denn nur Indigo, und dieser in ganz unbedeutender Menge, war auf Apparaten gefärbt worden. Die Schwefelfarben haben auch die Verwendung der auf der Faser mit Metallsalzen nachbehandelten Farbstoffe sehr stark, die Benutzung der auf der Faser diazotierten und entwickelten Farbstoffe ziemlich eingeschränkt (s. o.).

Weiter wurde die Färberei dieser neuen Farbstoffe auf Apparaten dadurch gefördert, daß eiserne Maschinen, die nicht teuer sind, meist ausreichen. Wenn in saurem Bade nachbehandelt wird, sollen zwar Apparate aus Nickelin, Nickel oder vernickeltem Eisen verwendet werden, da das abgelöste Eisen die Nuance trübt, doch stört letzteres oft nicht und außerdem werden die meisten Schwefelfarben einbadig ohne Nachbehandlung gefärbt, sodaß Eisenapparate dennoch genügen. Kupfer- und Messingteile an den Maschinen oder Spindeln sind streng zu vermeiden.

Wenn nun auch die Schwefelfarben der Entwicklung der Apparatefärberei ungemein förderlich waren, so bedeuteten sie dennoch ein Geschenk, das erst verdient werden mußte. Das tadellose Färben der Schwefelfarbstoffe ist nämlich eine sehr schwere Aufgabe, wie sich aus der folgenden Betrachtung ihres Charakters ergibt. Es ist bekannt, daß die Schwefelfarben durch Schwefelnatrium und kaustisches oder kohlensaures Natrium, unter eventueller Mithilfe von Traubenzucker, Dextrin, Sirup etc., unter Reduktion gelöst werden, sich daher in der Flotte in einem küpenähnlichen Zustand befinden. Diese reduzierte Lösung wird aufgefärbt. An der Luft oxydiert sich der Farbstoff und ist dann erst recht fixiert. Zwischen dem Färben und Spülen sind zwei Operationen notwendig, die erste ist die Entfernung des Flottenüberschusses durch Abquetschen etc., um einesteils die konzentrierte und daher besonders wertvolle Farbflotte so weit als möglich zurückzugewinnen, andernteils, um zu vermeiden, daß die Färbung durch Oxydieren oberflächlich haftender Farbstoffpartikelchen abruße. Die zweite Operation ist das Oxydieren der auf und in der Faser dann noch verbleibenden Farbstoffmenge; sie geht bei der gewöhnlichen Arbeitsweise für Stück und Strang gleichzeitig mit der ersten vor sich. Hierauf erst wird gespült. Es ist nämlich nur der oxydierte Farbstoff nicht mehr in Wasser löslich und bleibt daher beim Spülen auf der Faser sitzen. Würde man hingegen gleich nach dem Färben ohne diese Zwischenarbeiten spülen, dann ginge zunächst eine große Menge Farbstoff verloren, es würde aber durch das Fehlen der Zwischenoxydation auch von der Faser ein großer Teil des Farbstoffes wieder abgeschwemmt werden, und der sich während des Spülens im Bade oxydierende Farbstoff würde sich oberflächlich, Reibunechtheit und Bronzierung verursachend, auf der Faser niederschlagen. Beim Färben muß Luft ausgeschlossen sein, weil die küpenartige Farbstofflösung leicht durch Luft rückoxydiert wird.

Das gleichmäßige Entfernen des Flottenüberschusses und das erst dadurch ermöglichte gleichmäßige Oxydieren des Farbstoffes in und auf der Faser ist so schwierig auszuführen, daß man eigentlich auch nur bei Stückware ganz reine Färbungen erzielt, daß aber Garne, die sich unmöglich vor dem Spülen egal vom Flottenüberschuß befreien lassen, nur mit jenen wenigen Farbstoffen dieser Reihe in fadengleicher Färbung hergestellt werden können, die sich nicht zu rasch an der Luft oxydieren. Diese Unegalität fällt bei Blau natürlich viel mehr auf als bei Schwarz.

Bei den Apparaten ist das Entlüften leicht ausführbar, die große Schwierigkeit besteht im Befreien des Materials vom Flottenüberschuß und im Oxydieren zwischen Färben und Spülen. Die meisten Packsysteme können diesen Anforderungen nicht gerecht werden; die Aufstecksysteme sind durchwegs im Vorteil und für das Färben dieser Farbstoffe wie geschaffen, ja gestatten sogar ein viel bequemeres Arbeiten und bieten besseren Ausfall, als dies durch das Färben von Garn auf der Wanne erreichbar ist. Denn die Flotte kann durch Absaugen aus den Cops etc. rascher als bei Garn entfernt werden und die nachstürzende Luft oxydiert dann sogleich. Man kann hier auch so arbeiten, daß man, falls der Farbstoff diese Behandlung zuläßt, zunächst mit luftfreiem Dampf den Flottenüberschuß abpreßt und dann erst Luft durchsaugt, also die beiden Operationen zeitlich trennt. Die Oberfläche der Wickel wird freilich immer etwas dunkler als die inneren Lagen, aber dies so gleichmäßig und gefällig, daß dies die Verkaufsfähigkeit solcher Spulen kaum beeinträchtigt.

Anders bei Packsystemen. Man muß hier unterscheiden zwischen jenen Systemen, die ein Entwässern in der Packung gestatten, und jenen, bei denen dies nicht der Fall ist. Letztere sind darauf angewiesen, nach dem Färben die Flotte ablaufen zu lassen und die ganze ca. 160 % vom Materialgewicht betragende, im Material zurückbleibende Flüssigkeitsmenge wegzuspülen, sowie auf die Zwischenoxydation durch Luft zu verzichten. Die Folge davon ist, entsprechend dem oben Gesagten, abgesehen von einem großen Verlust der wertvollen Flotte auch die Unmöglichkeit, die gleiche Tiefe der Nuance zu erzielen, wie durch die gleiche Farbstoffmenge beim Färben auf der Kufe, auf den Aufstecksystemen und auch auf gewissen Packsystemen, die in Packung entwässern und eine reguläre Zwischenoxydation ausführen können.

Bei den Packsystemen dieser Art wird auch der reduzierte Farbstoff des Flottenüberschusses durch den im Spülwasser befindlichen Sauerstoff oxydiert, lagert sich beim Durchgang der Flotte dann auf den Wickeln an den Stellen des größeren Widerstandes ab und verursacht Flecken und Bronze. Wäscht man außerdem mit nicht ganz kalkfreiem Wasser, so wird der Kalk durch das viele Alkali gefällt und erhöht die Fleckenbildung. Diese Stellen schwereren Durchganges zeichnen sich als Längsstreifen an der Oberfläche der Wickel ab. Es muß freilich gesagt werden, daß, wenn auch die Oberfläche sehr häßlich aussieht, die Wickel im Innern weit egaler sind, als dies z. B. bei Blau auf wannengefärbtem Garn möglich ist. Aber für den Verkauf schaden dennoch diese Schönheitsfehler mehr als berechtigt. Je härter die Spule, desto unegaler ist die Packung und desto mehr tritt dann die Fleckenbildung auf, weil ein Eindringen und Verteilen der oxydierten Farbstoffpartikelchen auch im Innern der Spule ausgeschlossen ist. Diesem Umstand verdankt der Wickel die Reinheit seines Innern und aus demselben Grunde fällt Garn schlechter aus, weil sich die Verunreinigungen unregelmäßig ablagern[1]). Als selbstverständliche Forderung erscheint es, daß man das zum Spülen verwendete Wasser nur einmal und nur in einer Richtung durch

---

[1]) Die Flecken lassen sich oft durch Nachbehandeln mit oxydierenden Metallsalzen bei 80° entfernen.

das Material treiben soll. Auch das schon früher anempfohlene Reinigen der Pumpe, der Rohre und des Färbebottichs vor dem Durchspülen des Materials selbst erweist sich als sehr nützlich. Ein Spülen mit Schwefelnatrium enthaltendem Wasser ist zweckmäßig, da dann der Farbstoff sich nicht so leicht während des ersten Spülens oxydiert. Man erhält dadurch aber noch hellere Färbungen.

Günstiger stehen die Verhältnisse bei Apparaten, die das Entwässern in der Packung gestatten. Ein gleichmäßiges Durchsaugen mittelst Vakuum, das die Verbindung von Entwässern und Oxydieren gestatten würde, ist hier nicht möglich. Dazu ist der Block nicht genug egal dicht. Dies ist nur bei dem Ideal der Packung von Material, bei der gebäumten Kette nämlich, mit Erfolg ausführbar. Außerdem ist die Anlage einer Vakuumeinrichtung für diesen Zweck zu teuer. Deshalb ist man auf das Schleudern angewiesen. Dieses erfolgt nun bei den meisten Apparaten derart, daß dabei Luft durch das Material gerissen wird, wodurch sich während des Zentrifugierens der Farbstoff oxydiert und sich dann am Material absetzt. Wenn dadurch auch mehr Flotte zurückgewonnen wird, so ist das Resultat doch in nichts verbessert. Nur jener Apparat ist hier mit den Aufstecksystemen vergleichbar, der dieses Schleudern, unter Ausschluß der Möglichkeit, daß Luft durchgeschleudert wird, vornehmen läßt und bei dem nachher das entwässerte, unoxydierte Material durch einen Luftstrom oxydiert wird. Von den beschriebenen Maschinen ist dies nur bei der Färbemaschine der Textilmaschinenfabrik B. Cohnen in Grevenbroich möglich, die unter Bildung einer Luftleere das Material ausschleudert und dann mittelst eines Ventilators Luft zur Oxydation durch das Material treibt.

Es ist wohl überflüssig, darauf hinzuweisen, daß Druckluft ihrer oxydierenden Wirkung wegen zur Bewegung der Flotte ungeeignet ist, wie sich auch Dampfdruck bei jenen Farben (z. B. blauen Schwefelfarbstoffen) nicht verwenden läßt, die nur bei 50—60 Grad egal ziehen, weil er auch heizt. Am besten bewähren sich Pumpen. Es ist auch leicht einzusehen, daß die Flotte aus den Perforationen der Siebe in Flotte und nicht in Luft hineinsprudeln muß, und deshalb wird bei Apparaten mit offenem Flottenbassin (z. B. Obermaier oder Keukelaere) die Flotte so lang genommen, daß der Apparat vollständig in Flotte steht. Flocken werden zuweilen nach dem Färben und Ablassen der Flotte ausgenommen und ungewaschen liegen gelassen, wodurch vollständige Oxydation und Nachdunkeln eintritt. Dann werden sie auf der Waschmaschine reingespült, bis sie nicht mehr abschmieren.

Auskochen ist dann erforderlich, wenn man nicht kochend färben darf, wie z. B. bei den auf Apparaten viel verwendeten, sehr schöne klare mittelblaue Töne gebenden Immedialindon- und Katigenindigo- etc. -Marken. Das Auskochen mit Schwefelnatrium hat sich gut bewährt. Auf das Schwefelnatrium sei besonderes Augenmerk gerichtet. Die wenigsten Sorten lösen sich klar in reinem Wasser, sie hinterlassen vielmehr einen Rückstand meist von Eisenverbindungen; auch die Verunreinigungen aus den verwendeten Alkalien werden gefällt und ebenso die des Wassers. Man löse daher das Schwefelnatrium zunächst zugleich mit dem Alkali auf und filtriere (am besten durch ein dichtes Eisendrahtsieb).

Eine besondere Besprechung sei dem Dämpfen des viel verwendeten Immedialblau CR (Cassella) gewidmet. Diese Arbeit läßt sich bei Aufstecksystemen sehr leicht ausführen, indem man mit dem Dampfdruckrohr den bekannten Luftinjektor verbindet.

Eine eigene Einrichtung ist Seite 123 für die Maschine der Zittauer Maschinenfabrik und Eisengießerei beschrieben. Vor dem Dämpfen muß gründlichst entwässert und das Niederschlagen von Wassertropfen verhindert werden, damit keine grünen, unentwickelten Stellen sich zeigen. Da Entwässern vor dem Dämpfen erforderlich ist, müssen aus Packapparaten, die ein Schleudern in der Packung nicht zulassen, die Materialien nach dem Ablassen der Flotte und schwachem Spülen mit Natronlauge haltendem Wasser — denn nur auf alkalischer Faser entwickelt sich das Blau — ausgepackt, geschleudert und wieder in die Maschine zum Dämpfen und Fertigspülen eingesetzt werden, eine sehr zeitraubende Arbeit. Das Dämpfen geschehe womöglich auch in zwei Richtungen. Zunächst wärme man den Apparat durch Umspülen mit Dampf vor, um Kondensation zu verhüten. Die Wickel sind an der Oberfläche oft etwas unrein, aber im Innern sehr gut und egal und die abgeweiften Cops und Kreuzspulen sind besser wie auf der Wanne gefärbtes Garn. Das fleckenlose Färben von Garn auf dem Apparat gelingt nicht leicht. Für nicht zu strenge Ansprüche genügt aber auch auf der Maschine gefärbtes und gedämpftes Garn. Flocken werden oft außerhalb der Maschine in einer Kiste gedämpft. Auch mit Garn geschieht dies zuweilen. In beiden Fällen wird dann auf der Wanne fertiggespült.

Zuweilen wird das Auspacken des Materials zwecks Schleuderns dadurch umgangen, daß gleich nach dem Färben mit Dampf abgedrückt und sofort anschließend gedämpft wird. Das Verfahren ist nur für nicht zu harte Kreuzspulen zu empfehlen. Die Oberfläche wird dabei bestimmt nicht rein, aber das Spuleninnere kann doch genügend egal und für gewisse Zwecke brauchbar sein. Bei Apparaten, die in der Packung zu schleudern gestatten, ist die Arbeitsweise entsprechend vereinfacht.

Manche Schwefelfarben werden mit Metallsalzen nachbehandelt. Dabei soll man Chrom- und Kupfersalze nie zugleich anwenden, des dabei entstehenden Niederschlages wegen. Man vermeide Kupfersalze oder arbeite zuerst mit Kupfersalzen allein und setze dann erst nach einiger Zeit Chromsalz zu. Immer arbeite man unter Zusatz genügender Mengen Essigsäure, die auch das Ausfallen des genannten Niederschlages ein wenig erschwert. Das Nachbehandeln erfolgt meist bei einer Temperatur unter 60 Grad.

Helle Modetöne werden mit verhältnismäßig viel Schwefelnatrium unter Zusatz von Türkischrotöl und ohne Anwendung von Salz bei nicht höherer Temperatur als 60 Grad gefärbt.

Das Aufsetzen von basischen Farbstoffen zur Schönung unterlasse man lieber. Mir ist ein egales Aufsetzen bei Packsystemen trotz aller mir bekannten Vorsichtsmaßregeln nie gelungen, bei Aufstecksystemen nur halbwegs gleichmäßig im heißen, fetten Seifenbad.

Bei Aufstecksystemen wird zuweilen heiß nachgeseift, um die dunklere Oberfläche etwas aufzuhellen, damit sie von dem Farbton der inneren Schichten nicht zu sehr absticht.

In neuerer Zeit finden Schwefelfarben auch im Schaumapparat Anwendung; dabei empfiehlt sich gegenüber den sonst geeigneten Rezepten eine Erhöhung der Schwefelnatriummenge. Ist das Färben vollendet, dann wird der Dampf abgestellt, wodurch der Schaum sofort sinkt. Hierauf wird der Korb ein wenig angehoben, sodaß die Flotte ablaufen kann, dann läßt man durch eine Brause so viel Wasser über das Material rinnen, bis das erforderliche Flüssigkeitsquantum für die nächste Partie wieder erreicht ist.

Man hebt nun den Korb aus und spült die Kreuzspulen entweder in der Wanne, wobei man dem Spülwasser pro Liter 3—5 Gramm essigsaures Natrium (Cassella) zugibt, oder man schleudert Natriumacetatlösung durch das Material und spült gleichzeitig auf diese Weise. Die Trommel der Zentrifuge muß zu diesem Zwecke entweder aus Eisen oder stark verzinntem Kupfer bestehen. Das Zentrifugieren wird bis zum Klarwerden des durchgeschleuderten Wassers fortgesetzt. Die Schwierigkeit des Verfahrens besteht wesentlich darin, daß es nicht möglich ist, das Material so gut, wie es für Schwefelfarben erforderlich ist, durchzuspülen und daß man sich dadurch der Gefahr aussetzt, daß die Spulen bei längerem Lagern leiden.

Um den Niederschlag von Schwefel, der sich an der Oberfläche der Färbebäder findet, aufzulösen, wird nach einem Verfahren von Ed. Justin-Müller, das er am 23. Mai 1902 der Société Industrielle de Rouen vorlegte, dem Färbebade am besten schwach alkalisches, schwefligsaures Natrium zugegeben; dieser Zusatz hindert gleichzeitig auch die Bildung von neuem Niederschlag. Er empfiehlt zur Lösung für jedes Kilogramm Immedialschwarz NG 750 g Schwefelnatrium und dann jene Menge schwach alkalischen Sulfits, die 750 g Natriumbisulfit von 40 Grad Bé. entspricht, zuzufügen[1]).

4. Die basischen Farbstoffe.

Diese Farbstoffklasse ist für Apparatefärberei nicht recht geeignet. Es ist in erster Linie nicht rentabel, mehrbadig zu färben, was hier unerläßlich ist. Ferner verläuft die Bildung des Gerbstoff-Antimon-Lackes zu schnell, um egal ausfallen zu können, und es ist nicht zu vermeiden, daß ein Teil des gebildeten Lackes sich nicht gleich auf der Faser fixiert, sondern von der Flotte fortgeschwemmt und auf der Baumwolle unregelmäßig und oberflächlich abgelagert wird, sodaß fleckige und rußende Färbungen entstehen müssen.

Aufstecksysteme arbeiten auch hier etwas günstiger, besonders wenn man die Antimonsalze nur einseitig durch das Material treibt. Packsysteme liefern nach meinen Erfahrungen bei der

---

[1]) Leipziger Färber-Zeitung 1903, 172.

Wickelfärberei immer eine fleckige Oberfläche, wenn auch das Innere der Spulen egaler ausfällt. Ein Filter im Kreislauf würde sich hier sehr gut bewähren.

Das Durchfärben selbst bietet keine Schwierigkeiten. Man kocht ab, spült, tanniert ca. 1 Stunde mit einer der intensiveren Tränkung entsprechend verringerten Tanninmenge (altes Bad), schleudert, drückt oder saugt möglichst gut ab, spült leicht und antimoniert leicht. Hierauf wird gründlichst gespült, eventuell schwach geseift, kalt gespült und dann gefärbt. Damit der Farbstoff möglichst langsam aufgeht, läßt man zunächst mit dem nur mit Essigsäure, Alaun oder schwefelsaurer Tonerde bestellten Bade kalt laufen, gibt dann allmählich den Farbstoff zu und erhitzt erst, wenn der ganze Farbstoff zugeführt ist, langsam auf 50 Grad und, wenn es angängig ist, auch bis zum Kochen. Dann wird gründlich gespült, heiß geseift und wieder gespült.

Als Maschinen- oder Spindelmaterial ist Eisen selbstredend ausgeschlossen.

5. Die Beizenfarbstoffe. — Türkischrot.

Durch die vielen erforderlichen Bäder und Zwischenoperationen wird die Tagesproduktion bei Beizenfarbstoffen sehr gedrückt, und auch die Rentabilität ist eine nur geringe. Die technischen Schwierigkeiten des Färbens sind dazu außerordentlich bedeutend. So lassen sich die Beizen nicht leicht gleichmäßig auf den Cops etc. verteilen, was für den egalen Ausfall der Färbung maßgebend ist. Wenn schon die Imprägnation der Faser mit der Beize gleichmäßig gelungen ist, dann entsteht bei der folgenden unbedingt nötigen Fixierung der Beize, ob sie durch Trocknen oder durch Fixierbäder erfolgt, sehr leicht Unegalität. Im ersteren Falle wird das Beizsalz durch das Trocknen dissoziert und dadurch auf der Faser niedergeschlagen. Da aber das Trocknen bei Spulen an der Oberfläche erfolgt und aus dem nassen Kern dorthin die noch unzersetzte Beizlösung nachgezogen wird, so ist es klar, daß schließlich die äußeren Schichten mehr fixierte Beize enthalten als die inneren, und daß dadurch die Färbung ungleichmäßig werden muß.

Fixierbäder schwemmen, da sie nicht genügend rasch auf die Beizflüssigkeit im Garn einwirken, die Beize zum Teil vor dem

Niederschlagen weg, und der dann im Bad entstehende Lack lagert sich auf den äußeren Schichten ab und verursacht Unegalität und Rußen. —

Dr. C. O. Weber teilt in einer ausführlichen Publikation über Copsfärberei in Lehnes Färber-Zeitung 1893/94, 58 mit, daß Tonerdebeize sich dadurch möglichst vollständig und gleichmäßig auf Cops fixieren läßt, daß man als Beize Aluminiumacetat wählt und die Tonerde mit Hilfe von Tonerdenatron niederschlägt.

Ein weiteres Hindernis findet die Anwendung der Beizenfarbstoffe in der Apparatefärberei darin, daß die meisten Alizarinfarbstoffe und andere Repräsentanten dieser Gruppe im Wasser unlöslich oder schwer löslich sind.

Alle diese Schwierigkeiten schlossen das Gebiet der Beizenfarbstoffe, besonders der im Wasser unlöslichen, davon aus, sich am modernen Fortschritt der Apparatefärberei zu beteiligen. Doch haben die vielen echten direkten etc. Farbstoffe diese Einschränkung für die meisten Nuancen nicht zu schwer empfinden lassen, da sie genügenden Ersatz boten.

Aber gerade für einen der wichtigsten Teile der Baumwollfärberei, die Türkischrotfärberei, ist bis heute kein Ersatz gefunden worden, und es waren daher viele Fachleute bestrebt, auch die Türkischrotfärberei der Apparatefärberei anzupassen.

Zunächst wurde zu diesem Zwecke versucht, das Alizarin in Lösung anzuwenden. Doch ist es nicht gelungen, mit den bisher angewandten Lösungsmitteln das Alizarin verwendbar zu machen, weil hierbei die Bildung des richtigen, durch seine wertvollen Eigenschaften charakterisierten, türkischroten Lackes nicht stattfinden konnte.

Das „Verfahren zum Färben und Drucken mittelst alkalischer Lösung des Alizarins und ähnlicher Farbstoffe“ von F. Erban und L. Specht, in Deutschland unter No. 54057 patentiert, beruht auf Imprägnierung der Faser mit (in einem Alkali oder kohlensaurem Alkali) gelöstem Alizarin, folgendem Ausscheiden des Lösungsmittels und nachheriger Bildung des Farblackes durch Beizen, Dämpfen u. s. w.

Das „Verfahren zur Erzeugung von echt Türkischrot und echt Türkischrosa auf vegetabilischen Gespinsten in aufgewickeltem Zustand“ von Ewald Hölken & Co. in Barmen, in Deutschland unter 86 142 patentiert, beruht auf demselben Prinzip wie das vorgenannte. Es wird nur die Ausscheidung des Lösungsmittels hier in anderer Weise besorgt.

Beide Verfahren wählen den Umweg, zuerst die Faser ohne Kalkzusatz mit dem gelösten Alizarin zu imprägnieren und nachher die Beize, in Verbindung mit einem Kalksalz, zu fixieren, liefern dadurch aber nur ungesättigte Farben, weil ein wirkliches Färben nach Art der bekannten Türkischrotfärbemethode hier nicht stattfindet. Es sind in der Tat diese genannten Verfahren unausgeführt geblieben, sie konnten nicht in die Praxis übernommen werden.

Es galt daher in Fachkreisen für ausgeschlossen, daß die Faser in aufgewickeltem Zustand, im Apparat je türkischrot gefärbt werden könnte.

Wenn der türkischrote Lack in der Faser entstehen soll, in der Beschaffenheit, welche den Wert der Türkischrotfärberei bedingt, so ist es unerläßlich, daß dem Färbebade Kalk oder ein Kalksalz zugefügt werde; denn der Kalk ist ein integrierender Bestandteil des türkischroten Lackes und geht nur mit dem Alizarin zugleich die Verbindung ein.

Diese Aufgabe für die Apparatefärberei zu lösen, unternimmt das Verfahren von Friedrich Kornfeld, in Deutschland unter No. 120 464 patentiert[1]). Das Verfahren beruht darauf, daß eine Zuckerverbindung des Kalkes beim Färben im Alizarinbade zur Anwendung kommt. Es ist das einzige Kalksalz, welches den Niederschlag des Alizarinkalkes in Lösung zu halten vermag. Hierdurch ist die Möglichkeit geschaffen, das Färben von Türkischrot in der althergebrachten und zweckdienlichsten Weise auszuführen, und auch das größte Hindernis, welches der Anwendung des Türkischrot in der Apparatefärberei bisher entgegenstand, beseitigt.

Die Beschaffenheit des bei diesem Verfahren verwendeten Kalziumsaccharates muß eine bestimmte sein. Das Kalziumsaccharat war bis jetzt kein Handelsprodukt, doch wurde die fabriksmäßige Erzeugung dieses Produktes in der durch Versuche genau festgestellten Qualität vom Patentinhaber jenes Verfahrens vorgesehen.

---

[1]) Ich sage an dieser Stelle Herrn Friedrich Kornfeld für die mir freundlichst erteilten Aufklärungen über sein Verfahren herzlichsten Dank.

Das Färben geschieht zweckmäßig in der Weise, daß die ganze erforderliche Menge des Kalziumsaccharates zum Alizarinbad gleich hinzugegeben wird. Es bildet sich in der Flüssigkeit der türkischrote Lack nicht, sondern, so wie beim Färben mit suspendiertem Alizarin mit einem unlöslichen Alizarinkalk, erst in der präparierten Faser. Es findet bei diesem Verfahren ein wirkliches Färben unter Erschöpfung des Farbbades statt.

Die Lösung des Alizarins mit Zuckerkalk ist labil genug, um das Alizarin an die gebeizte Baumwolle abzugeben, in welcher die Bildung des unlöslichen türkischroten Lackes vor sich geht. Die Faser ist nach dem Färben mit diesem Lack gesättigt und gleichmäßig durchdrungen, welcher dann weiter durch nachfolgende Avivage zur vollen Geltung entwickelt wird.

Die Apparate müssen, um für das Färben von Türkischrot geeignet zu sein, dem Aufstecksysteme angehören, auch deshalb, weil das Türkischrot während des Färbens beobachtet werden muß.

Bis jetzt wird die Türkischrotfärberei auf Cops nur in einer einzigen Färberei (bei der Firma Feitis & Kornfeld in Prag) betrieben, und daselbst sind die Apparate der Zittauer Maschinenfabrik in Verwendung.

Die Arbeitsweise der Türkischrotfärberei auf Cops ist in der Vorbehandlung ebenfalls dem Strang-Türkischrotverfahren gleich; nur erlaubt die kompendiösere Form der Cops und die durch den Apparat mechanisch geleistete Arbeit eine Abkürzung der Manipulationen gegen die Arbeit in der Strangfärberei. Es ist in der Vorbehandlung natürlich ebenfalls darauf zu achten, daß eine vorzeitige Fällung der zur Verwendung kommenden Bäder ausgeschlossen bleibe.

Bei den großen Schwierigkeiten, welche das Problem des Türkischrotfärbens auf Apparaten bietet, ist die geistreiche Erfindung Friedrich Kornfelds besonders rühmenswert.

6. Indigo.

Das Färben von Indigo in Apparaten ist aus dem Grunde nicht sehr verbreitet, weil nicht viele Apparate die Eignung dazu haben. Verlangt wird, entsprechend der für Indigo gebräuchlichen Färbeweise, ein Tränken der Faser mit der Küpenflüssigkeit, ein

Entfernen des Flottenüberschusses, womöglich, bevor die Luft zutreten kann, und darauf folgend ein Oxydieren des Indigoweiß zum Indigoblau durch einen Luftstrom. Vollständiger Ausschluß von Luft ist beim Tränken mit der Küpenflüssigkeit unbedingt erforderlich, wie es sich auch als sehr notwendig erweist, das Material möglichst vollständig zu entlüften, bevor es mit der Küpe in Berührung kommt.

Als besonders für Indigofärberei geeignet wurden die Apparate von Alwin Maschek (Seite 107) und der Rheinischen Copsfärberei G. m. b. H. (Seite 117) bezeichnet. Ersterer gestattet auf sehr sinnreiche Weise die Verwendung mehrerer Küpen, die verschieden stark stehen, wie dies ja für die einzelnen Züge und für die Erlangung einer stimmenden Nuance bei der außer Apparaten ausgeführten Indigofärberei üblich ist. Bei letzterer können mehrere Züge entweder in der gleichen Küpe oder in mehreren Apparaten gegeben werden. Die größte Schwierigkeit liegt in der Erhaltung einer stets gleichen Konzentration und der Klarheit und Satzfreiheit der Küpe, weshalb sich nur die Verwendung der Hydrosulfitküpe, wobei zweckmäßig die Indigolösung noch durch eine Filterpresse geklärt wird, empfiehlt. Eine Filtration ist besonders dann erforderlich, wenn man eine Zink-Kalk-Küpe verwendet, die, damit sie klar bleibt, immer mit Hydrosulfit weiter geführt wird.

Hier seien noch einige Apparate genannt, die speziell für die Indigofärberei gedacht sind und wesentlich das Färben in luftfreiem Raume und das Entfernen des Flottenüberschusses unter Luftausschluß und darauf folgende gleichmäßige Oxydation anstreben, die aber alle keine weitere Verbreitung gefunden haben. Eduard Geßlers Erben in Metzingen haben durch D.R.P. 94882 eine „Einrichtung zur Behandlung von Faserstoffen oder Fasergebilden unter Ausschluß von Luft“ geschützt. Das D.R.P. 115 343 von Alfred Vogelsang in Dresden behandelt eine „Vorrichtung zum Färben von Textilfasern unter Luftabschluß“. Wilhelm Albert in Leipzig hat unter No. 71 470 einen „Färbeapparat für Kammzugbobinen, Wolle u. s. w. in der Hydrosulfitküpe“ in Deutschland patentiert. Die Firma M. M. Rotten in Berlin erhielt das D.R.P. 71 201 auf ein „Verfahren zum Färben von Textilstoffen jeder Art in der Indigoküpe“. —

Für Indigofärberei wird in der Praxis auch der Apparat von B. Thies (Seite 104) gebraucht. Derselbe Erfinder hat auch früher bereits Apparate durch Patente geschützt, die der Indigofärberei besonders in Cops dienen sollten. Davon seien angeführt die D.R.P. 78 745, 83 533, 83 545, 92 659, 106 589.

Außerdem werden für die Indigofärberei von Kammzug die Apparate von J. Simonis, gebaut von F. W. Bündgens in Aachen, und der Apparat von R. Vahrenkampf in Verviers empfohlen.

7. Die Entwicklungsfarbstoffe. Paranitranilin, Anilinschwarz, Indanthren, Flavanthren etc.

Die Entwicklungsfarbstoffe, als deren wichtigster Vertreter das Paranitranilin zu betrachten ist, eignen sich gar nicht gut für die Apparatefärberei, wie sich aus ihrer Färbeweise ergibt. Unegalitäten und große Reibunechtheit sind unvermeidlich.

Die Badische Anilin- und Sodafabrik in Ludwigshafen a. Rh. gibt für das Arbeiten mit ihrem Nitrosaminrot eine ausführliche Vorschrift, der hier einiges entnommen sei. Kupferne Färbeapparate sind ausgeschlossen, da Kupfer die Nuance des Rot verändert. Am zweckmäßigsten sind verzinnnte oder verbleite Apparate, die dem Aufstecksystem angehören sollen. Die gut abgekochten Cops müssen nach dem Präparieren mit der Naphtollösung derart abgesaugt werden, daß eine stets gleiche Flüssigkeitsmenge in ihnen verbleibt, weil man sich mit der Stärke der Entwicklungslösung nach dem aufgenommenen Quantum der Beize richten muß. Nach dem Beizen wird getrocknet und hierauf die Diazolösung durchgetrieben. —

Anilinschwarz wurde in vielen Betrieben versucht, in den wenigsten erfolgreich ausgeführt und hat heute auch für die Apparatefärberei kaum mehr Interesse, da die Schwefelfarben ja sehr echtes Schwarz liefern. —

Große Zukunft scheint den Indanthren-, Flavanthrenmarken und den anderen Farbstoffen dieser Reihe, die von der Badischen Anilin- und Sodafabrik in Ludwigshafen a. Rh. in den Handel gebracht werden, bevorzustehen. Sie geben in einem Bade sehr echte Färbungen in lebhaftesten Tönen. Sie werden in durch Hydrosulfit und Alkali reduzierter Lösung gefärbt, müssen ähnlich wie die Schwefelfarbstoffe zwischen Färben und Spülen oxydiert werden und verlangen daher auch dieselben Apparate und Vorsichtsmaßregeln beim Färben wie die Schwefelfarben. Ihrer ausgedehnten Verbreitung steht vorläufig ihr hoher Preis hinderlich entgegen.

B. Jute.

Das Bleichen der Jute auf Apparaten ist deshalb schwer möglich, da dieselbe, wenn sie in kompakten Massen vorliegt, von der kalten Bleichflüssigkeit nicht durchdrungen wird. Man kann sogar bei dem Ziehen von Jutestrang auf der Wanne beobachten, daß die Lösung von unterchlorigsaurem Natron dort, wo die Stränge übereinander liegen, nicht durchdringt.

Das Färben der Jute in Apparaten bietet mannigfache Vorteile, nicht nur bei gewickeltem Material, sondern auch wenn sie in Stranggarn vorliegt. Der ausgedehnten Verwendung für Teppiche wegen wird verlangt, daß die Jutefäden vollständig durchgefärbt sind, was sich auf der Wanne schwer erreichen läßt. Diese Forderung erfüllt der Apparat natürlich. Außerdem hat Jutegarn meist eine sehr große Weiflänge, und das Arbeiten auf der Wanne ist dadurch erschwert und höchst unbequem.

Wegen der Verwendung von Säure bei den meisten Jutefärbungen sind eiserne Apparate oft ausgeschlossen. Apparate mit möglichst großem Fassungsraum eignen sich am besten. Gefärbt werden saure Farbstoffe, die sich vor den für Jute hauptsächlich verwendeten basischen Farbstoffen dadurch auszeichnen, daß sie größere Lichtechtheit besitzen. Man färbt unter Zugabe von Alaun kochend. Basische Farbstoffe empfehlen sich wegen ihrer großen Ausgiebigkeit, die den Herstellungspreis der Färbungen sehr gering macht. Man färbt sie bei ca. 70 Grad, eventuell, um die Egalität zu erhöhen, unter Zusatz von wenig Alaun. Zuweilen wird nachtanniert oder nachschmackiert. Substantive Farbstoffe werden ebenfalls benützt und unter Zusatz von Kochsalz oder Glaubersalz kochend gefärbt. Auch Schwefelfarben finden Anwendung.

Die Färbedauer ist gewöhnlich eine kurze. Man färbt, soweit es sich nur ermöglichen läßt, auf altem Bade.

C. Wolle.

Die Färberei der Wolle auf Apparaten verlangt von den Farbstoffen höheres Egalisierungsvermögen und bessere Löslichkeit. Ferner muß die Zugabe von Verstärkungen der Flotte und von Fällungsmitteln mit größter Vorsicht geschehen, um die Gleichmäßigkeit der Färbungen nicht zu beeinträchtigen.

Gefärbt werden auf Apparaten sowohl saure als mit Metallen nachzubehandelnde wie auch Beizenfarbstoffe, sofern sie nur leicht klare Lösungen geben und sonst den obigen Bedingungen entsprechen.

Als Material der Apparate empfiehlt sich am besten Kupfer, wenn sich das noch bessere Holz nicht anwenden läßt. Manche Farbstoffe, die in Holzgefäßen tadellose Resultate geben, werden aber durch Metalle auf das ungünstigste beeinflußt, weshalb man bei der Aufnahme neuer Farbstoffe gut tut, sich zunächst von ihrem Verhalten gegen das Metall des Apparates zu überzeugen.

Da Apparate aus Kupfer (auch Bronze und Nickelin) ziemlich teuer sind und Bleiapparate sich in den meisten Fällen wegen der Bildung des Bleichromats schwer verwenden lassen, hat man solche aus Eisen versucht; aber die Säureempfindlichkeit des Eisens, die Trübungen der Nuance zur Folge hat, steht seiner Benützung zur Herstellung für diese Apparate entgegen.

Diese Beeinflussung der Nuance tritt besonders dann ein, wenn z. B. neben Schwefelfarbstoffen Wollfarbstoffe gefärbt werden sollen, und die Gefäße ungenügend gereinigt zum Färben der Wolle benützt werden. Wenn jedoch immer saure Wollfarbstoffe auf eisernen Apparaten gefärbt werden, dann bildet sich an der Oberfläche eine Schicht, welche die Rostbildung verhindert. Deshalb kocht man neue Apparate mit etwas Farbstofflösung aus, bevor man sie in Arbeit nimmt, da außer rostigen auch vollkommen blanke Gefäße den Ton der Färbung trüben.

Die Anforderungen, die man an das Wasser für Wollfärberei stellt, sind bereits auf Seite 187 dahin präzisiert, daß für zarte und Alizarinfarben sowie für gewisse kalkempfindliche Farbstoffe, auch für das Entfetten und Schmelzen auf dem Apparat, Kondenswasser teils unerläßlich, teils sehr empfehlenswert ist.

Dem Färben muß das Entfetten vorausgehen, um klare, nicht abschmutzende Farben zu erhalten. Für zarte und Alizarinfarben verwende man womöglich vollständig entöltes Material, und man pflegt Kammzug zu diesem Zweck auf der Lisseuse statt in der Maschine zu entfetten.

Auf jeden Fall ist, auch wenn man mit entöltem Material arbeitet, ein Netzen mit warmem Wasser sehr zweckdienlich, weil dasselbe reinigt und auch die sofortige Verteilung der Flotte erleichtert.

Wenn man vorzubeizen hat, verwende man jene Beizen und Verfahren, welchen ein langsames Abgeben der Beize eigen ist, damit die Gleichmäßigkeit der Färbungen möglichst begünstigt wird.

Beim Färben kocht man zweckmäßig mit Glaubersalz oder noch besser mit essigsaurem Ammoniak an. Garne werden mit Vorteil für die Egalität während des Färbens einmal umgepackt, Kammzug wird gewendet, wenn nicht überhaupt doppelseitiger Flottenweg möglich ist. Die Farbstofflösung und die sauren Fixierungsmittel gibt man auf mehrere Male und in entsprechenden Zeitintervallen zu. Man geht bei mäßiger Teperatur ein und steigert dieselbe erst dann, wenn der gesamte Farbstoff im Bade ist.

Bezüglich der Verwendung alter Färbe- und Beizbäder beachte man den Säure- und Salzgehalt derselben.

Das Nachchromieren soll immer in frischen Bädern erfolgen, und zwischen Färben und Chromieren muß gut gespült werden. Man chromiert zweckmäßig unter Zusatz von 1% Salzsäure.

7. Das Vortrocknen und das Trocknen.

Das Wesentliche über das Vortrocknen wurde bereits bei der Besprechung der Maschinen angeführt. Es ist also ein großer Vorzug der Aufstecksysteme, daß sie fast ausschließlich das Entwässern auf den Spindeln gestatten, und es ist auch manchen Packsystemen der Vorteil eigen, daß sie das Material in der Packung, sogar ohne jeden Transport des Materialbehälters, zu entwässern gestatten. Abdrücken oder Absaugen ist bei Packsystemen nicht angebracht, sondern nur das Schleudern. Wenn nun das Zentrifugieren auch längere Zeit in Anspruch nimmt als das Entwässern durch Absaugen etc., so ist es andererseits auch effektvoller. Gutes Absaugen z. B. läßt nach meinen Versuchen in der Ware nie unter 70% Flüssigkeit von ihrem Gewicht zurück, während man ganz gut auf 50—60% Flottenrückstand abschleudern kann.

Daß durch das Schleudern in der Packung besonders die Form der Cops sehr geschont wird, wurde auch bereits erwähnt, ebenso daß diese beim offenen Schleudern in der Zentrifuge dagegen leicht Schaden leiden und den Abfall in der Weberei stark vermehren, ein Fehler, der sich durch Anwendung von Schleuderkörbchen etwas verringern läßt (S. 46). Auch bei Kreuzspulen,

Flocken und Garnen etc., denen das Schleudern außer Packung sonst nicht nachteilig ist, wird die durchaus nicht billige Zwischenarbeit des Einschichtens und Ausnehmens aus der Zentrifuge erforderlich, die beim Schleudern im Materialbehälter wegfällt.

Das Entwässern in der Packung, sowie das Abdrücken oder Absaugen des Flottenüberschusses bei Aufstecksystemen hat aber noch weitere ökonomische Vorteile. Man kann das Befreien vom Flottenüberschuß unschwer auch zwischen Färben und Spülen vornehmen und dadurch nicht nur die alte Flotte soweit als möglich unverdünnt wieder zurückerhalten, sondern auch die Spüldauer und den Wasserbedarf für das Spülen in gleicher Weise herabdrücken. Das Entwässern in diesem Punkte des Färbeprozesses kann auch färberische Bedeutung haben, wie z. B. besonders bei den Scnwefelfarben, bei Indigo, beim Beizen etc.

Das Trocknen des losen Materials muß, soweit es in der bekannten Weise auf Horden ausgeführt wird, wohl nicht ausführlicher beschrieben werden. Immer ist es vorteilhaft, mit wenig Wärme und viel Luft zu trocknen, um dem Material seine Milde und Weichheit zu erhalten. Es ist direkt schädlich, wenn die Temperatur beim Trocknen von loser gefärbter Baumwolle 55—60 Grad, von loser Wolle 45 Grad übersteigt. Bei gebleichter Baumwolle und bei auf dem Apparat geschmelzter Wolle soll die Trockentemperatur höchstens 35 Grad betragen. Viele Trockeneinrichtungen, die das Material während des Trocknens bewegen, haben Gegenstrom eingeführt, indem das Material der Warmluft entgegengeht. Das allerbeste Resultat wird dann erzielt, wenn dabei die frische, nur wenig vorgewärmte Luft mit dem trockensten Material in Berührung kommt, und wenn dieselbe während ihres Laufes durch den Trockenraum an gewissen Stellen weiter geheizt und dadurch zum Aufnehmen größerer Feuchtigkeitsmengen während des Durchganges durch die noch nässeren Partien des Materials geeignet gemacht wird. Dadurch wird guter Trocknungseffekt mit größter Schonung des Materials verbunden, das förmlich gekühlt wird, bevor es trocken den Raum verläßt, und dann der größten Wärme ausgesetzt wird, wenn dies am nötigsten und am ungefährlichsten ist. Dieses Prinzip kann auch dann durchgeführt werden, wenn das Material in mehreren Abteilungen untergebracht ist und nicht wandert, aber die Luftwege geändert werden können.

Die Luft zeigt beim Durchströmen durch das Material dieselben Neigungen wie die Flotte: sie sucht sich den Weg des geringsten Widerstandes, und deshalb ist das gleichmäßige Auflegen des Materials auf die Horden sehr nötig, damit die Luft nirgends ungenützt durchpfeift. Der Vollständigkeit halber sei hier die Beschreibung einer Trockeneinrichtung für loses Material gegeben, die sich in verschiedenen Fabriken gut bewährt hat und die von der Maschinenfabrik Ed. Hochheim, Ventilatorenfabrik in M.-Gladbach, Regentenstraße, geliefert wird.

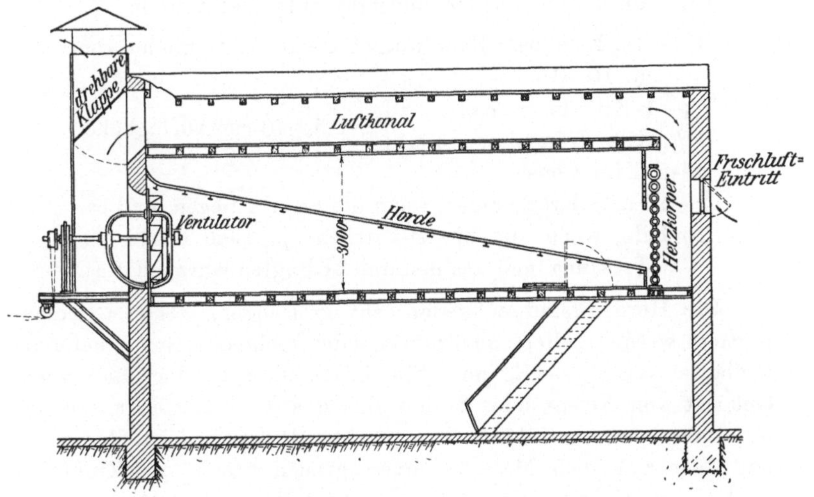

Fig. 123.

Die Anlage ist durch Fig. 123 dargestellt. Die Heizfläche der Rippenrohre beträgt 100 qm für Abdampf, die Größe der Auflagfläche 57 qm, die Luftgeschwindigkeit ca. 4 m/Sek. Der Luftweg ist durch Pfeile angedeutet, die nasse Luft wird durch Öffnen der drehbaren Klappe entfernt. Die Firma Ed. Hochheim stattet die Anlage mit ihrem bekannten Ventilator mit Ringschmierlager aus. Nach Angaben einer Kunstwoll-Fabrik und Putzwoll-Kämmerei, die eine Trockenanlage laut Skizze eingerichtet hat, werden in elfstündiger Arbeitszeit 3 und auch 4 Partien zu 800—1000 Pfund Wolle von 30—40% Feuchtigkeitsgehalt bei 300—400 mm Auflaghöhe des lose gestreuten Materials und bei einem Kraftbedarf von 6 PS. getrocknet. Die Leistung der Trocknerei wird natürlich entsprechend gesteigert, wenn statt des Luftrückführkanals eine zweite Horde im Raume untergebracht ist, die freilich eine Vermehrung der Heizkörper notwendig macht.

Wolle trocknet rascher als Baumwolle, doch darf Wolle, da sie beim Trocknen stark aufgeht und daher größeren Raum einnimmt, nicht so dicht aufgelegt werden.

Es seien hier einige Durchschnittszahlen über die Menge verschiedener Materialien, die man auf 1 qm auflegen kann, gegeben.

Auf 1 qm Horde können ungefähr aufgelegt werden:

$1^1/_4$—$1^1/_2$ Kilo loser Baumwolle bei einer Auflaghöhe von ca. 10—15 cm.

$^3/_4$—1 Kilo loser Wolle } bei 5—10 cm Auflaghöhe.
$1^1/_2$ Kilo Kämmlinge etc. }

4—5 Kilo Cops.

8—10 Kilo Kreuzspulen, wenn die Spulen liegen, und ca. 15 Kilo, wenn die Spulen stehen, je nach Härte der Wicklung und des dadurch bedingten Garngehaltes.

Die Horden sind entweder sehr groß oder, wenn sie transportiert werden sollen, quadratisch oder rechteckig mit einer Auflagfläche von $^3/_4$—$1^1/_4$ qm. Sie bestehen entweder aus einem Geflecht von Eisen- oder Stahldraht, das dem Rosten ausgesetzt ist, oder von verzinktem Eisendraht; doch oxydiert das Zink und läßt auf dem Material einen grauen Staub von Zinkoxyd zurück; verzinnter Eisendraht ist weit besser, doch muß die Verzinnung ziemlich stark sein, und das macht die Horden teuer. Das Geflecht wird meist von einem Holzrahmen gehalten. Da sich dieser aber leicht wirft, ist Rundeisen empfehlenswerter. Dieses kann an den Ecken mit Holz belegt sein, damit man die warmen Horden leichter anfassen kann. Zuweilen werden statt des Metallgeflechtes Gitter aus Holzstäben verwendet, die ebenfalls von einem Holzrahmen zusammengehalten werden. Die Gitterstäbe sollen mit dem Rahmen nicht durch Leimung verbunden sein, sondern am besten in entsprechenden Aussparungen des Rahmens aufruhen. Die Holzleisten werfen sich leicht und schwitzen je nach ihrer Natur auch Harz aus.

Die Firma Hartmann & Co. in Wannweil hat für das Trocknen der auf ihrem Färbeapparat (Seite 30) gefärbten Kardenband-Kreuzwickel eine Einrichtung getroffen, die durch D.R.P. 68 037 geschützt und durch die Fig. 124 veranschaulicht ist. Jeder Wickel ist in einem eigenen Behälter untergebracht, an dessen Oberende der ringförmige Materialträger aufgesetzt wird, der auf gegen das Zentrum gerichteten Spitzen den Wickel aufspießt. Die Warm-

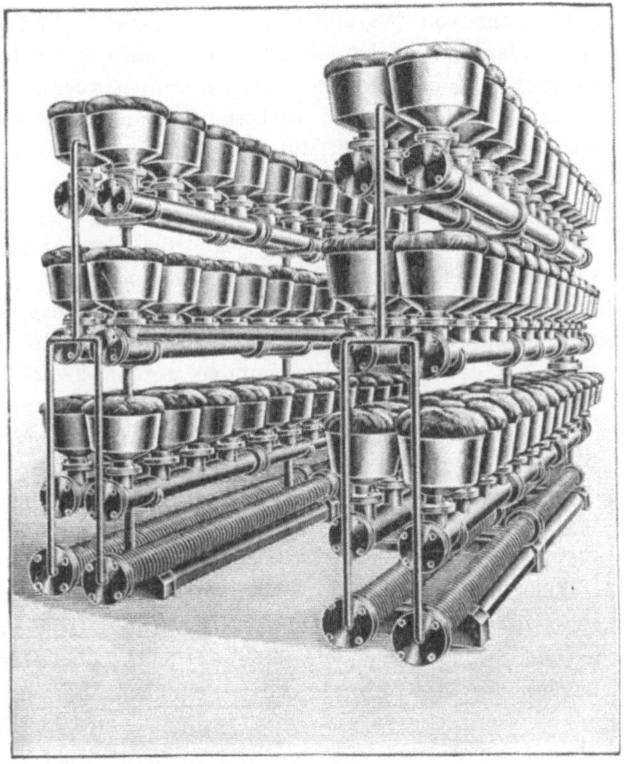

Fig. 124.

luft wird von oben nach unten durch die Behälter durchgesaugt, sodaß sie, unterstützt von der Schwere des Materials, dasselbe nach unten auseinander zieht, wodurch sie leichten Zugang zu allen Teilen des Materials findet und es in kurzer Zeit trocknet. Aus der Zeichnung ist die batterieähnliche Anordnung der Töpfe entnehmbar.

Das Trocknen von Kammzugbobinen geschieht auf der Lisseuse.

Oft sind die Spinnkannenbänder auf einem achsialen Strick aufgereiht. Nach dem Färben wird das Band auf dem Strick ausgebreitet, sodaß die einzelnen Scheiben „reiten“, wodurch die Angriffläche für die Trockenluft bedeutend vergrößert wird, wenn man dann das Band an dem Strick in einer Trockenkammer aufhängt. Das Trocknen der Bänder vermittelst Durchdrückens oder Durchsaugens von Warmluft in den Färbebehältern, z. B. noch in den Spinnkannen, in denen sie auch gefärbt wurden, ist ebenso unrationell, wie das von manchen Seiten vorgeschlagene Trocknen von Material in der dichten Packung, wie sie das Färben verlangt, also direkt im Materialbehälter, und es hat sich daher auch nie einbürgern können.

Das Trocknen von Garnwickeln geschieht meist so, daß die Spulen, auf Horden nebeneinander gelegt, der Trockenluft ausgesetzt werden. Hier werden sie dann vollständig bis auf den Kern durchgetrocknet. Dabei runden sich die bei Packsystemen durch die Pressung sechsflächig gewordenen Cops, auch die Kreuzspulen werden wieder rund[1]). Kreuzspulen werden heute freilich schon in den meisten Fällen in einer der später beschriebenen Einrichtungen getrocknet, wobei ihre Form noch mehr geschont bleibt.

Ein oft auftretender Trocknungsfehler hat seinen Grund im ungenügenden Entwässern nach dem Färben. Das Trocknen geht nämlich nur an der Oberfläche der Spulen vor sich, und zwar derart, daß die sie umstreichende Warmluft ihnen an der Oberfläche die Feuchtigkeit entzieht, und daß aus dem noch nassen Spuleninneren das Wasser so lange durch Kapillarität an die Oberfläche nachgezogen wird, bis die Cops etc. ganz wasserfrei sind. Nun ist die in der Spule zurückgebliebene Lösung meist nicht reines Wasser, sondern eine ganz verdünnte Farbstofflösung. Diese Farbstofflösung wird nun an die Spulenoberfläche gezogen und fließt an gewissen Stellen zusammen, wodurch Oberflächenstreifen, Bronzierung des angetrockneten Farbstoffes und das Herauswittern von Salzen entstehen. Letzteres läßt sich zwar durch sehr gutes Waschen vermeiden, der Farbstoff wird im Spülwasser aber um so sicherer zurückbleiben, je leichter löslich er ist, und naturgemäß in um so größerer Menge, je weniger gespült

[1]) Noch besser runden sich die Wickel beim Einstellen in den Konditionierraum.

wurde, d. h. je konzentrierter das Spülwasser ist und je mehr davon durch schlechtes Entwässern im Material zurückbleibt.

Die Trockenflecken lassen sich in diesem Falle dadurch etwas verringern, daß die Wickel nicht immer in gleicher Weise von der Trockenluft umspült werden. Durch den Wechsel der Luftrichtung werden die Flecken verteilt, und derselbe wirkt also ebenso egalisierend, wie die Variierung des Flottenweges beim Färben. Zu diesem Zwecke wird bei den besten Anlagen, resp. Maschinen entweder die Richtung der Luft zu den ruhenden, mit Material gefüllten Horden geändert, oder man läßt die Horden wandern und dabei ihre Lage zur Luftrichtung wechseln.

Die einfachste Einrichtung für Spulentrocknung besteht aus einem gemauerten oder durch Bretter gebildeten Gehäuse, in welchem durch senkrechte Zwischenwände einzelne Abteilungen geschaffen sind; diese tragen in verschiedenen Höhen Horizontalleisten, auf welche die mit Material möglichst gleichmäßig bedeckten Horden aufgeschoben werden. Am Boden jeder Abteilung liegen Heizrohre, und ein Ventilator sowie Klappen sorgen für das Durchtreten der Trockenluft durch das Material und für die Erneuerung der verbrauchten Luft. Gewöhnlich kommen 6—8 Horden übereinander. Es ist nun selbstverständlich, daß die unteren Siebe günstigere Trocknungsbedingungen haben, als die oberen. Füllt z. B. eine Färbepartie eben 8 Horden, so erhält man nur dann gleichmäßige Trocknung, wenn die 8 Horden in acht im Trockenraum vorgesehenen Abteilungen in derselben Höhe über den gemeinsamen Heizrohren angeordnet werden. Bei manchen Anlagen dieser Art wird jede Horde auf die höchsten Leisten eingeschoben und immer um eine Reihe tiefer gesenkt, wenn die unterste mit getrocknetem Material herausgenommen wurde. Muß dies von Hand aus geschehen, so ist das eine ebenso unangenehme wie große Arbeit. Manchmal hängen die Horden an Ketten und können zusammen gesenkt werden. Es ist dann zur Vermeidung von Wärmeverlusten nur an jener Stelle, wo die höchste und niedrigste Horde steht, eine Klappe zur Ein-, resp. Ausführung der Horde vorgesehen. Dieses Prinzip ist maschinell sehr gut und brauchbar ausgebaut und durch automatisches Ein- und Ausladen der Horden erweitert und wird unten an den betreffenden Maschinen näher erläutert.

Bei den Einrichtungen, bei denen sich weder die Luftrichtung, noch die Lage der Spulen etc. ändert, werden zweckmäßig durch

Wenden von Hand aus zuweilen die Auflagstellen der Spulen während des Trockenprozesses geändert und dadurch auch andere Oberflächenteile dem ersten Auftreffen der Luft dargeboten.

Bei Aufstecksystemen kann man zuweilen auch rationell an den Spindeln trocknen. Die aushebbaren Spindelträger werden auf entsprechende Konusse und ähnliche geeignete Mechanismen aufgesetzt, und dann wird Warmluft von außen nach innen durch die Spulen getrieben. Es wird also zwar die äußere Schicht früher trocken, aber der Luftweg ist ins Innere gerichtet und Trockenstreifen sind unmöglich. Die Einrichtung erfordert natürlich eine genügende Zahl von Reservespindelträgern, und es liegt auch die Gefahr des Anklebens der Papierhülse an die Spindeln vor; sonst ist diese Arbeitsweise aber rationell, führt die Luft nur durch das Material und liefert in 2—3 Stunden bei ca. 50 Grad trockene Cops.

Zur Vermeidung der Trockenstreifenbildung und zur besseren Rundung während des Trocknens werden Kreuzspulen besonders oft, Cops zuweilen, nicht auf Horden gelegt, sondern auf Dorne gesteckt, sodaß sie keine Aufliegstelle aufweisen und auf allen Seiten gleichmäßig von der Luft umspült werden.

Eine gute Trockenanlage für Kreuzspulen sei hier genauer beschrieben:

Viereckige Holzstäbe vom Querschnitt 3 mal 4 cm und einer Länge von 1,5 m tragen an ihrem Kopfende einen starken Haken. In jeden Holzstab sind 26 Tragstifte horizontal und auf die ganze Höhe des Stabes verteilt angeordnet, und zwar derart, daß die Kreuzspulen, die man auf die Stifte aufschiebt, sich nicht berühren. Die Anordnung ist meist kreuzförmig, jedoch so, daß die beiden das Kreuz bildenden Stiftpaare in der Höhe gegeneinander ein wenig versetzt sind. In einem Raum von 2 m Länge, 3 m Breite und 2,3 m Höhe sind unter der Decke 6 Horizontalstäbe angeordnet, an welchen je 10 der beschriebenen Holzstäbe aufgehängt werden, sodaß im ganzen Raum 1560 Kreuzspulen Platz finden. Am Boden des Raumes liegen die Heizrohre. Ein Ventilator sorgt für die Luftbewegung. Recht lose gewickelte Spulen von ca. 220 g Gewicht werden bei einer Temperatur von ca. 55 Grad C. in 6 Stunden trocknen, sodaß also im besten Fall bei zweimaliger täglicher Beschickung in dieser nicht teuren Einrichtung nicht weniger als 700 Kilo getrocknet werden können.

Bei einer auch für Cops geeigneten Anlage sitzen innerhalb eines Holzgehäuses auf einer Welle mehrere große Räder, deren Kränze und Speichen mit Metalldornen besetzt sind, auf die die Spulen aufgesteckt werden.

Für rotierendes Trocknen der Kreuzspulen liefert die Firma Erckens & Brix in Rheydt einen Apparat, der durch Fig. 125

Fig. 125.

ohne weiteres klar ist. Die Maschine nimmt auf freistehenden Spindeln je nach ihrer Größe 500, 750 oder 1000 Kreuzspulen auf und diese werden durch Rotation einem kräftigen Luftzuge ausgesetzt. Die Luft wird durch am Boden liegende Rippenheizkörper auf die erforderliche Temperatur gebracht. Nach Angaben der Fabrik braucht die Maschine ca. 1 PS. und trocknet innerhalb 24 Stunden zwei Partien.

Auch andere ähnliche Einrichtungen sind in Benutzung. Bei manchen werden die Kreuzspulen nicht auf Stifte gesteckt, sondern während des Rotierens in ein aus vier Stäben gebildetes Gittergehäuse, das von der Seite aus gefüllt und geleert werden kann, gelagert. Man kann dadurch etwas rascher rotieren lassen und die Papierhülsen schonen, wie überhaupt die Maschine durch diese Anordnung stabiler wird.

Gut eingeführt hat sich die Trockenmaschine von Gebr. Sucker, Grünberg i. Schl., D.R.P. 117 517, die durch die Fig. 126 veranschaulicht ist. In einem durch Fenster und Türen abgeschlossenen und überall zugänglichen Gehäuse sind durch mit Drahtgeweben a bespannte Rahmen drei Abteilungen A, B und C gebildet. Die Seitenabteilungen A und B sind zur Aufnahme des zu trocknenden Materials — Kötzer, Kreuzspulen oder lose Materialien — mit herausnehmbaren Lattenrosten b versehen, und es können nach Entfernung dieser in die Tragbalken c der Roste Stäbe d mit hängenden Garnsträhnen e eingelegt werden, wie die linke Ansicht der Abbildung ersehen läßt. In der mittleren Abteilung B bewegt sich ein Ventilator D, welcher die — von den am Boden gelagerten Heizkörpern f erhitzte — Luft durch seitliche Kanäle g ansaugt und vermöge seiner besonderen Konstruktion nach beiden Seiten und durch die in den Seitenabteilungen A und B befindlichen Materialien schleudert. Durch an den Endseiten der mittleren Abteilungen B eingebaute Wände h werden hinter diesen mit den Außenwänden Kanäle i gebildet, deren Fortsetzungen k nach einem Exhaustor E oder ins Freie führen. Die Flügel e des Ventilators D sind winkelförmig gebildet und außerdem noch mit schräggerichteten Rippen m versehen, an denen die Luft abstreicht und kräftig nach den Seiten getrieben wird.

Die vom Ventilator D angesaugte, an den Heizkörpern f erwärmte frische Luft muß demnach die seitlichen Trockenräume durchdringen und kann erst nach vollständiger Ausnutzung um die Wände h herum, mit Feuchtigkeit gesättigt, durch die Kanäle i und k abgezogen werden. Der Apparat zeichnet sich durch bequeme Bedienung aus, da das zu trocknende Material durch leicht zugängliche Fenster und Türen von außen auf die Roste gelegt werden kann. Es ist außerdem mit sehr lebhafter Luftbewegung eine sehr gute Ausnützung der Warmluft verbunden.

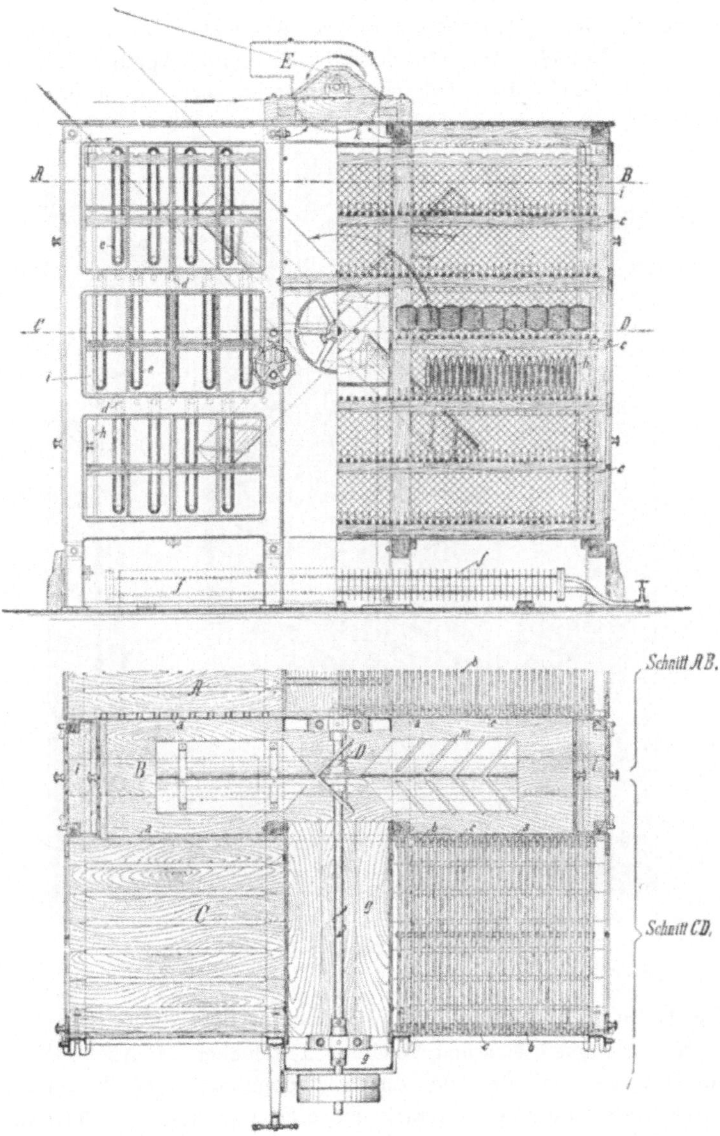

Fig. 126.

Zu den Trockenmaschinen mit wandernden Horden gehört zunächst der „Horden - Trocken - Apparat System Schilde" (D.R.P. 139 692) der Maschinenfabrik und Apparatebauanstalt Benno Schilde Hersfeld, Hessen-Nassau, der durch die beiden

Fig. 127.

Fig. 127 u. 127a im Schnitt und in der Ansicht dargestellt ist. Er besteht aus einem eisernen Gehäuse, in welchem eine Anzahl Horden mit Drahtgewebeboden, der durch Diagonalen von Winkeleisen und durch Blechversteifung verstärkt ist, dicht übereiander in Transportketten hängen. Das Drahtgewebe ist verzinkt. Die Höhe der Horden beträgt 20 cm, und loses Material wird so hoch aufgebracht, daß es nach dem Aufquellen durch das Trocknen nicht viel über den Hordenrand hinausragt. Cops und Lumpen legt man ca. 10 cm hoch, Garne etwa 3—4fach übereinander, Kreuzspulen und Flyerspulen legt oder stellt man besser in den Horden auf, zu welchem Zweck diese höher gebaut werden. Die Horden werden mittelst der Ketten von oben nach unten durch das Gehäuse befördert. Vor dem Gehäuse ist ein Gerüst angeordnet, in welchem ein Fahrstuhl mittelst einer ev. mechanisch betriebenen Winde auf und und ab bewegt werden kann, um die frischbeladenen Horden von unten nach oben zu heben.

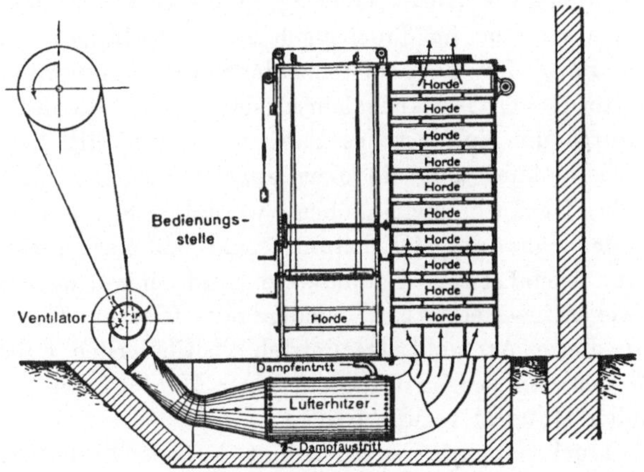

Fig. 127 a.

Das Gehäuse besitzt oben eine Tür für die Einfahrt und unten eine Tür für die Ausfahrt der Horden. Neben oder unter dem Trockenapparat ist ein Lufterhitzer in Verbindung mit einem Ventilator montiert, womit der erforderliche warme Luftstrom erzeugt wird. Die warme Trockenluft strömt von unten nach oben den Horden entgegen durch das Gehäuse, und, weil die Horden vollständig dicht an den Wänden anschließen, ist die Luft gezwungen, die Horden mit dem darin aufgestapelten Material zu durchstreichen. Es bleibt der warmen Luft absolut kein Nebenweg, um unbenutzt aus dem Apparat zu entweichen, sondern sie muß das Trockengut in allen übereinander befindlichen Lagen passieren.

Dadurch, daß die Heißluft nach dem Gegenstromprinzip der Ware entgegengeführt wird, und zwar, wie schon erwähnt, von unten nach oben, während die Ware von oben nach unten sich bewegt, wird erreicht, daß die trockenste nnd heißeste Luft zuerst die trockenste Ware durchstreicht. Je höher die Luft auf ihrem Wege nach oben vordringt, desto kühler und feuchter wird sie und desto nässer ist die ihr entgegenkommende Ware, bis sie endlich die zuletzt aufgegebene nasseste Ware passiert, um dann erst ins Freie zu entweichen.

Der bedienende Arbeiter füllt die zu trocknende Ware in die unten im Fahrstuhl befindliche Horde, die hierauf hoch gewunden wird. Während der Aufwärtsbewegung dieser Horde senken sich die übrigen Horden im Trockengehäuse selbsttätig so viel, daß oben ein Platz für die aufsteigende Horde frei wird und die unterste Horde im Trockengehäuse sich hinter die Auffahrtstür stellt. Durch die Auffahrt des Fahrstuhles wird die Einfahrtstür mechanisch geöffnet und die oben angekommene Horde automatisch in das Gehäuse eingeschoben, worauf sich die Einfahrtstür schließt, der Fahrstuhl sich heruntersenkt und nach selbsttätigem Öffnen der Ausfahrtstür die unterste Horde mit trockener Ware herausgezogen, entleert und wieder mit frischer Ware gefüllt wird. In dieser Art geht der Betrieb kontinuierlich weiter. Die Zeit für den einmaligen Rundlauf einer Horde ist nach dem zu trocknenden Material regulierbar.

Die Trockenapparate werden mit kurzem Lufterhitzer zum Trocknen von losem Materiale mit direktem Dampf und mit langem Lufterhitzer zum Trocknen von losem Materiale mit Abdampf und von besonders festem und aufgespultem Material mit direktem Dampf, sowie zum Karbonisieren von Schafwolle gebaut. Die Fabrik liefert drei verschiedene Größen: die kleinste mit nur 6 Horden und ohne Fahrstuhl für kleine Leistungen (ein Modell), ferner eine größere Ausführung mit Fahrstuhl und Handwinde und 10—15 Horden übereinander (zwei Modelle) und eine dritte Ausführung für alle größeren Leistungen in schwerer Bauart und mit riemenbetriebener Fahrstuhlwinde. Angaben über die Dauer der Trocknung und die Bedienung, über Platz- und Dampfverbrauch, sowie über die große Produktion für alle Materialien und über verschiedene Spezialeinrichtungen für Kreuzspulen, Kammzugbobinen, Kardenbänder etc. und alle Daten über Kraftverbrauch, Gewicht, Größe der Zubehörteile, etc. sind aus den musterhaften Zirkularen der Fabrik zu entnehmen. Es finden sich darin auch kalkulative

Vergleiche zwischen gewöhnlicher Hordentrocknung und der Trocknung mittels der Schildeschen Maschine, die sehr zu Gunsten der letzteren sprechen.

Bei der Schildeschen Maschine wird wegen des verhältnismäßig kurzen Verweilens der Horden im Trockengehäuse auf

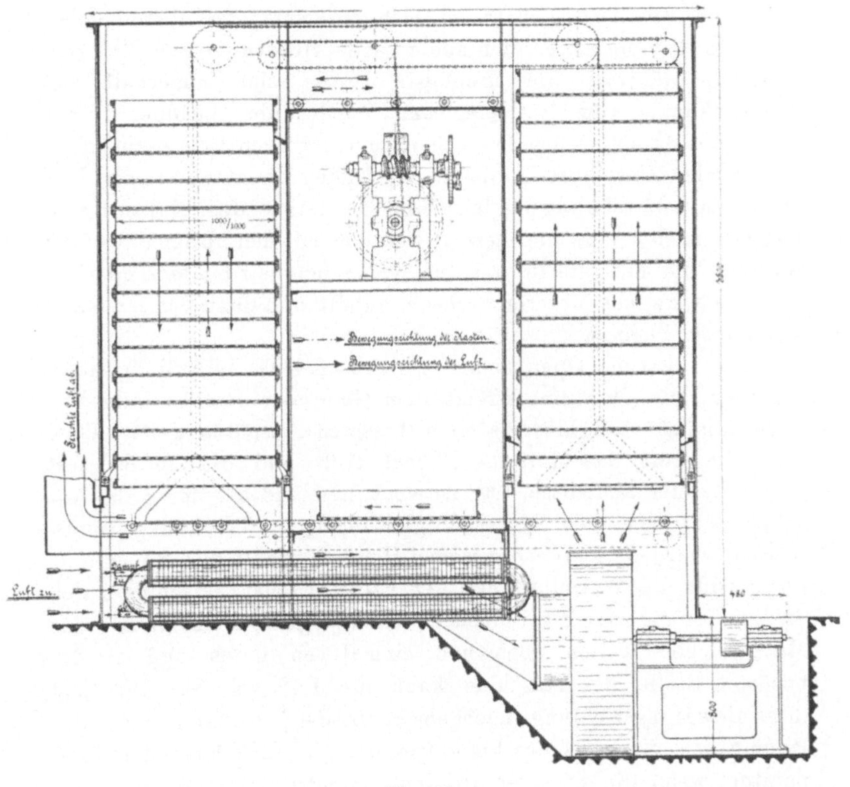

Fig. 128.

tunlichste Verkürzung des Trockenprozesses durch Anwendung sehr hoher Lufttemperatur gesehen, und die Luft trifft das Material auch nur von einer Seite. Es ist oben darauf hingewiesen worden, daß nicht nur die Anwendung geringerer Trockentemperaturen, sondern auch Wechsel in der Luftrichtung Vorteile besitzen, und die Patenthorden-Trockenmaschine mit wandernden

Horden der Textil-Maschinenfabrik B. Cohnen in Grevenbroich (Rheinland) ist derart konstruiert, daß dem Material diese Vorzüge geboten werden. Sie unterscheidet sich von der Schildeschen Maschine durch Anordnung zweier Trockenkanäle, welche an der höchsten Stelle der Maschine durch einen Horizontalkanal miteinander in Verbindung stehen. Bei der durch Fig. 128 dargestellten Ausführung befinden sich zusammen 29 übereinanderstehende und gegeneinander abdichtende Horden in den Trockenkanälen, während die dreißigste Horde sich außerhalb der Trockenkanäle zum Entleeren und Wiederfüllen befindet. Ohne Zutun des Arbeiters schiebt sich nach einer nach Erfordernis festzusetzenden Zeit diese Horde in den linken Kanal und nimmt hier an der Auswärtsbewegung teil, eine Horde aus dem linken Kanal wandert nach rechts und bewegt sich hier mit den übrigen abwärts, während die unterste im rechten Kanal heraustritt, hier eine gewisse Zeit zwecks Materialwechsels anhält und dann den Kreislauf von neuem beginnt.

Diese ganzen Operationen vollziehen sich vollständig automatisch. Die Warmluft strömt dem Gang der Horden entgegen, doch kommt man hier zu einer besseren Ausnützung derselben, weil die Luft das Material 29 mal trifft und die Horden fest gegeneinander abdichten. Es ist auch hier wie bei der Schildeschen Maschine das Material gleichmäßiger Trocknung unterworfen, weil jede Horde ebensoviel Heizluft erhält wie die andere, doch trifft die Warmluft bei der Cohnenschen Maschine durch die Anordnung der zwei nebeneinander angeordneten Kanäle das Material einmal von oben und einmal von unten und an der höchsten Stelle der Maschine kann die Luft vor der Änderung ihrer Bewegungsrichtung nachgeheizt werden, wodurch also das Prinzip des Wechsels des Luftweges und der Erhöhung der Temperatur, wenn die nässeren Horden durchdrungen werden sollen, durchgeführt erscheint.

Das Material zur Berichterstattung über eine neue Trockenmaschine der Rheinischen Webstuhl- und Appretur-Maschinenfabrik G. m. b. H. in Dülken (Rheinland) stand mir nicht zur Verfügung.

8. Kalkulation.

Die Vor- und Nachteile des Färbens der Textilmaterialien in den verschiedenen Spinnzuständen.

Der Erörterung von Kalkulationsfragen im Rahmen eines Buches gleich dem vorliegenden stehen große Schwierigkeiten entgegen. Denn es ist ja unmöglich, absolute Zahlen von allgemeiner Gültigkeit zu geben, und ich muß mich daher bei der Besprechung der Kosten des Färbens mit und ohne Apparat meist darauf beschränken, relative Angaben zu machen. Doch wird der Fachmann immerhin mit einiger Sicherheit das hier Gesagte auf den ihm vorliegenden Spezialfall zu übertragen vermögen; denn einesteils sind dort, wo es anging, dennoch absolute, der Praxis entnommene Zahlen verwendet, anderenteils sind dort, wo der Gebrauch absoluter Zahlen unmöglich war, derartige Angaben über Arbeitsleistung von Menschen und Maschinen gemacht, daß solche zur Erzielung eines stichhaltigen Kalküls ausreichen dürften. Gleichzeitig wird der Versuch gemacht, die oft aufgeworfene Frage, in welchem Spinnstadium der Fasern das Färben die meisten Vorteile biete, zu beantworten. Es wird mit der Besprechung der Baumwollcopsfärberei begonnen, und mit dieser sollen dann die anderen Färbeweisen verglichen werden.

Die einzelnen Arbeiten, welche bei der Copsfärberei auszuführen sind, richten sich nach dem System und der speziellen Einrichtung des Apparates, aber auch nach dem Zustande der Cops. Bei Packsystemen setzen sich die erforderlichen Manipulationen im wesentlichen aus dem Aufstecken der Cops auf Spindeln, dem Einpacken derselben in die Materialkästen, dem Bedienen der geladenen Maschine, dem eventuell außerhalb der Packung offen in einer Zentrifuge vorzunehmenden Entwässern, dem Entleeren der Maschine, dem Abspindeln, Trocknen, Konditionieren und Einpacken der Cops zusammen. Während demnach bei Packsystemen das Aufspindeln der Cops und das Füllen des Apparates einerseits, wie auch das Abspindeln der Cops und Entleeren der Maschine andererseits je getrennte Operationen sind, ist bei Aufstecksystemen, bei denen die Spindel ja meist starr mit der Spindelträgervorrichtung verbunden ist, mit dem Aufstecken das Füllen und mit dem Abnehmen der Cops von den Spindeln auch zugleich das Entleeren des Apparates verbunden. Trotz dieser Verschiedenheit brauchen gleiche Materialquanten auf beiden Maschinentypen ziemlich die gleiche Arbeitsdauer, weil die geringere Arbeit bei Aufstecksystemen höhere Sorgfalt erfordert und daher ebenso viel Zeit wie die vermehrte Arbeit bei Packapparaten in Anspruch nimmt.

Die folgende Zusammenstellung soll meine Erfahrungen über die täglichen Leistungen einer Arbeiterin in den einzelnen bei Packsystemen nötigen Manipulationen angeben. (Arbeitstag zu 10 Stunden.)

Aufspindeln von Pincops von ca. 20 g Gewicht	
auf kurzen Hülsen	200 kg
auf Durchhülsen	320 kg
Einpacken zum Färben	180 kg
Offenes Schleudern der Cops	400 kg
Abspindeln der Cops	300 kg
Einpacken in Kisten	700—800 kg

Für das Einbringen in die Trockenkammer und das Ausnehmen der Cops aus denselben, für die Arbeit beim Konditionieren und die sonst erforderlichen Arbeiten, wie Reinigen der Spindeln, der Einlegtücher und des Ausfüllmaterials etc., werden ferner pro 1000 kg noch zwei Arbeiterinnen benötigt.

Für Warpcops, deren Gewicht durchschnittlich doppelt so groß ist wie das der Pincops, kann man fast die doppelte Tagesleistung erwarten.

Im Akkordlohn sollen nur die Arbeiten des Aufspindelns von Cops auf Durchhülsen und des Einpackens in Versandkisten vergeben werden. Die anderen Arbeiten bedürfen einer zu großen Sorgfalt, als daß sich ein Akkordieren bewähren könnte.

Wenn man nach diesen Angaben die für 1000 kg Tagesproduktion erforderlichen Arbeitskräfte berechnet, so ergeben sich als nötig bei Pincops auf kurzen Hülsen und offenem Schleudern der Cops ca. 20 Arbeiterinnen, beim Schleudern in der Packung ca. 17 und beim Arbeiten mit Pincops auf Durchhülsen und Schleudern in der Packung ca. 15 Arbeiterinnen. Die letzte Zahl kann auch für eine gleiche Tagesproduktion in Aufstecksystemen gelten. Zur Bedienung der Maschine und zum Transport von Kisten, Einheben der Materialkästen oder Spindelträgervorrichtungen sind für dieses Quantum außerdem etwa 2 Männer nötig.

Nimmt man den Durchschnittslohn für eine Arbeiterin mit 1,10 M. und für einen Arbeiter mit 2,00 M. an (Schlesien), so ergeben sich an Arbeitskosten per ℔, in derselben Anordnung aufgezählt wie oben, 2,7 Pfg., 2,3 Pfg. und 2 Pfg. Für Warpcops betragen die Kosten etwas mehr als die Hälfte der für Pincops geltenden Zahlen.

Diesen Arbeitsleistungen seien jene gegenübergestellt, die man in der Wannenfärberei von Baumwollgarn erreichen kann. In der Copsfärberei werden, solange nur das Material in der Packung verbleibt, die Kosten nicht erhöht, auch wenn mehrere Operationen hintereinander zur Ausführung des Färbeprozesses erforderlich sind. Dieser Vorteil der Copsfärberei gegenüber der Wannenfärberei kommt trotzdem der ersteren nur selten zu gute, da der hohen Amortisationskosten der Färbeapparate und der Schwierigkeiten mehrbadiger Färbungen wegen zumeist nur direkte Farbstoffe zur Erzielung einer höheren und rentableren Produktion in Verwendung genommen werden. Wir wollen daher zum Vergleich der beiden Färbeweisen den häufig vorkommenden Fall annehmen, daß Cops im Apparat oder Stranggarn auf der Wanne in direktem Schwefelschwarz auszuführen sind. Die für Copsfärberei erforderlichen Löhne finden sich oben angegeben. Auf der Kufe bringen zwei Arbeiter, wenn sie alle nötigen Arbeiten auszuführen haben, im Tag in gutem Durchschnitt 300 ℔ fertig, und bei einer Lohnhöhe von 2 M. stellt sich daher das ℔ auf ca. 1,3 Pfg.

Da ferner das Färben in Cops durch die Anwendung kostspieliger und der Abnützung leicht unterworfener Apparate, die großen Spindel- und erhöhten Trockenkosten wesentlich stärker belastet ist als das Färben auf der Wanne, so kommt ersteres rund doppelt so teuer als letzteres.

Diesen höheren Kosten der Copsfärberei steht aber die Ersparnis des Spulens und Weifens gegenüber. Durch den Wegfall der genannten Operationen wird die Qualität des Garnes außerdem wesentlich verbessert; denn die Beanspruchung des Fadens ist eine weit geringere; seine Drehung kann offener sein, wodurch er voller und ausgiebiger wird, und die das Garn verunreinigenden Knoten, welche sich zum Anbinden bei Fadenbrüchen während des Spulens und Weifens nötig machen, kommen nicht vor. Die Kosten des

Spulens und Weifens wachsen mit der Feinheit des Garnes, und in gleichem Verhältnis steigen die Ersparnisse bei der Anwendung von im Cop gefärbtem Garn. Es ergibt sich demnach eine Feinheitsgrenze, bei welcher diese Ersparnisse eben die erhöhten Kosten der Copsfärberei decken, und unter der also das Färben im Strang Vorteile bietet, während über derselben das Färben in Cops rentabler ist. Gerade diese Feinheitsgrenze variiert außerordentlich nach den verschiedenen Verhältnissen der einzelnen Betriebe, nach der Qualität der Garne etc., und es fällt sehr schwer, hier eine Zahlenangabe zu machen. Vielleicht kann es zu Vergleichen dienen, wenn ich aus meiner Erfahrung anführe, daß diese Grenze in einem großen rheinischen Industriebezirk und in gewissen belgischen Distrikten ungefähr bei der Nr. 14, im Durchschnitt der für einige österreichische Fabriken geltenden Verhältnisse bei Nr. 16 und in einer gewissen Gegend Schlesiens, in der das Spulen noch vielfach zu geringem Lohnsatz als Heimarbeit ausgeführt wird, bei einer noch etwas höheren Nummer liegt. Aber auch über diese Feinheitsgrenze hinaus bleibt die Garnfärberei rentabel, wenn es sich z. B. um kleine Partien handelt, oder wenn Nuancen verlangt werden, die peinliches Mustern erfordern. Abgesehen davon, daß ein genaues Treffen der Nuance in der Apparatefärberei sehr große Schwierigkeiten bietet, ist auch jeder Aufenthalt produktionsstörend, sei es für Reinigungsarbeiten bei kleinen Partien, sei es für Musterung. Die Apparatefärberei ist nur als Massenbetrieb rentabel, und es soll deshalb alles, was einen Stillstand der Arbeit verursacht, vermieden werden. Bei hohen Garnnummern, welche der großen Ersparnisse an Spul- und Weiflohn, sowie der Schonung ihrer Festigkeit wegen in erster Linie für Copsfärberei in Betracht kommen, nimmt man freilich derlei Unbequemlichkeiten mit in Kauf. Die Farben, die deshalb der Wannenfärberei vorbehalten bleiben müssen, weil ihre Erzeugung in Cops nicht gut gelingt, sind in den Kapiteln über Färberei näher bezeichnet. Als weiterer ökonomischer Vorteil der Cops- vor der Kufenfärberei sei noch die Ersparnis an Farbstoff, Wasser und Dampf angeführt, die sich durch die Anwendung der kurzen Bäder ergibt.

Gegen die Copsfärberei spricht allerdings der Umstand, daß es unmöglich ist, das Vorkommen unegal oder gar nicht durchgefärbter Cops zu verhüten. Außerdem weisen die in Packapparaten gefärbten Cops als Folge der Pressung, der sie unterworfen waren, eine mehr oder weniger unrunde Form auf. Freilich ist die Abarbeitung solcher Cops durchaus nicht schwieriger, aber der Lohnfärber wird Mühe haben, gegen die in Aufstecksystemen gefärbten Cops, deren Format nicht gelitten hat, zu konkurrieren. Es gibt daher Lohnbetriebe, welche sich nicht anders zu helfen wissen, als daß sie in Mule-, resp. Warpcops färben und diese auf Pincops umspulen. In gleicher Weise wird in manchen Betrieben gearbeitet, die nur Aufsteckapparate besitzen und von denen Lieferungen der Pincops auf Durchhülsen verlangt werden. Diese Operation des Umspulens ist durchaus nicht billig, besonders weil zu den Kosten des Umspulens noch Verluste durch den unvermeidlich entstehenden Spulabfall kommen. Doch soll nicht unerwähnt bleiben, daß das Färben in Warpcops weniger Arbeitslohn kostet, und daß zuweilen für diese umgespulten und mehr Garn als gewöhnlich enthaltenden Cops auch höhere Verkaufspreise erzielt werden. Ferner ist während des Spulens immerhin eine Aussortierung der eventuell schlecht gefärbten Cops möglich, wodurch die Sicherheit der Lieferung steigt.

Das Färben von Kreuzspulen erfordert weit weniger Handarbeit als das von Cops, und man kommt mit $^3/_4$—1 Pfg. Arbeitslohn pro ℔ im Durchschnitt gut aus. Außerdem lassen sich billigere Apparate verwenden, besonders wenn die Kreuzspulen weich sind. Doch gerade derartige Spulen sind leicht verletzlich und verlieren daher in Packsystemen ihr gutes Format. Für Verkaufszwecke ist es deshalb besser, in Warpcops zu färben und diese zu Kreuzspulen umzuarbeiten oder eventuell weiche Kreuzspulen zu färben, dieselben aber nachher auf harte Kreuzspulen umzuspulen. Das Umspulen von Warpcops auf Kreuzspulen kostet pro ℔ der Nr. 20 ca. $1^1/_2$—$1^3/_4$ Pfg. an Spullohn (Schlesien). Ungefähr gleich hoch stellen sich die Kosten des Umspulens von weichen zu harten Kreuzspulen, und es ist daher Kalkulationssache, ob es billiger ist, in Warpcops zu färben und diese auf Kreuzspulen umzuarbeiten, oder von rohen Warpcops auf weiche Kreuzspulen zu gehen, diese zu färben und dann auf harte Kreuzspulen umzuspulen. Für eigenen Bedarf kann dieses Umspulen in der Regel unterbleiben; ja es wird vielleicht auch für den Verkauf nicht immer unumgänglich nötig sein.

In neuerer Zeit hört man von Verfahren, nach welchen gefärbte Kreuzspulen direkt in der Maschine geschlichtet werden können.

So hat die Firma Friedrich Möller-Holtkamp in M.-Gladbach ein solches durch D.R.G.M. 228 860 geschützt. Wenn diese Verfahren technisch gut brauchbare, geschlichtete Spulen liefern werden, dann blüht ihnen sicher eine große Zukunft.

Hier sei kurz auf die großen Vorteile des Färbens gebäumter Ketten und des sofort ohne Zwischentrocknung folgenden Schlichtens hingewiesen.

Von fertigen Gespinsten wird auch Stranggarn in großen Mengen statt in der Kufe im Apparat gefärbt. Man erspart dadurch nicht nur sehr viel Handarbeit, sondern schont das Garn auch ungemein und erhält ihm seine natürliche Weichheit. Die Kosten des Färbens von Stranggarn dürften sich im Apparat nur halb so hoch stellen als in der Wanne.

Das Färben von Baumwolle erfolgt außerdem noch in den verschiedenen Stadien des Spinnprozesses. Sei es nun, daß dieses Färben in Flocken vorgenommen wird, sei es, daß man dasselbe im Kardenband oder in der Vorgarnspule ausführt, immer ergibt die Buntspinnerei den Vorteil, daß der fertige Cop ein tadelloses Format hat und in der Weberei dieselben Vorteile bietet wie Rohgarn. Außerdem schlägt sie die Konkurrenz der Copsfärberei dadurch vollständig, daß Unegalitäten der Färbung sich durch die beim Spinnen erfolgende Mischung ausgleichen. Diese Korrektur erfolgt natürlich um so sicherer, je weniger weit der Spinnprozeß vor dem Färben schon gediehen war, und am sichersten bei Flockenfärberei. Letztere gestattet die Verwendung der billigsten Apparate, hat aber den Nachteil, daß man den ganzen Abfall, der sich bis zur Strecke ergibt, ca. 10—12 %, mitfärben muß, was das Färben wesentlich verteuert. Auch spricht gegen die Flockenfärberei der Umstand, daß gerade die Operation des Kardierens am empfindlichsten durch Färbefehler oder durch mit dem Färbeverfahren zusammenhängende Verletzungen oder Veränderungen der Faser gestört wird, wodurch sich der Abfall wieder wesentlich erhöht. Die Kardenbandfärberei verlangt zwar teurere Apparate, doch färbt sie die Baumwolle nach Beendigung der Reinigungsoperationen, und der Verlust durch Abfall während des folgenden Spinnprozesses beträgt nur mehr ca. 3—5 %. Freilich verlangt die Bandfärberei größere Sorgfalt als die von Flocken, damit das Band nicht verletzt werde. Noch höhere Ansprüche in dieser Beziehung stellt aber die Vorgarnfärberei, da die bereits zum Spinnen zurechtgelegten Fasern sich nicht mehr verwirren dürfen. Auch die Apparate zum Färben und Trocknen sind ziemlich teuer, doch hat die Vorgarnfärberei den Vorteil, daß sie rasch zu liefern vermag und darin der Copsfärberei fast um nichts nachsteht.

Die Buntspinnerei erfordert natürlich einen weit größeren Apparat als die Copsfärberei, und wenn schon bei dieser z. B. kleine Partien von ungünstigem Einfluß auf die Produktionshöhe sind, so muß öfterer Farben- und Qualitätenwechsel in einer Buntspinnerei noch viel mehr die Rentabilität stören. Kleine Partien erhöhen in außerordentlicher Weise den Abfall, und alle Maschinen werden durch die erforderlichen Reinigungsarbeiten aufgehalten.

In einer gut geleiteten Buntspinnerei und Färberei, welche den Vorteil hat, „lange Partien“ zu spinnen, muß der Abfall freilich nicht höher sein als in einer gleich großen Rohspinnerei. Seine Wiederverwertung kann in der Weise geschehen, daß man ihn in die nächste für die gleiche Farbe bestimmte Baumwollpartie einmischt; dadurch führt man ihn nicht nur seiner Bestimmung zu, sondern kann auch bei der schon angefärbten Partie etwas Farbstoff ersparen.

Die Kosten des Färbens in den verschiedenen Spinnstadien lassen sich mit jenen des Färbens im fertigen Gespinst nicht gut vergleichen. Denn die Störungen im Spinnprozeß müssen auch auf das Konto der Färberei belastend wirken, und die Frage, ob es billiger ist, im Cop zu färben oder bunt zu spinnen, läßt sich kaum ohne Rücksicht auf einen Spezialfall beantworten.

Schließlich sollen noch einige Angaben über den Fassungsraum der Materialkammern von Packsystemen folgen, die dazu dienen könnten, um die Partiengröße aus dem gegebenen Volumen der Materialräume einer Maschine zu berechnen. Ich führe hier jene Zahlen an, welche sich mir bei Apparaten mit Packung unter Pressung durchschnittlich ergaben. Apparate, die das Material nicht unter Pressung färben, nehmen nach meinen Erfahrungen in die gleichen Räume um ca. $^1/_4$ weniger an Material auf. In einen Raum von 0,1 cbm lassen sich ca. 30 kg Cops von Nr. 20 (inklusive des erforderlichen Ausfüllmaterials), dann ca. 35 kg Kreuzspulen, 20—25 kg Flocken oder Bänder und 25—30 kg Stranggarn einlegen.

Von größter Bedeutung für Cops- und Kreuzspulenfärbereien wie für die Buntspinnerei ist die Frage der Gewichtsabnahme der Baumwolle beim Färben, des sog. „Schwundes“; eine zweite ebenso wichtige betrifft die Erteilung der Normalfeuchtigkeit von $8^1/_2$ % an die gefärbte Baumwolle. Die Größe des Schwundes ist nicht bloß von der Anzahl und Intensität der Färbeoperationen, sondern auch wesentlich von der Baumwollqualität abhängig und ist steigend höher, je nachdem, ob man kochend färbt, vor dem Färben vielleicht noch auskocht oder gar unterbleicht; am größten aber ist der Schwund, wenn vollgebleicht wird. („Kalte Bleiche“ S. 199.) Die Verluste, die der Verkäufer durch Schwund erleiden kann, sind außerordentlich groß, und es muß daher alles aufgewendet werden, um dieselben tunlichst zu mildern. Eine allgemein gültige Ziffer für die Höhe des Schwundes anzugeben, ist nicht möglich. 4 % Gewichtsverlust für Bleiche, 1—2 % für Färbung von good-middling-Amerika können als Durchschnittszahlen gelten.

Es taucht nun die Frage auf, ob es nicht möglich wäre, den Schwund durch Einverleiben eines Beschwerungsmittels wieder auszugleichen, da der Verlust sonst ausschließlich vom Verkäufer der gefärbten Baumwolle getragen werden muß und z. B. auch Lohnfärber oft Unannehmlichkeiten haben, wenn Garn „fehlt“. Die in der Garnfärberei üblichen Beschwerungsmittel sind aber in der Apparatefärberei kaum anwendbar. Das einzige hier mögliche Verfahren wäre die Beschwerung mit Öl, Glyzerin oder mit einer Zuckerlösung. Das Niederschlagen eines Lackes in der Baumwolle ist für unseren Fall ebenso ausgeschlossen, wie das Beladen der Faser mit einem pulverförmigen Beschwerungsmittel. Auch die Imprägnierung der Garne mit wasseranziehenden Mitteln hat wenig Aussicht auf Erfolg, da der Cop der gleichmäßigen Wasseranziehung eine zu kleine Oberfläche bietet und daher die Möglichkeit fehlt, das Wasser egal im ganzen Copskörper zu verteilen. Soweit es sich um die bloße Ersetzung des Schwundes handelt, wäre eine derartige Beschwerungsmanipulation vor jedem Forum zu rechtfertigen, umsomehr, als es dem Verkäufer bei den heutigen Verhältnissen nur in den seltensten Fällen gelingt, sich durch höhere Preise für den ihn treffenden Gewichtsverlust schadlos zu halten.

Den Schwund durch Überfeuchten auszugleichen, ist unstatthaft, da der usancenmäßige Feuchtigkeitsgehalt von $8^1/_2$ % nicht überschritten werden darf. Aber dies ist auch technisch nicht so leicht durchführbar; hält es ja oft sogar schwer, die erlaubte Wassermenge gleichmäßig in das gefärbte Material zu bringen, da dieses nicht mehr so leicht Wasser anzieht wie rohe Baumwolle, sodaß durch bloßes Einstellen in den Feuchtkeller das Wasser nicht bis ins Copinnere dringt. Es hat sich für copsgefärbte Garne noch am besten bewährt, dieselben noch auf den Trockenhorden heiß in den Konditionierkeller einzubringen und dort mindestens 24 Stunden lagern zu lassen, wobei sich die deformierten Cops aus Packsystemen durch das Aufquellen wieder runden. Andere Copsfärbereien und manche Buntspinnereien benützen den Weg, die Garne zu dämpfen, und es soll Betriebe geben, in denen die Durchfeuchtung mit Hilfe einer Gießkanne prompt und rasch ausgeführt wird. Freilich ist im letzteren Fall das gleichmäßige Verteilen der Nässe im Garnkörper ebenso schwer wie das richtige Maßhalten. Ersteres kann man dadurch erleichtern, daß man in das Sprühwasser etwas Türkischrotölammoniaklösung hineingibt, die ein besseres Annetzen ermöglicht. Auch erweist es sich bei dieser Methode schon als notwendig, Desinfektionsmittel ins Wasser zu nehmen, von denen aber einige ihren spezifischen Geruch haben, andere in der Ware auskrystallisieren, andere wieder sich zu leicht verflüchtigen, alle aber ziemlich teuer sind. —

Die Färberei von Kammwolle sowohl als von Streichwolle in Apparaten hat sich in den letzten Jahren sehr stark verbreitet. Kammwolle wird im Zug und als Garn gefärbt. Bei letzterer Art der Färberei bleibt das Stranggarn vollständig weich und offen, während es durch die Behandlung auf der Wanne leicht verfilzt wird und beim Spulen dann weit mehr Abfall als Rohgarn gibt. Die Verringerung des Spulabfalls durch die Apparatefärberei ist deshalb hier von noch größerer Bedeutung als bei Baumwolle, da das Material einen weit höheren Wert besitzt. Es wird mir von Herrn Direktor M. Eisler[1]) der Firma C. Delius in Aachen angegeben, daß sich beim Spulen von Garnen — Rohgarn und auch von apparatgefärbtem Garn — je nach der Qualität und Nummer der Garne

---

[1]) Herr Direktor Eisler hatte die Liebenswürdigkeit, mir ausführliche Mitteilungen über die Verarbeitung gefärbter Wolle zu machen, und ich sage ihm dafür auch an dieser Stelle meinen besten Dank.

1—3 % Abfall ergeben. Diese Verluste fallen bei im Zug gefärbtem Garn vollständig weg; überdies werden auch bei dieser Art des Färbens die Kosten des Spulens und Weifens erspart, und das Garn wird besser in Qualität erhalten, und zwar so, daß es glätter, frei von Knoten und egal in der Färbung ist. Außerdem hat man durch das Einspringen der Garne beim Färben Längenverluste von 2—3 %, die bei zuggefärbtem Garn nicht vorkommen. Die Kammgarncopsfärberei beginnt sich eben zu entwickeln, und man kann ihr eine günstige Zukunft voraussagen. Da in der Wollfabrikation kleinere Posten einzelner Farben und diese oft rasch gebraucht werden, dürfte copsgefärbtes Garn dem langsam gelieferten, im Zug gefärbten oft vorgezogen werden.

Streichgarn wird fast ausschließlich in der Flocke gefärbt. Wenn man die Verhältnisse beim Spinnen weißer und auf dem Kessel gefärbter Wolle vergleicht, so läßt sich in erster Linie konstatieren, daß weiße Wolle ein günstigeres Rendement ergibt als gleich gute auf dem Kessel gefärbte. Letztere kann nicht soweit ausgesponnen werden, und das Gespinst in gleicher Nummer ist gefärbt auch nicht so haltbar, resp. es macht einen stärkeren Draht am Selfaktor notwendig als bei weißer Wolle. Beim Färben auf dem Kessel wird der Wolle etwas mehr Fett entzogen, und daher muß dieselbe etwas stärker geschmelzt werden (S. 194). Auch werden bessere Qualitäten von Schmelzmitteln erforderlich. Man verwendet für farbige Wollen entweder Olivenöl allein oder in Mischung mit Ölsäure, für weiße Wolle aber entweder nur Ölsäure oder letztere noch mit einer minderen Ölsorte gemischt. Wolle, die auf dem Kessel gefärbt wird, unterliegt leicht der Verfilzung, und es entstehen dann natürlich größere Störungen und Verluste in der Spinnerei. Apparatgefärbte Wolle hingegen ist frei von Verfilzung, und darin liegt ihr Hauptvorteil. Wird sie im Apparat nicht zu sehr zusammengepreßt, dann wird sie auch nicht zu weitgehend entfettet, und man muß ihr dann auch nicht noch mehr Schmelzmittel zuführen wie der am Kessel gefärbten Wolle (S. 194).

In der Buntspinnerei der Wolle hängt die Rentabilität ebenso von der „Länge der Partie“ ab wie in der Baumwollbuntspinnerei. Nur ist bei der ersteren übermäßiger, durch Färbefehler oder durch kleine Partien entstehender Abfall gefährlicher, weil das Material wertvoller ist. Am vorteilhaftesten ist es, wenn die

Farbpartie mindestens so lang ist, als ein Assortiment, ohne geputzt zu werden, arbeiten kann.

Wie mir mitgeteilt wird, erleidet Wolle beim Färben im allgemeinen keinen Gewichtsverlust; doch läßt sich — und dies bei im Kessel gefärbter Wolle mehr als bei apparatgefärbter Wolle — konstatieren, daß gefärbte Wollen in gewissen Manipulationen der Appretur, so in der Rauherei und Walke, mehr Abfall ergeben als weiße Wolle.

Namenregister.

Sachregister.